MAKE IT SO　Interaction Design Lessons from Science Fiction

SF映画で学ぶ
インタフェースデザイン
アイデアと想像力を鍛え上げるための141のレッスン

NATHAN SHEDROFF, CHRISTOPHER NOESSEL・著

安藤幸央・監訳　赤羽太郎、飯尾淳、飯塚重善、大橋毅夫、佐藤圭一、
澤村正樹、竹内俊治、永井優子、松原幸行、山浦美輪・訳

丸善出版

DEDICATION

To my nieces, Aleksandra and Isabella, who have yet to see their first sci-fi. However, I have big plans for them and plenty of time to combat Barbie. —Nathan Shedroff

To my nieces, nephews, and goddaughters: Hunter, Abby, Ava, Kaili, Andrea, Craig Jr., and Evan; and to my little, forthcoming boy (and any more to come). The vision of the future is increasingly in your hands. —Chris Noessel

献 辞

親愛なる姪のアレクサンドラとイザベラへ。君たちにとって初めての SF を贈ります。まだまだバービー人形と戯れている方が忙しいかもしれないけどね。 —ネイサン・シェドロフ

親愛なる姪、甥、娘達へ。ハンター、アビー、アバ、カイリー、アンドレアへ。クレイグ Jr. とエバン、そしてこれから生まれてくるであろう男の子へ。未来の理想像は君たちの手に委ねられているからね。 —クリストファー・ノエセル

Make It So
Interaction Design Lessons from Science Fiction

by

Nathan Shedroff and Christopher Noessel

Copyright © 2012 by Nathan Shedroff and Christopher Noessel.

Japanese language edition published by Maruzen Publishing Co., Ltd., Copyright © 2014.

Japanese translation rights arranged with Rosenfeld Media through Japan UNI Agency, Inc., Tokyo.

PRINTED IN JAPAN

序　文

　この本は貴重かつ希少な偉業を達成した一冊となりました。本書の目的はデザインとSFを理解することです。さらにうれしいことにデザインとSFの双方が、お互いにとって役立つ分野を発見したのです。

　この本はデザインについての本であり、デザイナーのための本でもあります。書籍の内容はSF映画に関係したものです。ありがたいことに、巧妙かつ思慮深く、そして共感をもてる方法で情報を紹介してくれています。

　本書『Make It So』(原書名) は、SFが「科学的」であることを求めてはいません。さらに気を利かせていえば、SFが「架空の物語」であることすら求めていません。代わりに本書には、デザイナーにとってSFが提供できる大切な事柄が含まれています。大量にというわけではありませんが、ある程度の情報がそろっています。この本のおかげで思いもよらないことを想像できるようになることでしょう。私たちSFに携わる同業者の間では、これを「認知疎外 (Cognitive Estrangement)」とよんでいます。

　本書はデザイナーがSF映画を雰囲気や世界観を示すコンセプト画として活用できることを教えてくれています。SF映画は畑違いのデザインツール、また概念的アプローチでもあります。漠然としたブレインストーミング、日常への疑問の投げかけ、そして風変わりなものを実用的に見せるのにもっとも適した表現です。

　このアプローチによって、SF映画がデザイナーに意図的には与えようとしなかった、あらゆる類いの刺激的なデザインの恩恵をデザイナーが引き出すことができるようになります。

　著者らはそれをどのように実行しているのでしょう？ 典型的な人間中心のデザインアプローチとともに使うのです。彼ら自身が、目を向け、耳を傾けるのです。そうすることで、彼らはSF映画製作者の世界観に入り込むことができるので、彼らとの折り合いは良くなります。

　ジョルジュ・メリエス (Georges Méliès) は、映画創成期における無声映画の巨匠で、フランスの舞台手品師から幻想的な映画製作者へと転身を遂げた人物です。大部分の人にとって、メリエスは遠くかけ離れた歴史上の人物で、フラン

序　文

ス風の名前を正確に綴るのに苦労します。メリエスは実際に著者たちにとってなくてはならない役目を果たしました。

　私たちSF作家ですら（ちなみにご存知ないかもしれませんが私はSF小説を書いています）メリエスのような私たちからはかけ離れた気高い先人から、理路整然としたインスピレーションを得ることはめったにありません。

　ところが、本書の2人の著者は、一般的にデザイナーがユーザーに提供するような注意深く配慮に満ちた、メリエスの概念的な世界に足を踏み入れることができるのです。そして、本書の著者たちはメリエスのもっとも有名な映画『月世界旅行』には、何のインタフェースもないことを理解できるのです。

　もちろんご承知の通りで、1902年に制作された宇宙船の無声映画にインタフェースがないのは当然でしょう。なにしろ「インタフェース」という概念が登場したのは1960年代になってからのことなのです。しかしながら、デザインの見地に求められるのは銀幕上の単なるどんちゃん騒ぎ以上のことを理解し、それを指摘することです。メリエスは主要メディアの先駆者だったにもかかわらず、インタフェースを考えることはできなかったのです。

　本書は、SF作家をわくわくさせ、新鮮な気分にさせる本です。著者の2人は、意図して私たちのようなSF作家向けにこの本を書いたわけではありませんが、私は遠慮せずに、あらゆる点でSF小説家の役に立つ本で、まるで私たちのために書かれた本のようだと言うことにします。

　メリエスの作品にはインタフェースが登場しません。この驚くべき認識が、メリエスの時代の古くささを吹き飛ばし、時代を感じさせない魅惑と驚きに新しい観点を与えます。私は本書のメリエスの記載を読むとすぐにパソコンの画面上で読んでいた本書を横にどかし、動画共有サイトYouTubeでメリエスの1902年の映画を探して見入ったのでした。

　本書の著者たちのアプローチは間違っていません。ぜひあなた方自身で映画をご覧になってください。メリエスの映画の登場人物には、私たちとは無縁の技術に対する姿勢があります。鉄床から黒板に至るまで、完全に機械化されたその当時のデザインパラグラムを使い果たしている様子を見てみてください。それらにはボタン、メーター、ダイヤル、スクリーン、リターンキーもありません。本と紙以外、彼らを取り囲む機会に対する系統的な抽象概念はないのです。宇宙人に会うために月に向かって旅行に行く様子が描かれており、それはまるで鋼鉄製のカヌーを漕いでいるようなものなのです。

　これを理解するためには、どれほど知性を広げなければならないのでしょうか。

さらに、著者の2人は、穏やかにこれらの事柄を示唆しています。彼らはデザイナーなので、非常に洗練されていて、控えめで、役に立つことを強く望んでいます。インタフェースデザイナーにとって、メリエスの宇宙船について考えるポイントは、将来可能である先進的な方法として注目することだ、と彼らは主張します。歴史的に珍しいものではなく、琥珀のなかの化石のように古びた映画のなかに封じ込められたものでもなく、それはインタフェースデザインのための潜在的な未来なのです。なんて魅力的な解釈でしょう！ もし、未来の宇宙船の操縦がとても自然で直感的で目に見えない、あたかも摩訶不思議なシンプルさのなかにある、メリエスの映画のようだとしたらどうでしょう？

この場面のことを描いたSF作家がまだいないのはなぜでしょう？ ジェスチャーで制御され、拡張され、そしてユビキタスな環境にいる設定で描かれたSFはどこにでもあります。私はそのことをよく疑問に思っていました。しかし、それを考えつくのは難しく、実行性のあるシナリオとしてあらましを描くのは困難であることも知っています。まさか、そのようなハイテクな状況が、メリエスが創造した映画の見た目、すなわち儀式化されていて堅苦しく、非常に限定的ですべてが枠にはめられたもののなかにあるとは夢にも思いもしませんでした。けれども、それは素晴らしい概念です。遠隔操作から直接操作に至るまで、そのビジョンに衝撃を受けます。そうなるともう、ほとんど誰の目にも明らかなのです。

人々は一般的に、SFが予言的であることを期待しています。著者の2人に関して、彼らの名誉のために言っておくと、その過ちをうまく回避したと思います。私は期せずして、SFはたいてい予言的だと信じています。しかし、それがいったいどうしたというのでしょう？ たとえあなたが1960年に書いたSF小説が、1975年のことを首尾よく予言できていたとします。それを現代の誰かがそのことを知ったり気にかけたりする理由などないのです。そもそも読み継がれている、古典とよばれるSF作品はそれほど正確に現代を予測してはいません。ただ、それらは人の心をつかんで離さない、あくまで想像の未来を描き出しているだけなのです。それらは、幻想的で奇怪で、ビックリハウスの鏡に映った歪んだ姿のように世界を描いたものです。

そのビックリハウスのゆがんだ鏡は決して正確ではありません。しかし、それは単に人を騙そうとしているわけでもないのです。それは常に、驚きや想像力を捉える生来の欲求をよび起こす人間的な意思をもち合わせているのです。SFはもっとも分析的で機械的な表現であって、常に何かに取り憑かれていて、引喩に富み、難解なのです。SFはまるで、家の大きさほどもある巨大なロールシャッハ心理検査の図柄のようなものです。

序文

　本書はSF映画の批評のようですが、それでいて、遠隔操作で映画を一時停止しながら紹介しているような新しいタイプの書籍です。SF映画をきめ細かなデザイン要素へと丹念に分解しているのです。

　彼らが、登場人物や構想などのいわゆる政治的な影響といった、型通りのSF批評に時間を無駄にしていないのは素晴らしいことです。他の大勢の批評家は、そうした材料をしきりに追いかけたがっています。その一方で、2人の著者は明快でよくまとまったデザインの教科書を作成しました。私は学校での学習に、この教科書をお勧めします。私は、現代の学生が啓発され、感謝することを信じて疑いません。

　SFとデザインは、相互に関係があります。通常は友好的ですが、よそよそしいときもあります。デザインはSFのファンタジー要素を理解することができません。逆にSFは、さまざまな現実的な課題に対してデザインを手助けすることはできません。デザインとSFは同じ時代に生まれはしましたが、兄弟のような関係ではありません。彼らはクラスメートのようなものなのです。双方に異なる気質があります。あるときは、デザインは幻想的で目立ち、クラスメートであるSFと意気投合します。またあるときは、デザインは安全性、有用性、持続性、そしてコストが課題となり、SFはいつも不機嫌そうに窓から外を眺める役割なのです。しかし、技術的要素が素早く根底から進化する時代が到来し、デザインとSFは互いに仲良く歩むことができるようになったのです。

　インタフェースデザインは技術的領域の1つで、あらゆるところに存在します。SFに出てくる技術は、ろくろで花瓶を形づくる作業においてはあまり役に立ちそうにありません。しかし、インタフェースデザインは、思索の抽象化というある種の習慣を必要とします。このこと自体はSFではありませんが、それほど関係性がないものでもありません。「インタラクションデザイン」は「インタフェースデザイン」に非常によく似ています。インタラクションデザイナーは、粘土や発泡スチロールを使ったデザインではなく、画面のなかの四角や矢印に夢中です。デザインが真に概念的かつ抽象的である必要があるとき、SFの映像的表現に特色を見出すことができます。SFは見た目を具体化し、映像を見て解釈することができ、その使い方を語ることができるのです。

　そして視界のどこかで、私たちを手招きしているのは、「エクスペリエンスデザイン」です。これはコンピュータゲームや絶叫マシン、『スター・トレック』のホロデッキのようなものです。しかし、それはおそらく、将来のはっきりしないポストサイバネティック環境のようなものでしょう。こういったはっきりしない将来の幻と戦うことになると、デザインとSFはマスクをかぶったレスラーの

序文

タッグチーム・マッチとなります。それは、未来の見通しに対する私たち、すなわちありそうにないタッグの組になるのです。私たちはいつの日か、その幻をリングの上でしとめるようになるでしょう。しかしそれにはまず、多少の汗とアザ、そしていくらかの強い非現実的な思考を伴います。

その一部はすでに現代の多額の予算が投じられたSF映画のなかに見ることができます。『マイノリティ・リポート』や『アイアンマン』は、これらの著者があなたに見せようとしているように、高価なインタフェースに囲まれスリルに満ちています。しかし、ますますおもしろいことに、欠くことのできない大量の概念は、大掛かりな映画には決して現れませんが、小規模のアトリエのようなデザイン中心のビデオに現れます。それは、大きな銀幕ではなくインタラクティブでデザインされた画面や、この本の紙面、メリエスの映画に現れるのです。これは決して偶然ではありません。

私はこの小規模の投機的な作品を「デザインフィクション」とよびたいと思います。デザインフィクションは、変化に関する疑念を取り消すための物語的なプロトタイプを慎重に用います。現在、多くの物語的プロトタイプが進行中ですが、この状況が存在するようになってきたのは主に、インタフェースデザインのおかげです。それは、これまで「テキスト」や「フィルム」とよばれてきたものの消費と作成のために構築されたインタフェースの結果なのです。

映画そしてテレビは、アナログ産業として、20世紀の商業用エンティティとして、決してそれ自身でなしえたものではありませんでした。それらは決して、ウイルスの創造や未来的な製品やサービスに関する投機的ビデオの世界的な広がりを想像しませんでした。これはそれらのビジネスモデルに適合しませんでした。それらのパラダイムの範囲内だったのです。

SF作家でさえ想像しませんでしたが、それは素晴らしくエキサイティングなことです。すなわち、概念上の物を現実の物に変換するよう、人々を納得させるためのデジタルメディアを採用する試みです。私は毎日それを目にしています。インタフェースデザインは強力です。それは私の人生を変えました。そして、それは私の未来の人生さえもさらに変えていくと私は期待しています。この本を読む方々は、その努力への身構えが一層整うことでしょう。

私は自分がこのような本を読むとは、ましてや、それがこんなに良い本であるとは思ってもみませんでした。

2012年5月　イタリア・トリノにて

　　　　　　　　　　　　　　　ブルース・スターリング（Bruce Sterling）

監訳者序文

　　　　科学技術はすでに進歩を達成しており、唯一の制約は、われわれの想像力
　　　　の限界である。
　　　　　　　　　　　インテル社元最高技術責任者　ジャスティン・ラトナー

　本書の原題『Make It So』は、英語で言うところの「Do it」と同じ「わかった、そうし給え。」という意味があります。フランス風のしゃれた言いまわしで、『新スター・トレック』のピカード艦長の口癖から引用しています。日本語版放映時の字幕では、直訳ではなく「発進！」となっています。宇宙を探索するストーリーのなかで、いろいろな事件や困難があり、それらを乗組員の英知と協力で乗り越え、ほっと一段落し、次の星を目指して「発進！」というときに使われている言葉が「Make It So」なのです。

　私自身、もともとSF映画が好きで話題作やB級作品も含め数多くのSF映画を観てきました。けれども本書の翻訳を手がけるにあたって、まだ観ていなかった作品はもちろんのこと、何度も観た作品をもう一度「ユーザインタフェース」という視点で観なおしました。それらは断片的に観たものも含めると、100作品以上になると思います。視点を変えて観ることで、映画のストーリーやおもしろさとは別の、数多くの映像表現に気づくことができました。

　普通に映画を観るとストーリーに引き込まれてしまい、一瞬しか映画館のスクリーンに登場しない未来的機器の操作画面のことはあまり気にしません。仮につくられたユーザインタフェース画面は、Fake UI、Futuristic UI、Film UI、スクリーングラフィックス、モニターグラフィックスなどとよばれます。これらはわずかの時間しか登場しないながらも、その出来具合によって映画の世界観やリアリティが大きく左右されます。その表現によって、現代の延長線上にある近未来なのか、遠い未来なのか、それとも魔法が使える架空のファンタジーの世界なのかが把握できます。

　本書でも数箇所で取り上げられている映画『マイノリティ・リポート』は、フィリップ・K・ディックによる1956年に書かれた短編小説がもとになっています。数多くのSF映画のなかでも、とりわけジェスチャによるユーザインタ

フェース表現が秀逸です。映画を観ている最中は謎を秘めたストーリーに引き込まれていきますが、ふと劇中のデジタル技術や未来的なユーザインタフェースに目を向けてみると、綿密な調査と考察により2054年の未来像が非常に現実味をもって描かれていることがわかります。

　ハリウッド映画を支えるデザイナーのなかには、映画のなかに出てくるスクリーングラフィックス専門のデザイナーや、それらの映像表現を得意とするCGプロダクションもあります。また日本では、とくにアニメーション作品のなかで、数多くのスクリーングラフィックスが見てとれます。

　SF映画のなかでは、現在の技術を超越し、使いやすさや費用対効果などは無視している部分もあるかもしれませんが、観るべきところはそれだけではありません。大量のデータの移動や保存、人工知能とのインタフェースなど、わざわざ言葉で説明がなくともわかりやすい見せ方が綿密に考えられています。また、人間のよびかけに対してコンピュータの反応が速すぎると、不自然に見えて視聴者が戸惑ってしまうため、人間が理解する時間をあえて設けていたりと、未来であっても普遍的な人間の能力を考慮したインタラクションの要素もあります。では、普遍的な事柄に気づき、近い未来に実現して欲しい新しい事柄を考えるにはどうしたらよいのでしょうか？　それは冒頭に紹介した言葉のとおりです。すでに技術は確立していて、次に示すようにそれらを少し違った扱い方、違った見方で捉えることで、少し未来の技術が構築できるのだと考えられます。

- 何かをとても速く動くようにする
- 何かをとても小さく、またはとても大きくする
- 見えなくする、存在感をなくす
- そもそも、なくても済むようにする
- 同じ目的でもより良質の体験をもたらす
- 何かと何かを組み合わせて新しいことを生み出す
- 複数の操作が必要だったものを簡易にする
- 音声操作など、従来の操作方法と違う方法で扱う
- 複数の機能をもったものを単機能に分解する
- 今ある機能を他のことに利用する
- 今できることをとても安価に実現する
- 今あることの形や色を変えて新しい価値を生み出す
- 使い捨てるものなど、いまあるものの永続性を再検討する

　古いSF映画やSFドラマでは携帯電話は登場しておらず、今は見かけること

監訳者序文

がなくなったダイヤル式の黒電話が登場します。それがたとえ遠い未来の世界を描いたものであったとしてもです。携帯電話の進化は現実が創造を追い越していますが、いまだに交通渋滞はあり、一般の車はまだまだ空を飛んでいません。また、テレポーテーションやタイムマシンなど、しばらくは実現しそうもない事柄も描かれます。創造できるものはすべてつくり出すことができる、技術は生命と同じように進化するといわれています。これから時間をかけてさまざまなものが生まれ、自然淘汰されてゆくのかもしれません。

近年のSF映画は、最新のコンピュータグラフィックスによる特殊効果なしで語ることはできません。未来を描いた作品であれば、そこかしこに未来的なインタフェースが登場します。タッチパネルやヘッドマウント・ディスプレイなど、現在最新と考えられている技術は、実はほとんどのものが20年ほど前に研究開発されていました。今は使いものにならないと考えていたり、高価すぎて手に入りにくい研究開発中の技術や、現時点では突拍子もないと考えているSF映画のなかの事象も、数十年後にはあたりまえになっているかもしれません。これから浸透するであろう新しい技術を探すには少し前をふり返り、数年前の基礎技術を実用化する、洗練させるというのも良い考えかもしれません。

操作や理想的なユーザインタフェースは、エンジニアリングや技術からは分離されるべきで、技術的に何かがつくりやすいからといって、人間の操作を無理矢理機械にあわせる必要はありません。また、ひと目で理解できて簡単に使えるものが重要なときがありますが、調理道具や大工道具、楽器のように使い込んで扱いに慣れるものについては、身体の延長、脳の延長としてより素早く使えるインタフェースが理想形ではないかと考えます。

本書は、身近な未来をつくり出すユーザインタフェースのデザイナー、開発者、映画やドラマのなかのような先進的なユーザインタフェースのデザイナー、そして細かなところも見逃さないSF映画のファンの皆様に読んでいただきたいと思っています。

- 実在するもので例になるものは何か？ それらが進化してどうなって欲しいか？
- 一瞬しか映らないなかで何を伝えるか？ 一瞬で印象を残すには？
- 思い描いた未来には、どんな良い要素、悪い要素があるのか？
- 無意味に派手な演出をするのではなく、納得できる操作とは何か？
- 何か目的を果たすための脇役として、その場の雰囲気をつくり出す存在とは？

監訳者序文

・細部までつくり込むには？　細かいところに気を配るには？

　本書はこのような疑問に答えてくれることでしょう。お気に入りのSF小説のなかには、読んでいる途中で、その素晴らしい世界観や未来的なインタフェースが、まざまざと目の前に浮かんでくるようなものがあります。それらを映像の世界でも現実世界でも良いので、ぜひ実現して欲しいものです。

　SF映画のなかには荒廃したディストピア（非理想郷）が描かれていたり、極端な監視社会や未来への警鐘が描かれている場合もあります。けれども、本書によってディストピアを反面教師として、もっと楽観的に次のイノベーションを生み出すヒントにしてもらえれば幸いです。

　フルCGキャラクター映画『カンフーパンダ』のなかで、代々受け継がれてきた秘密の極意が書かれた巻物と、ラーメン屋の親父の言葉が、同じ意味であることに気づかされる場面があります。

　　There is no secret ingredient. It's just you.
　　秘密の材料なんてないのさ。あるのはただ自分だけ。

　そう、何かすごいことをやっているように見えても、別に秘密なんてないのですから。

2014年6月　自宅にて『アイアンマン』の再放送を横目で見ながら

安藤幸央

本書の使い方

　インタラクションデザイナーになると、SFの見方が変わります。もちろん、ほかの人と同じように宇宙空間に飛び交うレーザー、巨大なシステムに侵入する気分を楽しむことはできますが、こういうものを見るとなにかしら評価せずにいられなくなります。時間内に宇宙船の牽引ビームを停止できるかが気になり、しかも、知らないうちにあれこれ疑問を感じているのです。あの操作は果たしてうまくいっていたと言えるのか？　あのやり方でよかったのか？　どうしたらもっとうまくやれるだろう？　そして言うまでもなく、自分がインタフェースをデザインした場合でもこういうセンスのいいもの、あるいはそれ以上のものができるだろうか？　と考えるようになります。

　私たちインタラクションデザイナーは新しい映画やテレビドラマを観るたびに、このような疑問を自らに問いかけていました。そして技術の愚行から生まれる、軽蔑に値する瞬間を目にするたびに、そこには学ぶべき教訓があり、100年以上の歴史をもつSF映画やテレビドラマというまさに公開の場の、インタフェースの本流ではないところで表現されたインタフェースから、本物の学びを得られることに気づきました。そして、映画やテレビドラマを1本や10本に限らず、できるかぎりたくさん見ることで何を学べるだろう、と思うようになったのです。

　本書はそのような調査の結果です。SF映画やテレビドラマにおけるインタフェースの分析をしたもので、インタフェースとインタラクションデザイナーが現実世界で実際に活用できる学びの要素をまとめたものです。執筆にあたって習得した非常に多くの学びをみなさんと共有したいと思っています。

誰のための本ですか？

　私たちは、主にインタフェースデザイナーのために本書を書きました。最高の実例をSF映画から学び取ることや、デザイン史におけるSF映画の役割を理解すること、そしてSF映画のインタフェースを自分の仕事に活かすことに興味をもっているインタフェースデザイナーを対象としています。

　あなたがインタフェースデザインに興味があるSFファンだったら、好きな映

画やテレビドラマをもっと深く探求するために本書を使ってください。また、あなたが知らなかった新しい映画やテレビドラマを見つけることに使えます。

SF映像を自分で製作するのでしたら、自分のつくったインタフェースが視聴者にどのように評価されるのか、また、実社会の開発者にどのように影響を与えるのかを学ぶことができます。

同様に、SFという観点から捉えたメディア理論に興味がある人は、それに対する洞察をここで得ることができます。しかし、学術的な理論に対するさらに深くて綿密な事項については、さらなる研究を待たなければならないと思います。

本書には何が書かれていますか？

資料を利用しやすくするために、議論を2つのセクションに分けて整理しました。1つ目のセクションではSF映画のユーザインタフェースの要素を調査し、2つ目ではこれらのインタフェースが、コミュニケーションや学習など、人間の基本的活動を手助けするためにどのように使われているかに着目しています。

インタフェースの要素に関する議論は、まず初めに個々のユーザインタフェースの分類に関する情報、事例、参考となる例をどこで見つけるかについて明らかにすべきです。これらはインプットとアウトプットに対応します。これらそれぞれの多くの例がSF映画のあらゆるところで見られます。しかし、私たちはもっとも興味深く、独特なものをいくつか選んで紹介しました。

2つ目のセクションでは、人々の行動に焦点をあてています。この内容は、活動の流れとユーザーの目的をサポートするシステムのインタラクションに沿ってまとめられています。なかには性的行為に関する章もあり、そう聞いてあなたが最初に思い浮かべるであろう内容以上のものや、さほど刺激的ではない毎日の仕事にも驚くほど適用できる教えがあることを明らかにしています。本書のすべての参照先は下記の付録にまとめられています。

本書の付録について

本書にはたくさんの素材がありますが、それらはまだほんの序の口にすぎません。Rosenfeld Mediaは気前よくたくさんの紙面を割り当ててくれていますが、それでも載せられなかった情報も多々あります。一部は別サイトwww.scifiinterfaces.comで読むことができます。ここでは、新しい映画やテレビドラマが公開される都度素材を追加するつもりです。また、レビュー済みのすべての映画のリストや特定のSF的なインタフェースの詳細なレビュー、内容を分析したタグクラウド、サイズの大きな画像なども追加していく予定です。

よくある質問

本書はおもしろいアイデアをテーマにしているとはいえ、SF とインタフェースデザインにはどんな関連があるのでしょう？

　SF とインタフェースデザインはほぼ同じことをしています。SF は登場人物を使って実現可能な未来を表現します。同様に、デザインの過程ではシナリオ上のペルソナを使い、実現可能なインタフェースを表現します。どちらもフィクションです。デザインは商品が出荷されて初めて現実のものとなります。この 2 つの最大の違いは何かというと、デザインはとりわけもっとも理想的だと考えるものを提議するのに対し、SF は概して楽しませるための手段であるという事情から来ています。けれども、SF ははるかに進んだ技術を想定できて、現実世界の制約から大いに自由でいられるので、デザインは現時点で何ができるかというインスピレーションやアイデアの対象として SF を見ることができるのです。

サイエンスフィクションと SF 映画（sci-fi）を区別しますか？

　1997 年の論説のなかで、ハーラン・エリスンは「サイエンスフィクション」という言葉を、科学と「永遠の問い」に関係している物語の分野であると、文学的なニュアンスで主張しました。そしてこれが、「品位が低い」また「sci-fi」とよばれ「マンガ的な大衆文学的世界観」として彼が見なした、物語の他のカテゴリーに私たちを導いてしまいました。私たちは彼のこの分類に全面的に同意しませんし、また私たちはこのプロジェクトを文学として見ませんでした。それで私たちは同じ区別をしなかったのです。私たちは単純に sci-fi を宇宙を救うサイエンスフィクションの略語として使用します。願わくばこれを聞いてエリスンがそんなに不機嫌になりませんように。

［映画の名前をここに入れてください］はどこにありますか？

　ダグラス・アダムズをもじって引用するならば、「SF は大きい、本当に大きい」といったところでしょう。すべてを網羅することはできなかったでしょうし、網羅できたとしてもすべてを収める紙面もありませんでした。さいわい、多くの SF の事例は似通ったアイデアに基づいているのです。ときには、ある例を

優先して他のより有名な例を省いたり、あるいはあまり注目されていなくても賞賛に値するものを含めたりすることもありました。掲載した多くの SF はほとんどが米国のものですが、他の国の SF にも手を伸ばしてみました。ここまでなんとか達成したのはそれなりのものですが、まだ本格的に始まったともいえないくらいの段階です。

あなたはなぜ［インタフェースデザインの手法をここに入れてください］について議論しなかったのですか。

それぞれのレッスンはサイエンスフィクションに由来しています。その逆ではありません。調査におけるどの例も、私たちをたとえばフィッツの法則に仕向けませんし、そのような例は現れません。そして、いくつかの方針では紙面の制約により最終的には割愛された部分もあります。異なる趣旨の調査を行えば、サイエンスフィクションの例のみを使用してインタラクションまたはインタフェースデザインに関する教科書を書くこともできたでしょう。それはおもしろいことでしょうが、本書の目的ではありません。

ビデオクリップを再生できる電子書籍や映像作品の方が本書より便利なのではないでしょうか？

本書のレッスンや解説は、映画やテレビドラマの一場面を使用しているので、それらのインタフェースを流用することを許可されていません。そのため電子媒体に、レッスンの内容や解説を公開することには少し問題があります。しかし、私たちの焦点は、教育のインタフェースや解説から派生したものであったので、従来の書籍や電子書籍や Web サイトの後の参照用としてもっとも効果的な媒体を利用しました。もし、それらのインタフェースのいくつかを実際に見てみる気があるのであれば、必ず元の映画やテレビドラマを調べるか、もしくは私たちがその題材と関連した一場面を伝えている勉強会や講演に参加してください。そうすれば、従来のメディアやアイデアに取って代わる次の媒体を模索していることがわかってもらえるでしょう。

本書に取り上げられたインタフェースは学習用、または現実世界のユーザー向けにはつくられていませんでした。少し不公平ではありませんか？

実際のところ、現実世界にはないインタフェース（大多数がそうだということではありません）に関しては現実世界の判断基準を用いています。しかしながら、ファンとして、デザイナーとして、私たちが見る SF については批判的な評

xv

価をしてしまいます。また、時間の経過とともに世界がSFの技術に詳しくなるにつれて、視聴者も同じように詳しくなるでしょう。けれども、学習意欲をそそられるのはインタフェースの「アウトサイダー」的側面です。なぜなら、クリエイターは失敗作と素晴らしいビジョンの両方を創造するからです。

本を書くとき、もっとも興味深かったことは何でしたか？

私たちは「悪い」インタフェースを調査することが非常に生産的だったことに驚きました。「良い」インタフェースは、しばしば私たちがすでに知っている原則を思い出させますし、ひらめきを与える場合もあります。しかし、「悪い」インタフェースは未だに物語のレベルで取り組んでおり、1章のなかで論じられた「弁証学」のプロセスを通じてもっとも驚くべき洞察を明らかにしました。

編集の時に割愛された素材は何でしたか？

本書では当初から、SF作家と科学者とのインタビューが企画されていました。そうした数々のインタビューのおかげで最終章にこぎつけた、というわけではありませんが、ゲストの皆さんは本書のために多くの時間を割き、素晴らしい時間をともにしてくれました。ダグラス・コールドウェル、マーク・コールラン、マイク・フィンク、ニール・ハックスレー、ディーン・カーメン、ジョー・コスモ、ディヴィッド・レヴァンドフスキー、ジェリー・ミラー、マイケル・ライマン、ルピン・スワナス、そしてリー・ウェインステイン。ここに皆さんの一人ひとりに対し、深く感謝を申しあげます。

他にも、SFの世界、科学的側面、さまざまな兵器、宇宙服、宇宙船などの話題を用意していました。ただ、本のページ数にも限りがあり、初期レビューの段階で大変難しい取捨選択を迫られました。今後の作品のなかで、こうした内容をさらに掘り下げることができるかもしれませんが、今は復活の機会を待つよりほかありません。

どうして［映画のタイトルをここに入れてください］について、もっと言及しなかったのでしょうか？

映画やテレビドラマのなかには、非常に独創性に富み、文化的な影響を及ぼす作品があります。『スター・トレック』や『マイノリティ・リポート』、『2001年宇宙の旅』は私たちが頭に思い浮べる3大タイトルです。しかし、私たちは映画やドラマの小さな側面に偏り過ぎないようにしたかったのです。むしろ私たちとしては、これらの際立った特徴をいくつかの実例として活用し、そしてトピッ

クが妥当ならばその調査よりその他の実例へと展開したかったのです

テレビゲーム、未来的なコマーシャル、産業映画などに見られる、現実にはない推論的な科学についてはどうですか？

　技術オタクは、サイエンスフィクションの定義に関する話をすると、代わりに推論的な科学の話になりがちであることを知っています。推論的な科学は、より幅広い興味をそそる話題ですが、本書の主眼ではありません。これらの関連メディアに関心のある方は、14章をご覧ください。

目　次

本書の使い方　　xii
よくある質問　　xiv

セクション1　SFユーザインタフェースの要素

1章　サイエンスフィクションから教訓を学ぶ　　1
インタフェースとは何か？　　3
サイエンスフィクションとは何か？　　4
本章の論点　　6
なぜフィクションを見るのか？　　7
データベース　　8
サイエンスフィクションからインスピレーションを得る　　13
さあ、始めましょう！　　16

2章　機械式コントローラー　　17
最初は機械式コントローラーはどこにもなかった　　18
その後どうなったのか？　　20
そして機械式コントローラーがなくなり始めた　　25
他のインタフェースとの共存　　28
機械式コントローラーは雰囲気を出すために使われる　　32
再び機械式コントローラーの時代：歴史は繰り返す？　　33

3章　ビジュアルインタフェース　　35
本章の論点　　38
テキストベースのインタフェース　　38
視覚的ユーザインタフェース　　43
ビジュアルスタイル　　75
ビジュアルインタフェースが私たちの未来を描き出す　　84

4章　立体投影　85
　本章の論点　87
　立体投影がどのように見えるか？　88
　立体投影はどのように使われているか？　92
　現実世界で使うときの問題　99
　SF映画のなかで定義されてきた立体投影　102

5章　ジェスチャー　103
　本章の論点　104
　基準となるジェスチャーインタフェース　107
　ジェスチャーはまだ成熟していない概念　110
　ハリウッド映画の業績　111
　直接操作　115
　ジェスチャーインタフェースは物語の視点から描かれる　118
　ジェスチャーインタフェース：新種の言語　122

6章　音のインタフェース　123
　本章の論点　124
　音響効果　125
　周囲の音　126
　指向性の音　127
　音楽インタフェース　129
　音声インタフェース　131
　音のインタフェース：聞こえることは信じること　141

7章　脳インタフェース　143
　物理的な脳へのアクセス　144
　記憶を消す　149
　情報の2つの方向性　150
　現在進行中の事柄　161
　SF映画における2つの脳技術に関する通説　169
　思考のインタフェースは実在するか？　170
　脳インタフェース：通説の地雷原　172

8章　拡張現実　173
　　本章の論点　174
　　外観　176
　　センサー表示　177
　　位置認識　179
　　コンテクスト・アウェアネス　181
　　目標認識　188
　　現在は何が欠けている？　194
　　拡張現実の情報集約　194

9章　擬人化　195
　　非人的なシステムへ人間性を与えることは可能である　197
　　外観　204
　　声　204
　　声の表現力　208
　　ふるまい　208
　　擬人化：慎重に利用する必要がある強力な効果　217

セクション2　SFのインタフェースと人間の活動
10章　通信　219
　　同期対非同期通信　221
　　受信者の指定　225
　　よび出しを受信する　231
　　音声　239
　　映像　242
　　さらなる2つの要素　243
　　通信：次世代の話し方はどうなるのか？　247

11章　学び　249
　　直接ダウンロード　251
　　サイコモーター・プラクティス　254
　　プレゼンテーションツール　259
　　リファレンスツール　263

ともに考えるための機械　270
　　　試験用インタフェース　272
　　　ケーススタディ：ホロデッキ　276
　　　学び：ホロデッキを目指して　285

12章　医療　287
　　　補助医療インタフェース　289
　　　自律型医療システム　313
　　　生と死　316
　　　医療インタフェースは危機的状況に焦点を当てる　323

13章　性的行為　325
　　　出会い　326
　　　一人遊び　330
　　　カップリング　336
　　　SFと現実は違う　344

14章　SFの先へ　345
　　　SFを活用する　346
　　　SFを越えて　347
　　　そして来るべきSFの世界へ　350

付録　レッスンとチャンスの一覧　351
索　引　358
クレジット　364
謝　辞　366
原著者紹介　368
訳者紹介　370

CHAPTER 1

サイエンスフィクションから教訓を学ぶ

インタフェースとは何か？	3
サイエンスフィクションとは何か？	4
本章の論点	6
なぜフィクションを見るのか？	7
データベース	8
サイエンスフィクションからインスピレーションを得る	13
さあ、始めましょう！	16

CHAPTER 1

　　サイエンスフィクション（SF）とインタフェースデザインは非常に相性が良いものです。登場人物たちが物語のなかで、洗練された未来の技術をどのように使うのか。SFファンがそれを理解するための基本的な手段がインタフェースです。インタフェースデザインは、刺激的なストーリーのなかで現実世界の制約から解き放たれます。SFファンは潜在的な技術に関してあら探しをしながらも斬新なアイデアに触れることをとても喜ぶのです。

　その結果、現実世界のインタフェースとSFに表現されるインタフェースとの間で興味深くかつ発展的な関係が得られます。現実の世界でも技術は急速に進化しているので、SF作家はより新しく刺激的なインタフェースを伴った技術を絶えず発明しなければならなくなりました。世界中のファンが技術についての教養を高めてきているので、SF作家はいっそう自らの描くインタフェースが信憑性をもち、興味をそそるものであることを保証するために、苦労することになるはずです。そしてユーザーは、毎日、自分で利用しているインタフェースとSFとを見比べ、技術すらも魔法と区別がつかなくなるようになる日を夢見るのです。

　一方で両者の関係は、不公平なものでもあります。SFでは、物事をとても刺激的に見せるために、煙と鏡、CG画像を使うことができます。さらに、妥当性やユーザビリティ、コスト、サポートインフラといった現実の制約も無視できます。また、SFのインタフェースが表示される時間はごくわずかですが、現実のインタフェース、たとえばワープロや表計算ソフトのそれは、何時間も長年にわたって使われます。現実世界のインタフェースは、容赦ない市場においてユーザーの目にかなうものでなければなりません。ひどいインタフェースは、あっという間に製品をダメなものにしてしまうでしょう。しかし、素晴らしい映画のなかにひどいインタフェースがあってもユーザーは何の疑いもなく見過ごしてしまうかもしれません。

　その関係は相互に影響を与えるものでもあります。人気があるすべての現実世界のインタフェースは、ファンが現在のものとみなしているものに、SF作家がさらに掘り下げるべき挑戦的な何かが加わっています。加えて、ファンは技術的な教養をいっそう身につけるようになり、より信憑性のあるインタフェースを期待するようになるでしょう。SF作家はインタフェースの信憑性に対してさらに注意を払うことを求められます。さもなければファンはつくられた「現実味」に疑いの念をもち始め、さらには物語そのものが白々しくなってしまいます。これはSFにとってもより重要な問題なのです。現実世界のインタフェースデザイナーは十分に賢いので、この原動力を理解しています。ファンはデザイナーがつくった「現実味」に対しても同じように期待するからです。

本書は、「現実世界のインタフェースデザイナーは、SFに見られるインタフェースから何を学ぶことができるのだろうか？」という疑問に対する現実的な答えを探すために調査しました。

この疑問に答えるためには、まず「インタフェース」と「SF」の意味を定義する必要があるでしょう。

インタフェースとは何か？

インタフェースという用語は数多くの異なるものについて用いることができます。それはたとえ、ソフトウェアの世界においてでもです。本書では、ヒューマンコンピュータインタラクションに関連した、とくにユーザインタフェースを意味するものとして、インタフェースという言葉を使います。携帯電話やノート型およびデスクトップパソコンを中心として多くの人が体験するコンピュータ操作では、キーボードやマウス、タッチパネル、音声フィードバック、さまざまなオブジェクトの画面デザインなどがよくある例でしょう。概して、SFにおいても同じことを意味します。現状の見慣れたものと比べて未来の技術による入力と出力がまったくかけ離れたものであったとしてもです。たとえば、ホログラムやボリュームレンダリングはスクリーンとしてみなせるでしょうか？『スター・トレック』シリーズのトリコーダーのキーボードはどこにあるのでしょうか？

より抽象的な定義をすることによって、架空の技術に目を向け正しい部分に言及することができるようになります。インタフェースの実用的な定義は、「あるモノを使えるようにするためのすべての部分」です。これによれば、ライトサーベルの柄と1つのボタンは確信をもってインタフェースとよべます。一方で、光り輝くブレードはインタフェースとよべません。この本を読み進めていく間、この定義を心に留めておきましょう。

この定義はまた、インタフェースのある側面を導いてくれます。すなわち、いたって平凡な表示画面とマウスの定義のように、普通に考えてはいけないという側面です。たとえば、ブラスターのハンドルは単なる3次元物体であってそれ自身では何もなしません。しかし、どうやってもつかということを考えれば、それは確実にインタフェースの一部になります。これは、工業デザインの問題に触れることを意味するでしょう。

同様に、SFの表示画面に見られる情報統合に関する問題に至るかもしれません。表示画面はインタフェースとして使用できるモノの一部分です。登場人物向けの画面には意味があるでしょうか？ この疑問を考えることは、情報デザインの問題に触れることを意味するでしょう。そしてまた、登場人物の行為と、それ

CHAPTER 1

によって生じる意図や結果を彼らがどう理解したか、その関連に目を向ける必要があるかもしれません。長い時間をかけたインタラクションは、インタフェースの重大な要素です。それには、インタラクションデザインの評価が求められます。

「インタフェース」はすなわち、これらの側面すべての組合せです。これらのうちもっとも新規でもっとも基本的な、あるいはもっとも重要なことに焦点を当てようとしているとはいえ、やはり組合せなのです。

サイエンスフィクションとは何か？

SF は巨大なジャンルです。そのすべてを、見て、聞いて、読むためには何年もかかってしまうでしょう。私たちが過去を振り返り取り入れたすべてを研究する機会があったその時点でさえ、注目すべき新たな材料はまだまだたくさんありました（ああ、しかしマトリックス・スタイルでアップロードする人にとっては、「私は SF のすべてを知っている！」のかもしれません）。幸運なことに、SF のインタフェースに特化して見ていけば、調査の候補は減ります。その最初の方法は、SF を描いた小説や漫画、映画などのメディアを通じて行います。

本調査の目的からして、インタフェースを評価するためには、それを見て聞かなければなりません。ユーザーがインタフェースを理解しようとしているときに、何を考えているのかを理解するためには、見て聞くことが必要です。SF 小説はしばしばインタフェースのもっとも重要な部分を記述します。しかし、詳細の記述はたびたび省かれてしまい、その結果、読者によってはかなり違った想像をするでしょう。これでは、小説に描かれたインタフェースを評価することはほとんど不可能です。例として、H. G. ウェルズの『タイムマシン』（「The Time Machine」1895 年）から、次の記述を挙げましょう。

> 時間旅行者は、テーブルにひじをついて装置の上に両手を押しつけた。「このちょっとしたしろものは、ただの模型です。これは時間の中を旅行するマシンの設計図なんです。これが一つだけ傾いていて、この棒のまわりに奇妙なちらつく感じがして、なにやら非現実的に見えるのがおわかりでしょう」と彼はその部分を指さした。「それとここに白いレバーが一本、もう一本がこちらに」
>
> 医師は立ち上がってその物体をのぞきこんだ。「見事な作りだ」
>
> 「作るのは二年がかりでしたよ」と時間旅行者が答えた。そしてみんなが医師の行動に続いたとき、彼は述べた。「さて、みなさんにはっきり理解してほしいことですが、このレバーを前に倒すと、マシンは未来に滑り出し、こちらのレバーはその動きを逆転させます。このサドルは、時間旅行者の座席となります。いま、このレ

バーを押して、するとマシンが動き出します。よく見ていてくださいよ。テーブルもしっかり見てください。種も仕掛けもないことを納得してください。この模型を失ったあとで、インチキ呼ばわりされるのはいやですからね」[1]

このインタフェースに関する記述は有益ですが、まだ不十分です。レバーは容易に手の届くところにあるのでしょうか？ レバーは1メートルほどなのでしょうか？ それとも数ミリほどなのでしょうか？ レバーは押しこむのでしょうか？ 引っぱるのでしょうか？ あるいは彼に対して平行になっているのでしょうか？ レバーにはどんなラベルが付いているのでしょうか？ 時間旅行中に、マシンの操作をやさしくしたり、難しくしたりするような効力は実際にあるのでしょうか？ 読者が想像する原型は物語の目的としてはおそらく十分でしょう。しかし、実際に評価してそこから学ぶためには、さらに多くの詳細が必要です。

このような理由から、小説に描かれたインタフェースは考えないことに決めました。同様の理由で、登場人物によるインタフェースの利用を時間とともに見ていく必要があります。もし静止画だけを評価するのだとしたら、たとえば、情報が画面にどうやって現れるのか、どんな音が返ってくるのか、ボタンは瞬間的に押されたのか、その位置に保持されていたのか、といったことを小説では知ることができないでしょう。漫画やコンセプトアート、グラフィックノベルなどから、ときどきはそうした情報を得ることができます。しかし、作者が尋常でない水準で詳細を描かない限り、その解像度はあまりにも粗く、時間的なずれもあって、インタフェースがどのように活用されるかを完全に把握することは難しいでしょう。こういった複雑さがあるので、漫画やコンセプトアート、グラフィックノベルなどもいずれも考えないことにしました。

そして最後に、アニメーションのような時間的な視覚表現であっても、インタフェースは場面ごとの一貫性を保っていなければなりません。さもなければ、SF小説に描かれたのとほぼ同様に目的とするインタフェースを解釈しなければならず、矛盾した、あるいは混乱をもたらす結末に至る危険を伴うでしょう。この理由から私たちは、『フューチュラマ』やアニメに見られるような手書きのアニメーションで描かれたインタフェースは避けました。もちろん、これらの問題点は映画やテレビドラマのSFでも起こり得ます。しかし、多くの3Dアニメーションや実写のインタフェースでは、その描画は十分に一貫性を保っており、評価に値するものです。

結局、オーディオビジュアル、時間的表現、一貫性という3つの要件から、

---

[1] 山形浩生訳、http://cruel.org/books/timemachine/timemachinej.html で公開された翻訳文より引用。

映画やテレビドラマ向けの 3D アニメか実写版 SF が残ります。私たちがデザインの教訓を得るために調査すべきインタフェースの候補は、これらのメディアによる SF に見出すことができるでしょう。

本章の論点

　微妙な問題は、何をもって SF とみなすか？　ということです。もちろん、惑星間を宇宙船で競走したり、悪者にレーザー銃を撃ったり、魅力的なエイリアンといちゃいちゃしたりするような話は、明らかに SF でしょう。しかし、スパイ映画はどうでしょうか？　自爆する鞄やペン型ピストル、遠隔操作できるアストンマーチンといったものは確かに未来的な技術を備えています。それに、スチームパンク・フィクションやスーパーヒーロー映画はどうでしょうか？　あるいは『スペースボール』（「Spaceballs」）のようなドタバタ喜劇は？　こういったジャンルのいずれにおけるメディア作品にも、調査すべきインタフェースを備えた各種のガジェットが登場します。

　これらはよい質問です。しかし、結局私たちは SF の学術的な定義を追い求めるのはやめ、固い決意をもって不可知論者であろうとしました。原則として、インターネット映画データベース（Internet Movie Database, www.imdb.com）がその映画やテレビドラマを SF と定義するなら、考慮の対象とすることにしましょう。

　また、適切であり紙面が許すときは、同じ目的や機能をもつ現実世界のシステムや製品、プロトタイプのインタフェースを比べることで、SF の外の世界にも目を向けました。さらに、新しいコンピュータ体験を提案している企業の注目すべき宣伝用映像における未来的なインタフェースにも目を向けました。この意味では、私たちは「未来的なフィクション」を調べているというほうがより正確かもしれません。しかし、ほとんどの人々にとってこの言葉は耳慣れないので、本書では使い慣れた SF という言葉を使うことにします。

　私たちは数多くの SF 作品を視聴し、分析してきました。しかし、すべてを取り上げることができたわけではありません。そこで、文化とデザインの両者に影響するという観点から、もっとも顕著で影響力のある作品を選びました。したがって、すべての読者にとっておもしろいもの、大切なものとなる作品は網羅できていないかもしれません。この本を補足する Web サイト（www.scifiinterfaces.com）には、本書に記載された情報より、さらに多くの作品についての注釈とより広範囲な分析が記載されています。さらにこの Web サイトは、本書出版後の新しい作品についてのコメントや継続的な更新を行うの場所と

しても機能しています。

なぜフィクションを見るのか？

　さまざまな SF のメディアの何に注目するかを決めました。それでは次の質問をしましょう。そもそもなぜデザインレッスンのためにフィクションに目を向けるのでしょうか？ そして、どうやって現実世界のデザインの取組みを特徴づけることができるのでしょうか？

　私たちの答えは、それが好むにせよ好まざるにせよ、次のようなものです。SF に見られるフィクションの技術によって、ファンは来るべき刺激的な何かを期待します。顕著な例は、『宇宙大作戦』の通信機です。1960 年代後半、一般的な通信機といえば、トランシーバーないしは壁にコードでつながっているお姫様型電話だったころ、『宇宙大作戦』に登場した通信機によってモバイル電話の期待が高まりました。その使い方は電話というよりはややトランシーバー寄りではありましたが、初期の視聴者には未来的なモバイル通信の雰囲気を決定づけました。それからちょうど 30 年後、エンタープライズ号の船長と同じやりかたで開けるようにした最初の電話を、モトローラが発売しました（図 1.1）。この関係性はその製品名によっていっそう明らかになりました。その名は StarTAC（スタータック）です。ファンは、ほぼ間違いなく『宇宙大作戦』のエピソードに登場していたその電話を見ていたということ、そして 30 年にわたって使い方を予習していたという事実に支えられて、StarTAC は商業的に成功しました。実際、その市場は SF により事前に形成されていたのです。

図 1.1a,b 『宇宙大作戦』（1966 年）とモトローラ StarTAC（スタータック）（1996 年）。

もう1つの答えは、メディアのチャネルが急増し専門化するとともに、文化的な参照をいっそう共有しにくくなっているということです。共通の基準をもつことによって、デザインの教訓を思い出し、互いにアイデアを議論しやすくなります。SFはとても人気のあるジャンルで、未来的な技術が頻繁に登場します。既存の技術について議論したければ、現実世界のインタフェースを参照してもよいでしょう。しかし、未来の技術について議論するためには、未来の技術を演繹的に定義しようとするより映画を参照するほうがより簡単です。「Kinectは単なるゲーム向けのインタフェースではなく、そう、ある種の『マイノリティ・リポート』のインタフェースなのです」というようにです。

最後の答えは、現実世界におけるインタフェースの製作者とSFにおけるインタフェースの製作者は、本質的に新しいインタフェースをつくり出しているという点で同じことをしているということです。この意味で、少なくとも実装されて消費者やユーザーが使えるようになるまでは、すべてのデザインはフィクションです。デザイナーたちが、現実に出荷される最終製品ではないものをつくるとき、彼らは未来的なフィクションのインタフェースをつくろうとします。ワイヤフレーム、シナリオ、ペンシルスケッチ、画面のモックアップなどはいずれも「これはこうかもしれないな」とか、「これはこうあるべきだろう」ということさえも示します。それぞれの領域で、デザイナーは同じような質問をします。それはわかりやすいだろうか？ この行為に対して適切な操作は何だろうか？ 何かすごいことはないだろうか？ SF作家とデザイナーは最終的には、それぞれ異なる顧客、予算、メディア、目的、制約で仕事をします。しかし、作業は基本的には同じです。互いに何かを学ぶことができるでしょう。

データベース

参照する一連の映画とテレビ番組を手にいれた後は（その完全なリストはwww.scifiinterfaces.com参照のこと）、入手できるものすべてを視聴して、評価しました。さらにデータベースにスクリーンショットとその説明を加え、それを調査の基礎としました。そのデータベースはWebサイトでも利用可能です。そこにはあなた自身が追記することもできますし、本書に入らなかったより多くのコンテンツを見ることもできます。

デザインの教訓を見つける

データベースを手にした私たちは、インタフェースから何を学べるかを確認しました。それには4つの方法があります。

ボトムアップ

ボトムアップで教訓を学ぶために、私たちは個々のインタフェースを詳細に調査しました。これを実行するためには、その利用方法を私たちが理解し、その入力を出力と比較して分析するだけの十分な時間が映っていて、ユーザーの目的を完遂するために何が行われるかを評価できるインタフェースが必要です。うまくいかない事例では、ネガティブな例から教訓を得ることができるかもしれません。うまくいく事例では、現実世界で見つかる同じようなインタフェースと比較することもでき、その結果、どのように翻訳して解釈されるかがわかるでしょう。翻訳され得るものは、教訓として捉えられます。そして、それを支持するか、もしくは反論する他の例を後の調査で見つけることもあるでしょう。

トップダウン

トップダウンで調査を進めるために、データベース中のすべての記述に対して意味のある属性としてタグを付けました。図 1.2 の例は、『メトロポリス』に出てくる壁掛けテレビ電話に関する評価に対する一連のタグを示しています。

データベース中のタグ付けされたインタフェースに関して、集約されたタグクラウドをみると、何が際立っているかがわかります。もっとも多く出現したタグは、光（glow）、画面（screen）、赤（red）、青（blue）、ビデオ（video）、ホログラフィー（holography）です（図 1.3）。私たちはその後、なぜそのタグが頻

図 1.2a–c 『メトロポリス』（1927 年）。

説明：グロットが神経質にうろうろしているところをカメラで見て、ジョーは、彼が正しい道を進んでいるのか目で確かめている。そして正しい場所に到着したことを確信し、ジョーは電話の受話器を取り上げる。そして右側の操作盤を押すために手を伸ばす。それに反応してグロットの横にあるテレビ電話の電球が点滅し始め、おそらく（これはサイレント映画だ）、音を立てる。

タグ：アナログ、よび出し、通信、ダイアル、映画メタファー、受話器を置く、メッセージ、印刷出力、電話、テレフォニー、チケットテープ、チューニング、テレビ電話、壁面装置、手首を回す、手首をひねる。

CHAPTER 1

図 1.3　Wordle.net のツールで作成されたこのタグクラウドは、トップダウンによる主要なテーマを示しています。

繁に出現するのかを説明しようとし、類似のタグが付けられたインタフェースを比較し、共通項との違いを考え、また現実世界のインタフェースと比較しました。

類似性の追求

　調査からデザインの教訓を収集するもう 1 つの方法は、自分たちで感じた作品間の類似性に注目し追求することです。たとえば、ジェスチャーインタフェースの信奉者なら、操作に用いるジェスチャーにおける類似性に気づいたかもしれません。それが、完全に異なる映画やテレビドラマに現れたものであっても、あるいは異なる作家、異なるスタジオが製作したものであってもです。なぜこのようなことが起こっているのでしょうか？　ジェスチャーの独裁者が支配しているわけではないので、これらの類似性の下には何が存在するのでしょうか？　これらは既存のインタフェースや常識、あるいはその他の何かによるものなのでしょうか？　このような疑問を調査することは、トップダウンによる方法のようなものです。しかし、この類似性の追求はタグに起因する疑問というよりは、個々の疑問の追求から生じるものです（ジェスチャーインタフェースに関するこれらの疑問に対する答えについては、5 章を参照）。

弁証学

もっとも実りのある方法の1つは、弁証学です（キリスト教の神学理論から用語を拝借しています）。表現されているようには動作しないだろうというインタフェースを見つけたときには、「弁解する」という方法を求めました。すなわち、表現されたやり方でインタフェースが動作する方法を考えたのです。いくつかの事例では、このやり方で技術が動作する方法に関するおもしろい洞察に至ることができました。

映画『2001年宇宙の旅』から、1つの例を示しましょう。フロイド博士は地球を周回する宇宙ステーションから地球にいる娘とテレビ電話で会話します。その場面において、少女の手が電話の操作盤を押してしまうのを目にします。しかし、通話は中断しません（図1.4）。これは監督が見落としたのかもしれませんが、それはそれとしてシステムはこれでも動作すべきでしょう。子どもがシステムを使っていること、そしてボタンの押下が故意ではないことをシステムが知っているならば、こうした入力は無視すべきであって、通話を中断すべきではありません。洗練された技術と、映画プロデューサーでさえおそらく考えなかったインタフェースのアイデアが前提とはなるものの、今日の現実世界の技術に対して考えるときであっても、この原理は利用することができるでしょう。

他のやり方と比べると、この方法は現実的な読者に対して頭を掻きむしらせることになるかもしれません。そして、SFのインタフェースデザイナーは、私たちが考えているようなことと同じだけの考えを本当に作品に投じているかどうかを疑問にもつかもしれません。

すべてがそうでもなくて、SFのインタフェースが純粋に想像の産物であり、

図1.4 『2001年宇宙の旅』（1968年）。

CHAPTER 1

厳しい締切のもとで十分な調査や入念な省察なしに生み出されたものだということは、あり得ることでしょう。しかし、私たちは自身が製作したインタフェースについてじっくり検討することができます。自らに役立てるためには、あたかもデザイナーがそうあるべきと考えたように製品が正しく製造されたのか、という観点でインタフェースを調査しなければなりません。批評するときには、文学的にいえば著者の意図とよばれる問題を考えないといけません。それは選択です。私たちは、目的をリバースエンジニアリングで明らかにするのではなく、インタフェースに目を向けることを選びました。そうしなければ、結果論の悪循環でぐずぐずになっていたかもしれません。

　本書を記すにあたり、私たちはこれら4つすべての方法を使いました。ボトムアップの方法によって、個別の教訓をたくさん得ました。また本書の構成の多くの部分は、トップダウンの方法によるものです。このやり方で、私たちが取り組んだ膨大な量の資料全般にわたって確実な道筋をたてることができました。また、立体投影（4章）やジェスチャー（5章）といったいくつかの特別な章は、類似性を追求した結果です。弁証学の方法は、資料からもっとも満足できる結果を導きました。しかしながら、物語のスタンス（人間の立場）から新しいデザインのアイデアに至るまで、適切に説明できるものを使わなければなりませんでした。こういった機会をSFに見出すことを、あらかじめあてにすることはできませんでした。なぜならば「誤り」を見つけるまで待たなければならなかったからです。しかし、実際に見つけたときは、それをうまく利用することができました。

レッスンのかたち

　学びを得るにあたり、私たちのゴールはそれらを便利な形式で提供しようというものでした。読者が読み進めていく、もしくは流し読みしていくなかで、私たちは教訓つまり「レッスン」を簡単に判別できるものにしたかったのです。レッスンのタイトルにははっきりした指示が書かれていますので、その目的は明らかです。私たちは、ニュアンスの想起や例示の拡張、レッスンを応用できる場面の記述といった、身近な言葉による記述を含めました。

　時には、調査で現れなかったことについても分析では触れていました。これらの特別なレッスンは、「チャンス」としています。

　最後に、本の末尾に付録としてすべてのレッスンをまとめています。これにより、読者は特定のレッスンを簡単に見つけることができますし、レッスンを一連のセットとみなすことができるでしょう。

サイエンスフィクションからインスピレーションを得る

　2000年のこと、ダグラス・コールドウェルは、10代の息子から『X-メン』の映画に連れてってとせがまれました。ダグラスはSFのファンというわけではまったくなかったのですが、息子と過ごす時間を望んでいました。そこで、息子の申し出にのり、映画を観に行くことにしました。映画を観ていると、彼は日々悩んでいた問題に対する解決策を見つけてとても驚きました。

　クライマックスに近づいた場面において、X-メンたちは大きな表面ディスプレイのまわりに集められました。それは円盤状で、金属のテーブル面のように見えます。これから試みようとしているミッションをサイクロップスが説明すると、地図が形を変えます。まるで、数百もの小さなピンでできていて、そのピンが上がったり下がったりすることで必要な地形図を形づくります（図1.5）。

　この未来的な技術がダグラスにとって非常に重要だった理由は、彼が米軍の地形学エンジニアリングセンターに勤務していたからです。彼の仕事の一部は、3次元地図を作成して現場の指揮官に届けることでした。それにより、指揮官たちは戦場の様子を研究して、戦術を練ることができたのです。これらの地図は「サンドテーブル」とよばれていました。なぜなら、数千年前には、お盆に入れられた実際の砂を使って指揮官たち自身によってつくられたものだったからです。軍のリーダーたちは、手元によい地図がないときには、今でも同じことをしています（図1.6）。

　現代的な3次元サンドテーブルは非常に精巧である一方で、とても高価で運びづらく、運ぶにしてもいささかデリケートで、もし間違った地形をつくってしまったら役立たずになるという問題点がありました。

　ダグラスが『X-メン』で観た動くピンボードは、こういった数多くの問題を一瞬で解決しました。このテーブルは、世界中のある地点の地形をいつでも、どんな縮尺でも描くことができます。そして理想的には指揮官がそれを必要と思うだけでいいのです。

　仕事へ戻ると、彼はすぐに提案依頼書を書きました。提案依頼書には映画の場面を参考文献として引用したので、軍事関連を請負う企業は彼と同じような驚きを受けたことでしょう。そして、提案に応えたゼノトラン社が開発契約を落札し、4年後には実際に動作するモデル、ゼノトラン　マークⅡ、ダイナミック・サンドテーブルが開発されました（図1.7）。

　マークⅡは、小さな鉄の棒を独立に動かし、それが集まって新たな表面をつくり出します。ちょうど『X-メン』で暗示された装置のようにです。それだけ

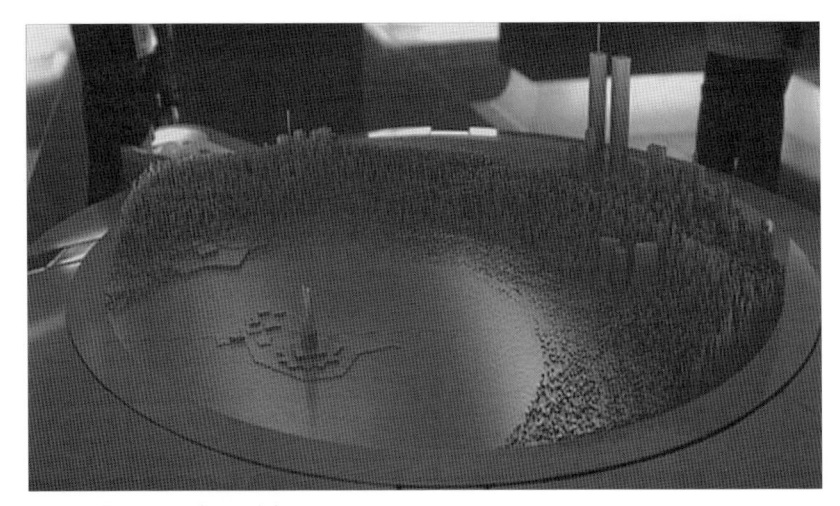

図 1.5 『X-メン』(2000 年)。

図 1.6 ベトナム戦争において、ケ・サンのサンドテーブルを調べているリンドン・ジョンソン長官。

でも、この解決策は映画で暗示された技術にぴったり一致します。しかし、実際の開発においては、そのコンセプトをさらに進めました。ピンを薄い白いゴムシートで覆い、真空パックで包んだのです。その結果、ピンの全体にわたって滑らかな表面がつくり出されました。そして、その表面に上から画像を投影して、十分な起伏を伴った地形図を再現し、その地形図には最新の衛星画像とデータが

図 1.7　ゼノトラン マーク II ダイナミック・サンドテーブル。

重なって表示されます（図 1.8）。リアルなアニメーションを作成したり、海上を進んでいく津波を表現したり、時代とともに変化する地形を示したりと、時間の経過とともにあらゆる情報を変化させることができます。

　この話から得られる主たる教訓は、もしダグラスが映画を観ていなかったら、この技術は決して開発されていなかっただろう、ということです。

図 1.8　衛星画像を投影し動的な地形図を示すゼノトラン マーク II ダイナミック・サンドテーブルを紹介するビデオの画像。

CHAPTER 1

> **レッスン** サイエンスフィクションを使おう

　SFは、物語のなかで未来的な技術をデザインのフィクションとして提示することで、エンターテイメント以上の働きをなし得ることがあります。何ができるのか、何が理想的なのか、明らかなことは何で、素晴らしいことは何だろうか、という問題意識に対してひらめきを与えてくれるのです。本書はSFに目を向けることで、読者のみなさんに希望を与え、インスピレーションを得て、世界を変えるために準備することを目的としています。

さあ、始めましょう！

　制約条件を概観し、目的を説明しました。ナビゲーションコンピュータから目標となる座標を得た今こそ、旅立ちの時刻です。さあ、光速ワープで飛び立ちましょう。

CHAPTER 2

機械式コントローラー

最初は機械式コントローラーはどこにもなかった	18
その後どうなったのか？	20
そして機械式コントローラーがなくなり始めた	25
他のインタフェースとの共存	28
機械式コントローラーは雰囲気を出すために使われる	32
再び機械式コントローラーの時代：歴史は繰り返す？	33

図 2.1 『月世界旅行』(1902 年)。

　SF 映画は常に時代にひもづいています。そしてほとんどの場合、その時代のパラダイムを反映しています。そのことは、各種装置と互いに働きかけるときに使われる一般的な機械的制御、つまり機械的インタフェースを見るときにもっとも感じることができるでしょう。後で説明するように、現実世界と初期から現代に至る SF 映画の世界の両方で、ボタンやノブ、スイッチはインタフェース制御の中心的役割を担ってきました。そして、現在は高度な機械制御や仮想的な制御が利用可能であるにもかかわらず、今もなおボタンやスイッチがインタフェースに現れています。その理由の 1 つは、過去の遺産や歴史の継承です。タッチスクリーンなど高度な技術を要するデジタル制御は、つい最近出てきたばかりなのです。しかし一番の理由は、私たちは自分の手を簡単に使うことができ、触感制御や機械制御が私たちの指や身体の動きを有効に活用しているという事実です (有効活用という意味では、手が空いていないときには足でペダルをこぐこともできますが、こういったことは SF 映画ではあまり見られません)。それでは SF 映画の初期の段階である 1902 年に戻って、これらの機械制御がどのような役割を果たしていたのかを見てみましょう。

最初は機械式コントローラーはどこにもなかった

　SF 映画の幕開けとなる『月世界旅行』(「Le voyage dans la lune」) を最初に紹介しましょう。この映画で現代の視聴者が驚くかもしれない点の 1 つは、現

代の SF 映画との共通点をまったく見いだせないことです。宇宙飛行士がロケットの扉を開けるときは、ただ扉を押すだけでハンドルすらありません（図 2.1）。ロケットを発射させるために、まるで銃弾のようにロケットを特大の大砲に装填し、月に向かって撃ち上げます。インタフェースがないことはそんなに驚くことでもありません。というのも、この短編映画はヴォードヴィルによる笑いを題材にした寸劇（スケッチコメディ）だからです。しかしさらにいえば、この映画が公開された 20 世紀になったばかりのとき、現代的な意味でのインタフェースはほとんどなかったのです。視聴者、映画の製作者のどちらも、産業化時代のパラダイムで考えていました。この時代に存在した数少ない制御システムは「機械」です。人々はこういった機械を、レバーを引く、ボタンを押す、取っ手を回すといった物理的な力で動かしていました。

「直接操作」よりも直接的に

産業革命時代のユーザーは、その当時使用していたインタフェースで、直接的で機械的なフィードバックを経験しています。たとえば、ユーザーがレバーを前方に押し出すと、機械はその動きを他の箇所の機械的な動きに転換します。原因と結果の因果関係は明白です。コンピュータ利用の幕開けとともに、原因と結果の間のフィードバックは、電子回路の上で起こる出来事に抽象化されました。ボタンを押すことにより、事実上無限の組合せの応答のうちの 1 つを得ることになります。あるいは、何の応答も得られないという結果も起こり得るのです。この抽象化は、DOS プロンプトの時代まで続きました。

グラフィカルユーザインタフェース（GUI）の発明は、コンピュータでの経験に、いくつかの物理的世界の原理を復活させることになりました。たとえば、ユーザーはディスク上のデータを示すファイルアイコンをフォルダアイコンにドラッグすることにより、移動やコピーを行うことができます。開発者は、ユーザーの動作とインタフェース要素の間の緊密な関係を「直接操作（ダイレクト・マニピュレーション）」とよびます。なぜなら、それはテキストインタフェースによるコマンドの入力よりも直接的だからです。しかし GUI のように物理的な比喩でわかりやすいとしても、本来の機械的な操作は、GUI の「直接操作」よりもはるかに直接的な操作です。

その後どうなったのか？

　1920年代から1930年代にかけて、先進国が電気を利用する時代に移行した際、人々が日々使用していた産業機械や家電製品の操作はボタン、スイッチ、ノブによって形成されました。その結果、SF映画のあらゆるところにも、これらの機械式コントローラーが見られるようになりました。一例として、1927年のディストピア（非理想郷）的映画『メトロポリス』（「Metropolis」）の下層都市の制御盤は、電気出力と制御装置がぎっしり詰め込まれたインタフェースになっています（図2.2）。この章全体を通して、さまざまなインタフェースを紹介していますので、そのときどきのボタン、スイッチ、ノブのような機械式コントローラーの優位性に注目してください。

　第一次世界大戦はSF映画のインタフェースの外観が形づくられるのに一翼を担いました。出兵した兵士たちが軍事技術の経験をもち帰り、消費者や視聴者、そしてSF作家になったためです。1939年の『バック・ロジャース』（「Buck Rogers」）シリーズで、このことを実際に見て取ることができます。すでにこの時点でインタフェースにはボタンが存在し、たとえば当時のテレビのように数個のつまみで操作できる「テレ・ビ（Tele-vi）」という壁に設けられた画面がありました（図2.3a）。キャプテン・ランキンとヒューア教授が自分たちの探知したキラー・ケーンの戦艦を主人公バックが操縦しているのだろうと考えたとき、2人は戦艦と連絡を取りたいと思いました。まさに今見ている画面でオーディオ機

図2.2　『メトロポリス』（1927年）。

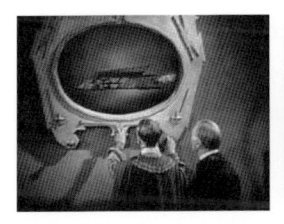

図 2.3a–c 『バック・ロジャース』(1939 年)。

能を起動する代わりに、2 人は通信ができる隣の「無線室」に行きます（図 2.3b,c)。現代の SF 映画の視聴者にとっては、ばかばかしい光景です。2 つの機能はなぜ同じ場所に設置されていないのでしょうか？ しかし当時の軍事技術では、無線室は無線装置を操作する特別な部屋であるという考え方をしていたのです。たとえ無線室が潜望鏡やその他の観望装置から遠く離れていてもです。

　SF 映画は長年に渡って、宇宙旅行の概念を築くために船旅を象徴するもののイメージを拡張させてきました（宇宙飛行士という単語は語義的に「星の航海士」という意味です）。1940 年代から 1950 年代までは、『禁断の惑星』（「Forbidden Planet」）のような SF 映画で描かれたように、宇宙船のインタフェースは、あらゆるタイプの操縦機器がずらりと並んだ巨大なものが典型的な形でした。第二次世界大戦時に巨大艦船の乗組員たちが操舵室で目にしていたのも、おそらく SF 映画で描かれていた操作機器と同じようなものだったでしょう（図 2.4)。

図 2.4 『禁断の惑星』(1956 年)。

CHAPTER 2

レッスン ユーザーがすでに知っていることを土台にする

映画『メトロポリス』と『バック・ロジャース』の事例が示すように、新しいインタフェースはユーザー（および視聴者）がすでに知っている事柄を土台としていると、もっとも理解しやすくなります。インタフェースがあまりにも異質だと、ユーザーはインタフェースがどのように動作するのかを理解しようとする間に、使うことをあきらめてしまうかもしれません。これはとくに、初めてそのインタフェースを触るユーザーや技術自体には関心がない人に当てはまります。ときどきしか使わなかったり、注意散漫な状態で使われるようなアプリケーションにも、同じことが当てはまります。

各要素が何であって、またどのように関係し合うのか、ということについてわかりやすいヒントを提供し、インタフェースの使用方法をより容易に理解できるようにしましょう。これはインタフェースの慣習または操作方法が、現実世界と対応づけられている場合に可能となります。たとえば「メタファー」をこの種の認識方法における橋渡しとして用いることができるでしょう。なぜならユーザーは、メタファーによりすでに知っている事柄と、直面している新しいインタフェースの要素との類似点をつくり出すことができるからです。しかし注意してください。メタファーに頼りすぎたために無意味で異なる意味合いをもってしまうことがあります。インタフェースの機能とメタファーが一致しないとユーザーは混乱します。

多くの場合、初期のSF映画の機械式コントローラーは画面から切り離されていて、『禁断の惑星』の画像のように、種類ごとに縦横にきちんと並べられていたようです。1951年の『地球最後の日』（「When Worlds Collide」）のように、いくつかのケースではユーザーの行動やシステムの表示結果が連動していると思われる画面周辺に、制御盤を配置することを映画の美術監督たちは考えました。図2.5では、画面上の2つの線の軌道に沿って動く宇宙船を表す白色の点を、VとFのノブで制御します。

『バック・ロジャース』では、通信インタフェースの2つのパーツは異なる部屋にありました。ヒューア教授が主人公のバックに宇宙船を水平飛行させる方法を伝えたいと思えば、教授は音声で指示を与えるために無線室に走って行き、バックの様子を確認するためにテレ・ビに戻っていく必要がありました（図

機械式コントローラー

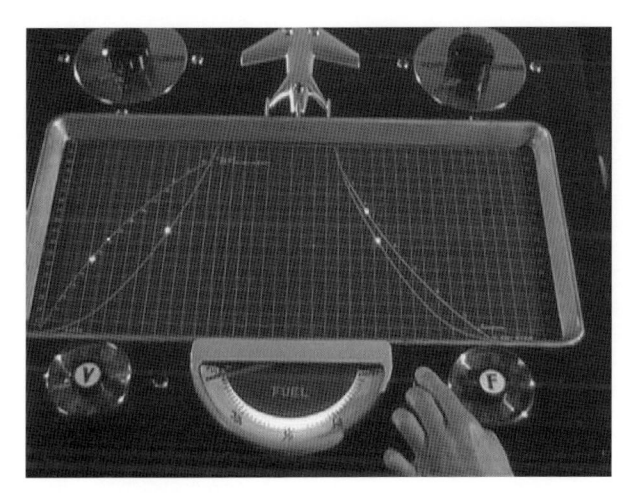

図 2.5 『地球最後の日』（1951 年）。

2.3b,c)。『バック・ロジャース』のシナリオは効率的なフィードバックループを考えるにはあまりにも多大な労力を要していたのに対して、『地球最後の日』のナビゲーションインタフェースは、はるかに洗練されたもので、制御盤は画面と燃料計の隣にあり、操縦者の負担は『バック・ロジャース』に比べてはるかに軽減されています。もし V と F のコントローラーが隣の部屋に分かれていたとしたらどうなるか、その悲惨な状況を想像してみてください。

レッスン　フィードバックループを強化する

望むべき状態に向かって最適化するときの入力と出力の間の関係性を、インタラクションの設計者はフィードバックループとよびます。

フィードバックループが、より速くより滑らかであればあるほど、ユーザーは作業の流れに入り込むことができ、望むべき状態に向かってシステムを制御することに集中できます。

たとえ、制御の方法が本章で取り上げているような機械的なものではなく、すべて画面に表示されたものだとしても、設計者がフィードバックループを強化することで、ユーザーのインタラクションは、より効率的になっていきます。

1950 年代、初期の SF 映画では、理想的なリアリズムで未来を描こうとする努力が見られました。たとえば、『月世界征服』（「Destination Moon」）では、

図 2.6　『月世界征服』(1950 年)。

アポロ 11 号のミッションが開始される 19 年も前に、現実的な科学理論と方法を用いて月旅行を描写する、といった本格的な試みが行われました。著名な SF 作家ロバート・ハインラインが、この映画の製作に貢献し、技術的な面でのアドバイザーを務めました。セット上にこれでもかとボタン、スイッチ、ノブをぎっしり詰め込んだだけのこの時代の他の SF 映画とは異なり、より洗練された操作盤と画面と、制約のあるインタフェースを通して『月世界征服』はシリアスで信用に足るストーリーを描写したのです（図 2.6）。まだ月世界への旅行が完全に架空の出来事であったころであるにもかかわらず、それらの背景に思慮深いリアリティを示唆してみせたのです。映画のなかのインタフェースは、本物かどうかわからないプロトタイプ的なものではなく、まるで実際に機能する本物の宇宙船であるかのようにデザインされていたのです。

　1950 年代には、実生活の面倒な雑用はボタン、スイッチ、ノブといったものがすべて解決してくれるものだと思われていました。これを示すおもしろい例は、ゼネラルモーターズが毎年全米各地で開催する恒例のモーターショー「モトラマ（Motorama）」用につくられた 1956 年の映像作品に見ることができます。「モトラマ」は、企業が自社ブランドの販売を促進するためにフィクション映画を製作した初めての例の 1 つです（厳密にいえば SF 映画ではありませんが、本書で例として取り上げるのに十分に値する映像です）。そこでは「夢のためのデザイン（Design for Dreaming）」という、かなりメロドラマ風の映画が含まれています。そのなかには近未来が描かれており、主婦が家庭用冷蔵庫メーカー、フリッジデール社製の未来のキッチンでダンスを踊りながら食事の用意をするのです（図 2.7）。ケーキを焼く、お皿を運ぶ、掃除をする、といったかつて退屈

図 2.7 『夢のデザイン』(1956 年、ゼネラルモーターズのコンセプトビデオ)。

であったすべての仕事が、ボタンをひとつ押すだけで完了するのです。

　1950 年代から 1980 年代の間、機械式コントローラーの人気は続きましたが、いくつか新しいインタフェースのパラダイムも登場してきました。1951 年の『地球の静止する日』(「The Day the Earth Stood Still」) のゴートや 1979 年のテレビドラマ『25 世紀のバック・ロジャース』(「Buck Rogers in the 25th」) のテオポリス博士とツウィキのように、ロボットは音声インタフェースが使えるようになり、もちろん『スター・トレック』シリーズや『2001 年宇宙の旅』(「2001: A Space Odyssey」) の宇宙船に搭載されたコンピュータのような人工知能も音声インタフェースを使いました。『地球の静止する日』ではジェスチャーインタフェースも登場しました。しかし、これらのインタフェースは少数派のままでした。そして、映画予算の制約によって新しいパラダイムが現れます。

そして機械式コントローラーがなくなり始めた

　テレビドラマ『新スター・トレック』(「Star Trek: The Next Generation」) の製作を開始した 1980 年代、予算の都合で初代シリーズの『宇宙大作戦』にあった宝石をちりばめたような大量のボタンと同じものをつくることができませ

んでした（図 2.8a）。これほどの数のボタンを一つひとつ取り付けて点灯させるのは予算的に無理でした。そこでプロダクション・デザイナー、マイケル・オクダとそのスタッフは代替案として、はるかに安価でしかも洗練された方法を考案しました。プラスチックフィルム製の大型バックライトパネルの上に、制御盤の絵柄をプリントして貼り付けたのです（図 2.8b）。それは先進的な仕上がりで、しかも費用対効果が高かったことから、奇しくも今日の SF 映画でよく見られるようなインタフェースの先駆けとなりました。今日の SF 映画では多くの制御盤が平らなタッチスクリーンだけでできています。その後の『スター・トレック』シリーズではこのバックライトパネルのインタフェースが LCARS（エルカース：Library Computer Access and Retrieval System：ライブラリ・コンピュータへの接続・検索システム）として登場します。LCARS という用語が劇中の台詞に登場することは一度もありませんが、パネル上のインタフェースの一部に LCARS という文字が映っている場面がいくつかみられます（ビジュアルデザインのケーススタディとして、3 章で紹介します）。

　マイケル・オクダの解決策による斬新かつ実験的なインタフェースの舞台装置は、『スター・トレック』第 1 シリーズと第 2 シリーズの間に実現したものでした。これとよく似た例の 1 つとして挙げられるのが、1982 年にドイツの Claessens 社が制作した画像処理用のワークステーション Aesthedes です（図 2.9）。このコンピュータの制御盤は、テーブル状の表面全体に継ぎ目なく配置されています。各機能にはそれぞれボタンがあり、機能ごとのグループに分かれて配列されています。『スター・トレック』シリーズの LCARS インタフェースのように、Aesthedes のボタンもすべて厚みがないものです。それぞれのボタンは

図 2.8a,b　『宇宙大作戦』（初代シリーズ 1968 年）と『新スター・トレック』の LCARS インタフェース。

図 2.9 Aesthedes コンピュータの操作盤（1982 年）。

デスクトップ表面全体を覆う膜の一部であり、ラベルや線は印刷されたもので、膜の下には単純な接触センサーが存在するだけです。こうしたタッチパネルは過渡期の技術であり、単純に操作と動作が一対一に対応した機械的な操作の側面をもったものです。しかし Aesthedes は、これまでに目にしたり使われたりしていた機械的なボタンとは大きく異なっていました。Aesthedes は、LCARS のようなインタフェースの半分くらいは実現できていましたが、まだ表示装置としての機能はもっていなかったので、LCARS のようにインタフェースに応じた表示に変更を加えることができませんでした。こういったインタフェース様式は、直接的な機械式コントローラーと変化が自由な仮想のインタフェースの進化のちょうど境界線上あたりに位置します。その後 Aesthedes のようなインタフェースは主流になることはありませんでしたが、当時さまざまな実験的機器が開発される段階では、『新スター・トレック』で試されたインタフェースと同様、選択肢の1つとして考えられていました。

少ないことは豊かなことだけれど

操作ボタンが少なくてモード切り替えを多用するものと、モード切り替えが少なくて操作ボタンがたくさん付いているものとでは、どちらが良いでしょうか？『宇宙大作戦』や Aesthedes の場合、それぞれ1つのボタンは1つの機能のみを果たします（『宇宙大作戦』の劇中に出てくる架空のインタフェースの使われ方を見れば、1つのボタンに1つの機能しかないことがよくわかります）。これと好対照なのが現代のコンピュータシステムで、それぞれの操作ボタンがたくさんの役割を

受けもっています。単にキーボードのAのキーを見ても、文字のAを意味したり「All（すべて選択）」の意味や、「å（オングストローム）」を入力するためにも使われます。

こうした例を見ると表示画面にも同様の疑問が浮かび上がってきます。表示画面が少なく表示モードがたくさんあるものと、表示画面が多くてモード切り替えが少ないものとどちらが良いことなのでしょうか。『宇宙大作戦』ではさまざまな種類の情報を1つの画面に詰め込んで表示するとともに、いくつかある画面のなかには見え方こそ違いますが、同じ情報を表示しているものもあります。Aesthedesには多くの画面があってそれぞれが異なったタイプの情報表示を受けもっています。

使いやすさと操作の手数の関係は、インタラクションを設計するときの基本的な要素です。インタラクションの設計には、誰にでも合うフリーサイズの服のような方法はありません。1つの方法は、そのインタフェースを実際に使うユーザーの体験を一番大切な要素として考えることです。経験の浅いユーザーや、そのインタフェースをめったに使わない場合には、習熟のスピードは遅いでしょう。また短期記憶に無理をさせてもいけないので、モード切り替えを少なくして、ラベルを付けてよくわかるようにし、直接的な操作部をたくさん提供するのが良いでしょう。熟練度の高いユーザーには操作スピードと効率が増すように、操作の手数を少なくして簡単に選べて、把握しやすいモード切り替えを数多く提供すると良いでしょう。

これらの課題はコストによる制約と絡んできます。たとえば、『新スター・トレック』に登場するLCARSインタフェースにはバックライトつきの大きなパネルがつくりだされましたが、これはもともとのシリーズ（『宇宙大作戦』）で使っていたような何面にもおよぶ巨大な機械的スイッチの操作盤が予算の関係でつくれなかったことはすでにお話ししました。大型の画像処理コンピュータAesthedesも、部品点数を少なくしてずっと安価になったIBMのPC互換機に負けてしまいました。コンピュータ製品の工業デザインを担当するデザイナーは、こうした使い勝手や習熟のしやすさと、コストによる制約のバランスをうまくとらなければいけないのです。

他のインタフェースとの共存

進化したデジタルコントローラーを扱う現代のSF映画のなかでも、機械式コントローラーは、いまだ現役です。『スター・トレック』（「Star Trek」2009年）では、宇宙船のインタフェースはタッチパネルと機械式コントローラーが併用さ

機械式コントローラー

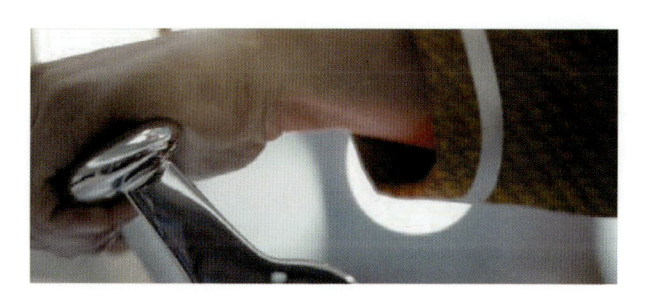

図 2.10 『スター・トレック』（2009 年）。

れています（図 2.10）。操舵装置のスロットルレバーは機械的なものが使われており、視聴者にとって馴染みがあるものです。それは船や飛行機で同じようなスロットルレバーを見たり、触ってみたりしたことがあるからです。

　機械式コントローラーは、指先だけではなく手全体にフィットした設計をすることが可能です。これによって、機械式コントローラーは人間工学に適した形状と高級な感触をユーザーに与えることができます。この点で機械式コントローラーはタッチパネル式コントローラーよりも優れています。さらに機械式コントローラーは、ユーザーが本来備えている手の細かい運動能力を活用することができます。またユーザーに使い方を暗示するような形態デザインを施すことも可能です。たとえば、ボタンやつまみの形状によって、最適な調整位置や、操作に適した力の入れ具合をユーザーに伝えることもできます。つまみの大きさを変更することによって、それを回す際に指や手にかかる抵抗を調整し、つまみの微調整を簡単にしたり難しくしたりすることも可能です。このような機械式コントローラーに対する設計上の配慮は、ユーザーの操作性や満足感を向上させるだけではありません。身体動作を通じて行われる機器とのコミュニケーション自体も円滑にします。それは、インタラクションデザインの専門家が「アフォーダンス」とよぶものです。

レッスン **正確な制御が必要なときは機械的な操作とする**

　正確な動きの制御が必要なときは、タッチパネルより機械的な操作による制御が適しています。タッチパネルでは正確な動きを感知できないというわけではありませんが、多くのユーザーがトラックパッドで経験しているように、タッチパネルは過度に指の動きを感知してしまい、特定の位置を維持するのが難しいということがよくあります。

たとえば機械的なつまみから指を離しても指し示した値は変わりません。一方、タッチパネルの「つまみ」の場合、指を離す瞬間にもう一度タッチ操作してしまうなど、意図せずに制御位置が変わってしまうかもしれません。

　また本物の機械的なボタンであれば、ユーザーは実際には押さなくともボタンに指で触れた半押しの状態で待機することができますが、タッチパネル上のボタンで同じことをすると、意図せずにもしくは思ったより早いタイミングでタッチパネルのボタンを押してしまうこともあるのです。

レッスン 制御方法は適材適所を考える

　マイクロソフト社のKinectセンサーのように、自然な身振り手振りで操作する先進的な技術があったとしても、なかには機械的な操作の方が簡単な場合があります。Kinectでは操作が大変で、機械式コントローラーの方が操作が簡単な場合などです。たとえば十字キーによるゲーム操作のように、目的に最適化された物理的キーボードの方がずっと良い場合もあります。音声コントローラーはキーボードを古くさいものに思わせますが、実のところ音声認識の精度には、まだまだ限界があります。

　機械式コントローラーが以前から提供していたものをタッチパネルがまねることができるのは、設定画面などのために複数のボタンやリストを選ぶ場合や、単純なタップ、クリックなどの操作です。タッチパネルは、ユーザインタフェースのアニメーションとの統合、必要なときだけ表示、状況に依存した操作要素の変更といったことなど、機械式コントローラーよりも多くのことができます。

　ある操作にとっての正しい方法を見つけることは難しく、最先端のスマートフォンでさえボリューム、ホーム、電源のような機械式のボタンをいくつか備えています。

　現実のデザインやエンジニアリングと同様に、機械式コントローラーのトレンドはコストや材料の希少性と関係しています。ひと昔前はボタンやそのほかの部品は材料や製造工程のおかげで比較的安価でした。そのためボタンは現実世界にも、仮想のインタフェースの世界にもありふれていました。しかし、そのような

機械式コントローラー

ボタン制御の数や費用（部品、設置設定、メンテナンス）が上昇すると、ボタンはあまり使われなくなりました。今日では、ボタンと同じようにタッチパネルが追加コストなしに数多くの機能を柔軟に取り入れることができるので、多くの機械式コントローラーが失われつつあります。それに加えて、あまりにもたくさんの似たようなボタンが混乱を招き、ユーザーの負担となっています。

たとえば、一連の『スター・トレック』のインタフェースに、タッチパネルの利用が見られます。最初のシリーズでは機能ごとに個別のボタンを多数使用し、操作する人間を取り囲むように配置していました（これは直線的配置よりも複雑です）。ところが次回作である『新スター・トレック』では製作費が限られていたため、ボタンを多数使用することが不可能になりました。そこで制御盤のインタフェースから機械式ボタンをほぼなくし、代わりに登場したのが平らなタッチパネルです。その後のテレビシリーズと映画作品でこのスタイルは続きました。『スター・トレック』(2009年) では、古いスタイルの機械的な操作装置がタッチパネルを補完する形で美しく描かれています。

ただ注意していただきたいのは、機械式コントローラーとタッチパネルの併用が場違い、というよりむしろ馬鹿げてさえ見えてしまうこともあるという点です。これを象徴する滑稽な場面が映画『スター・トレックIX　叛乱』(「Star Trek: Insurrection」) のクライマックスで登場します。宇宙艦のすべての制御盤には、『新スター・トレック』シリーズで代表的なタッチパネル式のLCARSインタフェースが使用されていましたが、ライカー副長が「手動に（操舵制御を）切り替えろ！」と指示すると、このためだけにデザインされたと思われる1990年代さながらの操縦桿(かん)がコンソールから突如現れます（図2.11）。他のインタフェースに劣っているというわけではなく、むしろ優れているといえるほどですが、ここまでのストーリーでは、宇宙艦を操縦するのも攻撃するのも、このようなインタフェースは一切使用されていなかったので、おかしな展開になってし

図2.11　『スター・トレックIX　叛乱』(1998年)。

まっています。そんなに使い勝手が良く、優れた制御装置であるならば、なぜこの時点よりも前に戦闘で使用されなかったのかと疑問をもたずにはいられません。

レッスン 必要に応じて操作方法を組み合わせる

機械式コントローラーはいくつかの用途にとっては、とても望ましいものですが、簡単には複数の機能を担うことができません。タッチパネル上のボタンのような非機械式コントローラーは、他の機能をもたせることが容易ですが、「押した」という触覚フィードバックを提供しません。そのため非機械式コントローラーは、手元を見ずに識別するのが不可能で、実際に操作が完了したのかどうか触っただけではわからないといった問題が生じます。さまざまな用途や特性にもっとも適合する適切な組み合わせでインタフェースを設計してください。

機械式コントローラーは雰囲気を出すために使われる

機械式コントローラーはさまざまな雰囲気を醸し出すために使用されます。たとえば、機械式コントローラーのみを使用すると、スチームパンクのような歴史が違っていたらどのような世界なのだろうという感情を引き出すのに役立ちます。『未来世紀ブラジル』(「Brazil」) ではいろいろな時代の映像がつぎはぎされて埋め込まれています。極端な独裁主義的、匿名的、超管理主義的な将来の危険性を示しています。視聴者自身が慣れ親しんだ操作装置で感じるさまざまな心地良さも、反ユートピア的情報化時代という悪夢を強調しているにすぎないのです。

レッスン 首尾一貫したデザインが重要

『未来世紀ブラジル』のインタフェースは、すぐに使えるようにできているようには見えません。無計画でその場しのぎで、にわかづくりのプロトタイプのように見えます (図2.12)。操作を理解するのが難しく、簡単に壊れてしまいそうです。映画監督のテリー・ギリアムは、映画全体を通してディストピアがどんなものなのかを教えてくれました。それなら私たちも、『未来世紀ブラジル』のユーザインタフェースを、現実世界のシステムでやってはいけないことの例として認識してもいいはずです。一方で、首尾一貫していて完成度が高くよ

図 2.12 『未来世紀ブラジル』(1985 年)。

く考えられているインタフェースは、ユーザーに自信を与え、不安を減らしてくれるものです。

再び機械式コントローラーの時代：歴史は繰り返す？

　SF 映画においても現実世界においても、機械式コントローラーとタッチパネルは今日だけでなく、これから先も共存し続けると思われます。なぜなら、私たちがシステムを利用するうえで重要なメリットがそれぞれにあるからです。タッチしたり手の位置を変えたり、細やかな動きの操作を行ったりといった物理的特性が私たちの手には備わっています。こういった細やかな動きを必要とするタスクでは、機械式コントローラーがより適したインタフェースといえます。さらに、現代ではタブレット端末や携帯電話のような小さな画面のなかに、多くの複雑なインタフェースを収めなければなりません。そのため、この小さな画面のなかですべての機能を表示するために、画面内の要素を常に最適な状態に変更する必要があります。このことは機械式のボタンがすべての操作方法として使われるのは不可能であることを意味します。なぜなら、ある機械式のボタンは他の機能に使えませんし、たくさん並んだ機械式のボタンは、小さな端末に収まらないからです。機械式コントローラーと画面内の操作の共存は驚くほどのことではありませんが、それぞれの目的に対してもっとも適切なのはどのようなときで、どのようにすればすべてをもっとも良い方法でまとめられるのかを、インタフェース

デザイナーは理解し、決定しなければならないのです。

　最近、ジェスチャーインタフェースや音声コントロールが広まってきている状況を見ると、将来はコンピュータの画面をクリックしたり、指先でつついたりしなくても、私たちの動作を見たり、声を聞いたりするだけで情報が得られるようになるでしょう。こうした技術は今のところは未熟で不正確ですが、技術がより成熟し、さらに普遍的で正確なものになれば機械式コントローラーの必要性はなくなるのでしょうか？　それとも映画製作者ジョルジュ・メリエス（Georges Méliès）が『月世界旅行』で思い描いていたような魔法の世界が到来し、ただ手で押すだけで宇宙船のドアが開くような時代がやって来るのでしょうか？

CHAPTER 3

ビジュアルインタフェース

本章の論点	38
テキストベースのインタフェース	38
視覚的ユーザインタフェース	43
ビジュアルスタイル	75
ビジュアルインタフェースが私たちの未来を描き出す	84

CHAPTER 3

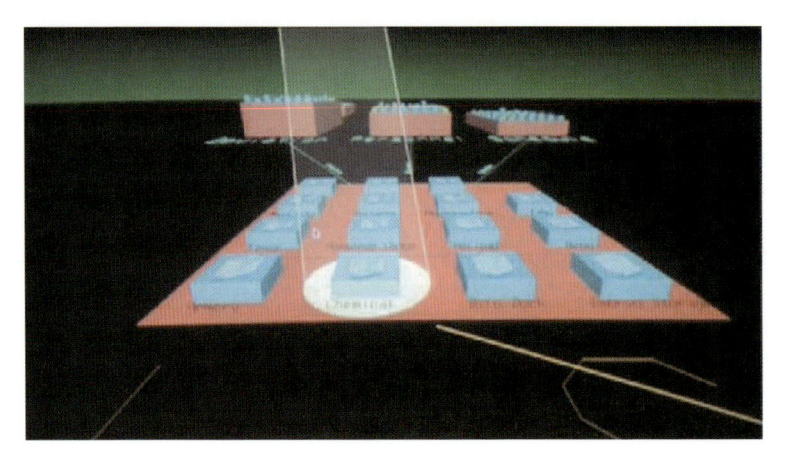

図 3.1 『ジュラシック・パーク』（1993 年）。

　『ジュラシック・パーク』のファンであれば覚えているでしょうか。2 匹の恐ろしいヴェロキラプトルがパーク内に取り残された訪問者 4 人を研究所に追い詰める場面のことです。この場面は、大人 2 人が恐竜をラボから締め出すためのバリケードを必死で築こうとする一方、子ども 2 人は部屋にあるコンピュータに飛びつくという緊迫した状況です。その際レックスという女の子が画面を見て、「これは UNIX のシステムだわ。私知ってる。」と断言するという、ある意味、ギークにとって思い出深い場面でもあります（図 3.1）。

　まずレックスはドアロックを作動させてヴェロキラプトルを締め出すため、研究所の操作パネルを探します（なぜドアロックの操作パネルがドアの側かドアそのものについていないのかはひとまず置いておくとして）。彼女がワークステーションを操作すると、空間的なユーザインタフェースが起動します。ちなみにこれは映画製作当時の実際の Silicon Graphics 社の 3D File System Navigator という製品でした。

　カメラの視点が、コンピュータを操作する子どもたちとドアを押さえつけている大人たちの間を 4 回行き来する間、映画製作者はレックスの手がマウスを操る様子をじっくりと映し出します。1993 年当時、多くの視聴者は画面とマウスを備えたグラフィックユーザインタフェース（GUI）というものに馴染みがなかったためこのような演出が必要だったのです。

　ところでこの場面にはおかしな点があります。レックスは制御装置にアクセスするために研究所を意味するブロックをクリックできる位置まで動かします。最初、目的のデータは小さなブロックとして空間の地平線近くにあり、それから 3

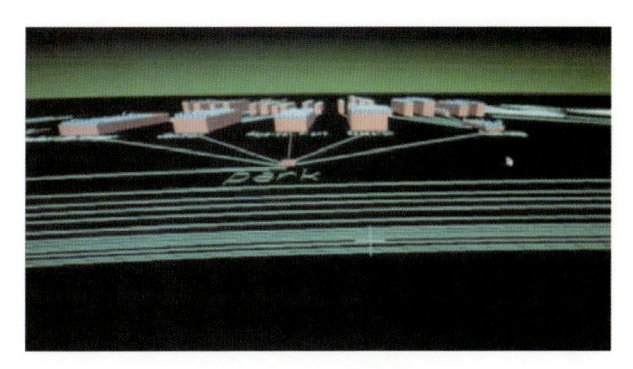

図 3.2 『ジュラシック・パーク』(1993 年)。

次元マップが移動するにしたがい、ゆっくりと手前に向かってきます(図 3.2)。目的のブロックが画面の中央まで来て、そこでやっとレックスはブロックをクリックし制御装置にアクセスします。音楽がだんだん大きくなり、緊迫感が高まります。はたしてレックスは、ヴェロキラプトルがドアを破る前にロックすることができるのでしょうか?

しかしちょっと考えてみると、もし画面の端にあるブロックをそのままクリックすることができたなら、すぐにドアをロックすることができたのではないでしょうか? なぜレックス(と視聴者)はブロックが画面の中央に近寄ってきて、大きく映し出されるまで待たなくてはならないのでしょうか?

その答えはこうです。監督と脚本家はこの場面で緊張感を演出する必要があり、レックスがワークステーションを操作する演出はそのための画期的な方法であったため、削除しなかった、あるいはすることができなかったのです。つまり、この映画では緊張感を生み出すために信憑性を犠牲にした、ということです。当然ながら現実生活においては、この種のインタフェースは迅速で簡単に使えるものであるべきです。

3 次元空間の表現は位置情報を構成する直観的な手法であり、情報が地理に関するものでない場合でも有用です(たとえば、人体や車の図解など)。『ジュラシック・パーク』のハイライトに登場するこの 3 次元空間マップは、映画やテレビの見せ方を優先させたために素晴らしいアイデアが誤って使われている例ではありますが、より重要な点は、インタフェースのビジュアルが「未来的な外観をつくる」という目的のために選択されているということです。デザイナーと監督は、一般的なコンピュータ画面のフローティングウィンドウのなかにボタンが配置されているようなインタフェースでは満足できなかったのでしょう。そのよう

な凡庸なインタフェースでは、古代の DNA の欠片から恐竜を復活させるような先進的技術をもった組織であると視聴者に納得してもらえないと考えたのです。

> **レッスン** ビジュアルデザインはインタフェースの基礎
>
> インタラクションデザイナーはユーザーの目的は何かということや、目的を達成させるために複雑なシステムのなかをどのように案内するか、といったことを考えるのはお手のものである一方、システムの外観について考えることは二の次になりがちです。しかし、ユーザーの印象を形成するのはビジュアルデザインです。競合するシステムと比べて、より魅力的かどうか、使いやすいかどうか、といったことはビジュアルデザインによって印象づけられる部分が多く[1]、デザイナーは自身のためにも、ユーザーのためにも、外観を無視するべきではありません。

本章の論点

映画とテレビは、ビジュアルと音声でできているメディアです。しかし、SF におけるすべてのビジュアル要素やスタイルを列挙するには紙面がいくらあっても足りないため、本章では簡潔に、情報伝達と操作実行のためのグラフィック要素とテキストに論点を限定します。

テキストベースのインタフェース

黎明期コンピュータ画面のインタフェースにおけるビジュアルデザインは、画面上にテキストとその他の要素が少しあるだけという非常に簡素なものでした。

コマンドラインインタフェース

初期のコンピュータ画面のインタフェースは入力プロンプト、コマンド、レスポンス、そしてシステムステータスをテキストとして打ち出す、というものでした。ENIAC（エニアック）のようなもっとも初期の電子計算機では、出力をパンチカードに打ち出し、それを読まなくてはなりませんでした。それに続く遠隔の大型コンピュータのテレタイプ端末を利用するタイムシェアリングシステムで

---

1 Kurosu, M., & Kashimura, K. (1995). Apparent usability vs. inherent usability: Experimental analysis on the determinants of the apparent usability. In J. Miller, I. R. Katz, R. L. Mack & l. Marks (Eds.), *CHI '95 conference companion on human factors in computing systems: Mosaic of creativity*, pp. 292–293, New York: ACM.

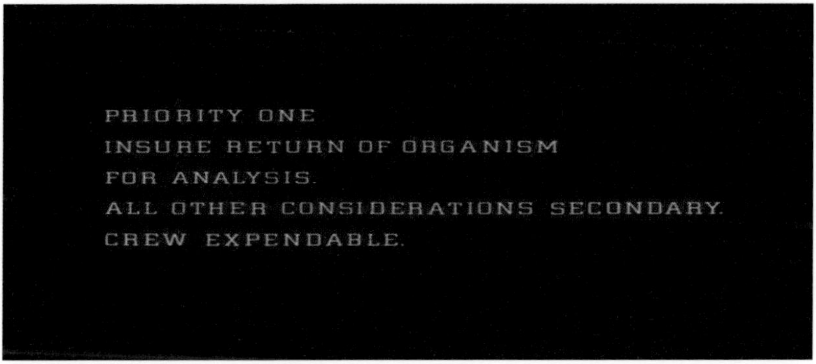

```
PRIORITY ONE
INSURE RETURN OF ORGANISM
FOR ANALYSIS.
ALL OTHER CONSIDERATIONS SECONDARY.
CREW EXPENDABLE.
```

図 3.3 『エイリアン』(1979 年)。

は、システムステータスとコマンドをテキストベースの巻き紙にタイプするようになりました。やがて、ブラウン管（CRT）が実用段階になり、ついに画面表示が標準技術となります。これらのコマンドラインインタフェース（CLI）やブラウン管ディスプレイの登場をきっかけに、コンピュータはあらゆる分野で急速に普及していきます。ハリウッドが CLI を映画のなかに登場させるのは数十年後のこととなりますが、それまでの間に、現実世界における CLI は確固としたスタイルを確立して行きます。

1950 年代初頭、CLI の書体はほとんどビットマップの等幅の大文字書体でした。1960 年代の前半にはアスキー文字コードに小文字が含まれたものの、CDC（Control Data Corporation）や DEC（Digital Equipment Corporation）のような当時の主要なプラットフォームでは小文字の使用が許可されていませんでした。また、当時の画面表示は出版業界のプロ仕様の組版には遠く及ばず、むしろ固定したシフトキーを備えた貧相なタイプライターでの出力結果のような見た目でした。

インタフェース上のすべてがテキスト表示になっている演出は『2300 年宇宙の旅』(1976 年) などの先駆的な SF 映画において見られますが、私たちの調査において最初に CLI が登場するのは 1979 年の SF 映画『エイリアン』からです。『エイリアン』ではダラス艦長はマザーとよばれる制御システムと CLI でコミュニケーションを行います。この映画ではマザーの恐ろしさが非人間的な静かさと無感情さによって強調されています（図 3.3）。このインタフェースは、当時においても 30 年ほど古いデザインではありましたが、しかしその後数十年に渡って続く表現を確立するものでした。

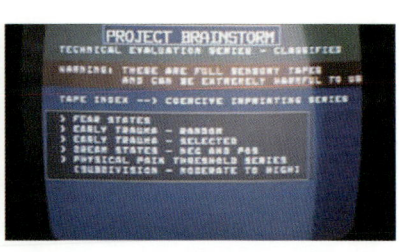

図 3.4a,b 『ウォー・ゲーム』（1983 年）、『ブレインストーム』（1983 年）。

　やがて進化した GUI の出現によって、印刷物での書体に近いより洗練された文字が使用できるようになると、こうした粗いビットマップの固定幅の書体は（またある意味、CLI のほとんどは）、作品中において古いシステムや登場人物がシステムの深い部分へアクセスしていることを示す演出となっていきます。同時に、限られた数の大文字しかもたない初期のコンピュータ書体が一般に使われていた時代もまた過ぎ去りました。今日では、このような表現は『ウォー・ゲーム』や『ブレインストーム』の例で見られるように、特定の年代の雰囲気を私たちに想起させるのに役立っています（図 3.4）。

レッスン　大文字の書体や数字を使いインタフェースを古く見せる

　あえて大文字の書体や多くの数字を使ったり、句読点を少なくして画面のメリハリをなくすことでインタフェースを古く見せることができます。さらにビットマップ化された書体を利用することで、画面の解像度が低く、アウトライン化されていないピクセルベースのコンピュータ書体を利用していた時代を模すことができ、より古さを表現することが可能です。

レッスン　特別な意図がない場合はすべて大文字にすることは避ける

　人間は単語を個別の文字ではなく 1 つのまとまりとして認識するため、固定幅の書体を（すべてが大文字の場合にはなおさら）非常に読みづらいと感じます。私たちは文章のリズムや形の変化により、単語の切れ目を素早く把握しているからです。しかし前述のように、私たちの視覚言語には、読むためにとても時間がかかるとしても、あえて洗練されていないタイポグラフィーで表現することでなぜか事態の深刻さや高度な専門家らしさを感じることがあります。

ビジュアルインタフェース

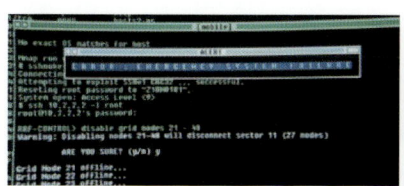

図3.5a–c 『マトリックス・リローデッド』（2003年）。

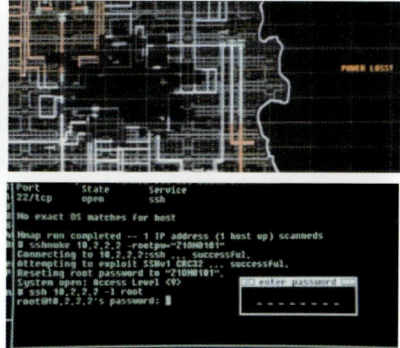

　CLIはいったんスタイルが確立された後、50年近くもインタフェースの主流として君臨し、今もなお廃れたとはいえません。その理由の1つは、多くのプログラマーがプログラミングを学ぶ際にこのインタフェースを使うこと、また別の理由として、コードを作成するのには依然としてテキストベースのインタフェースが向いている（コードはテキストなので）ということもあるでしょう。

　2次元表現のGUIが1980年代以降急激に普及してきたにも関わらず、いまだSF映画の中にはCLIが登場します。ほとんどの場合、監督や脚本家、デザイナーはシステムが古いこと、もしくは使用する登場人物が洗練されたコンピュータスキルをもつことのいずれかを表現するためにCLIを使用します。

　コンピュータ技術の専門家として描写されるキャラクターが、時折、洗練されたグラフィックインタフェースのウィンドウから（洗練されていない）CLIを立ち上げるのは、多くの場合この理由によります。たとえば『マトリックス・リローデッド』において、トリニティーが電力会社のコントロールセンターを破壊する場面がその良い例です（図3.5）。他のより洗練されたさまざまなグラフィックインタフェースが使えるにもかかわらず、セキュリティシステムを破り都市の電源網をシャットダウンする破壊工作のため、彼女はCLIを起動します。

　実際のところ技術の熟練度に関わらず、CLI上の特定の記述やコマンドの走査や解析は、非常に難しいものです。とくにすべて同じような見た目であればなおさらです。Adobe DreamweaverでHTMLコードが解読しやすいように設計されているように、この点においては現実のシステムの方が過去のフィクションのものに比べて優れています。Adobe Dreamweaverではタグは青、リンクは緑、ファンクションは紫で記述されます（図3.6）。

　異なったコーディング環境では異なった色彩計画（カラースキーム）を使用し

```
<script src="/ui/script/rm-base.js?t=071012-1400"></script>
    <script src="/ui/script/section-homepage2.js?t=071012-1400"></script>
<script src="http://use.typekit.com/ntv1fpz.js"></script>
<script>try{Typekit.load();}catch(e){}</script>
    <link rel="Shortcut Icon" type="image/ico" href="http://www.rosenfeldmedia.com/favicon
    <link rel="alternate" type="application/rss+xml" title="RSS" href="http://feeds.rosenf
</head>
<body id="rosenfeldmedia-com" class="section-home layout-content with-sidebar" data-curren
<div id="accessibility">
    <a href="#main-nav">Skip to Navigation</a> |
    <a href="#content-area">Skip to Content</a>
</div>
<div id="container"><div class="c">
    <header>
        <div class="account-bar style-paper"><div class="wrap">
            <ul>
                <li class="total"><a href="/checkout/cart.php">Your cart is empty</a></li>
                <li><a href="/checkout/login.php">Login</a></li>
                <li class="last"><a href="/contact/">Contact</a></li>
            </ul>
        </div></div><!-- /account-bar -->
        <div class="banner"><div class="wrap">
            <div class="logo-type">
                <a href="/"><span>Rosenfeld Media</span></a>
            </div>
```

図 3.6　Adobe Dreamweaver CS6 コードインタフェース。

ていますが、いわゆる「コードの壁」の分解に色での識別が役に立たない、というシステムはまれです。この点に関して、私たちが SF 映画のなかに見出すことができるのは、そのほんの一端程度です。おそらく多くの SF 映画においてインタフェースは実際に使用されるためではなく、構想を具体化するために存在しているものであり、仕方がないことかもしれません。

レッスン　専門家をより熟達した者と見せるために

　一般的な視聴者には過度に複雑で何がなにやら判別できないようなインタフェースをハッカーがものすごいスピードで使いこなしていると、この手の「おお、こいつらすごいぜ！」という場面は効き目があります。現実世界の専門家もまた、初心者には一見恐ろしいほど複雑に見えるツールを彼らが習得していることで、同様の社会的栄誉を享受します。このようなときに専門家は尊敬とともに賞賛され、自身が提供するサービスに対する必要性の認識を強めます。このような場面をもっともらしく視聴者に見せるため、デザイナーは専門家の熟練度が観察され評価される手段を、あからさまにならない形で織り込む必要があります。

視覚的ユーザインタフェース

　コマンドの羅列ではなく視覚的に操作するインタフェースが、GUI とよばれるものです。これには WIMP インタフェースエレメント（ウィンドウ：windows、アイコン：icons、メニュー：menus、ポインティングデバイス：pointing devices）を備えたものだけでなく、陰影や洗練されたタイポグラフィー、レイヤー、ボタンのようなグラフィカルな操作系を伴うものを含みます。GUI に関してはあまりにも多く考察することがあるため、この節においてはインタフェースを構成要素ごとに取り上げていきます。

タイポグラフィー

　私たちは SF 映画に登場する主な書体について調査を実施しました。しかし (Identifont.com のような情報源があるにしても) 書体は常に特定できるものではありませんでした。調査は容易には進まず、どのような書体がよく使われているのかという分析も難航しました。このような前置きをしたうえではあります

図 3.7a–e 『宇宙大作戦』(1968 年)、『ガタカ』(1997 年)、『ブレードランナー』(1982 年)、『夢の涯てまでも』(1991 年)、『マトリックス』(1999 年)。

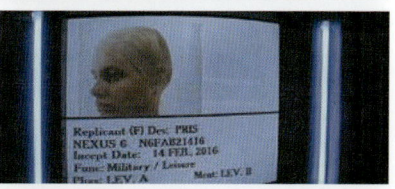

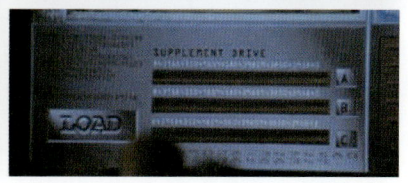

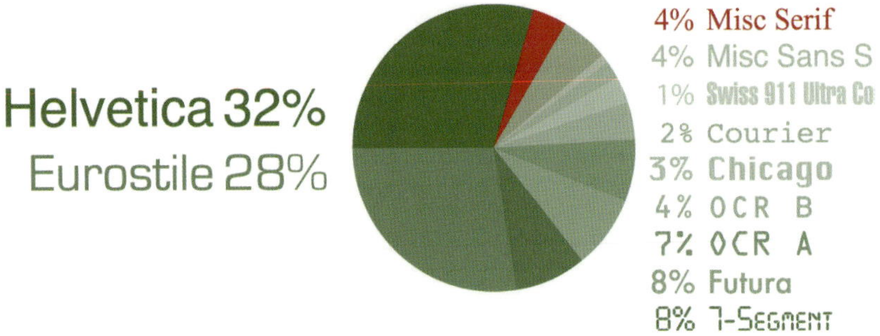

CHAPTER 3

4% Misc Serif
4% Misc Sans S
1% Swiss 911 Ultra Co
2% Courier
3% Chicago
4% OCR B
7% OCR A
8% Futura
8% 7-Segment

Helvetica 32%
Eurostile 28%

図 3.8　調査のなかで使われていた書体のほとんどはサンセリフ。

が、私たちの発見についてまとめると次のようになります。

　書体の専門家ならば、SF 映画においてセリフ（Serif）系の書体がほんの一握りのインタフェースにしか使われていないにも関わらず、サンセリフ（San Serif）が圧倒的によく使われる書体であると知っても、それほど驚かないでしょうか。現在のところ、映画とテレビドラマの調査では『エイリアン』（図3.3）、『ブレードランナー』、『ギャラクシー・クエスト』、『ガタカ』、『マトリックス』、『メン・イン・ブラック』、『スター・トレック』シリーズ（図 3.7）の 7 つの作品においてのみセリフ系の書体使用が確認できています。『スター・トレック』シリーズと『ブレードランナー』では、図 3.7 に示した場面以外ではすべてサンセリフ書体を使用しています。全体を通してセリフ書体を使っているのは『ガタカ』のみです。それを踏まえると、サンセリフに対するセリフ系書体の割合はおよそ 100 対 1 となります。

　サンセリフのなかでもっとも多く使われていたのはヘルベチカ（Helvetica）（もしくはその派生のエイリアル（Arial））、あるいはユーロスタイル（Eurostile）やマイクログラム（Microgramma）のようなモジュラー書体という結果でした。3 番目にくるのがフーツラ（Future）、OCR A、そして LED 書体。OCR B、シカゴ（Chicago）、そしてクーリエ（Courier）は 1 つ以上の作品に登場しています。書体別の登場数を集計した結果は図 3.8 のようになります。ちなみに、Swiss 911 Ulatre Comressed という書体は『スター・トレック』シリーズの LCARS インタフェースに登場していますが、1 つの機器として数えているので順位には登場していません（登場時間をもとに考えると、他のものより上位に来ると思われます）。

ビジュアルインタフェース

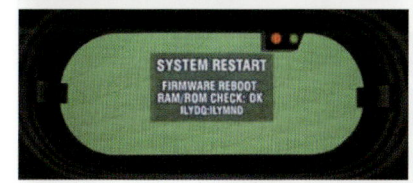

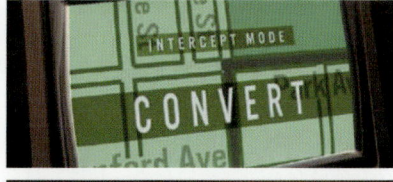

図 3.9a–i 『2300 年未来への旅』(1976 年)、『ターミネーター 2』(1991 年)、『インディペンデンス・デイ』(1996 年)、『スターシップ・トゥルーパーズ』(1997 年)、『ミッション・トゥ・マーズ』(2000年)、『X–メン 2』(2003 年)、『Mr. インクレディブル』(2004 年)、『イーグル・アイ』(2008 年)。

| レッスン | サンセリフは未来感を表現するために選択される書体

　SF 映画にサンセリフ系の書体が頻繁に使われるという傾向は、SF 映画のプロジェクトを手がけるデザイナーが未来的、ないし SF 的な感覚を表現するためにサンセリフ系の書体を選択しているということ

図 3.10 『アイランド』（2005 年）。

になります。もし SF 映画の既存のイメージに素直に従うのであれば、ヘルベチカやユーロスタイルなどが視聴者にとって馴染みのある有力な候補といえます。

　映画に登場するインタフェースのタイポグラフィーは、ある根本的な 1 点を除いて、おおよそ現実世界のシステムに似せて構成されます。現実世界のそれと異なり、映画に登場するインタフェースでは各場面で視聴者に瞬時に情報を伝えなくてはならず、そのため、しばしばストーリーにおいて重要な要素をことさらに強調する必要があるのです（図 3.9）。現実世界においては、システムが担うものが本当に重要な場合や、まったくの初心者に向けてつくられるなどの数少ない場合は別として、専門家向けのシステムにおいてこのような過度に大きなテキストのラベルが現れることはまずないでしょう。

　1990 年代になり、現実世界の GUI や DTP（Desk Top Publishting）が洗練されてくると、それに伴って、私たちの調査対象である SF 映画にもより洗練されたタイポグラフィーが登場してきます。

　紙におけるタイポグラフィーは 100 年ものあいだ常に進歩し、紙という高分解能なメディアに対し最適化を続けてきました。一方で画面上のタイポグラフィーも、その固有の必要条件である画面の解像度が 1990 年以来着実に上昇し続けたことにより、印刷物のタイポグラフィーにおける原則を適用できるようになってきました。たとえば、前項の CLI と『アイランド』に登場する多くの種類のテキストを使っている画面を比べてみましょう。

　『アイランド』に登場するインタフェースを見てみると、文字のサイズや種類

が豊富になり、情報の区別も明確で、より読みやすくなっています（図3.10）。最初に読むべきもっとも重要な情報はデザイン上も大きく扱い、大文字と小文字の両方が使われています。それに比べて、2番目に重要な情報は大文字の書体を小さなサイズで使っています。3番目に重要な情報はコントラストの低い色で目立ちにくくなっており、4番目以降のもっとも重要性の低いデータはとても小さく扱われています。SF映画のデザイナーは可能な限り映画の技術を活用し、ある意味では画面表示技術がどれだけ進歩したのかを私たちに提示してくれている、といえるかもしれません。

レッスン　印刷のタイポグラフィーの原則との統合

　初期GUIのグラフィックは、ある意味、技術の制約から生み出されたものでした。現代では高解像度で緻密なグラフィック制御が標準になっているため、時間や動き、モードを扱うという画面上での表現のための新たなデザイン原則を損なうことなく、一時はSF映画においては時代遅れのものとして無視されてしまっていた印刷媒体のベストプラクティスとの再統合が可能となりました。

　その例をここで論じるには紙面が足りませんが、留意しておくべき重要な視点を挙げるとすれば、視線を誘導するためにビジュアルにメリハリをつける、大文字と小文字の視覚的な使い分けを意識する、正しい位置に句読点、補助記号、合字などを使うといったことがあります。これらの原則は画面上のテキストをより読みやすく、美しくするための指針となるものです。

発光

　科学技術の近未来感を表すもっとも顕著な視覚表現を挙げるとすれば、「発光」でしょう。ライトセイバーやブラスター、ホログラム、テレポーターなど、ほとんどのSF映画のなかに登場する技術は光を出します。これは1章に登場した私たちのタグクラウドのなかでもっとも多く登場したタグで（図1.3参照）、どんな簡易な調査結果からもこの傾向を見ることができます。この発光という表現の効果は映画に登場する画面においても頻繁に登場し、たとえば文字や線、地図、図版などのグラフィック要素はしばしば暗い背景の上で明るい色と共に発光します。多くの場合、これらの要素には光の効果を強化するためブラーエフェクト（ぼかし効果）が付加的に用いられます。またインタフェースにおいて発光の技術的表現を前面に押し出すため、図版や画像はしばしば線のフレームで描かれ、

図 3.11a–c 『スター・トレック』(2009年)、『Defying Gravity』(2009年)、『アバター』(2009年)。

ハイコントラストでの発光をより効果的に演出します（図 3.11）。

レッスン　SFは発光する

なぜ SF 映画では発光を用いるのか？ これはおそらく、自然世界において、発光は雷、太陽、火など「力」を想起させるイメージと結びつくためではないかと推測されます。さらに星や惑星、月（とくに黒い背景上における）など他の天体も同様に光を発し、古くから異世界のイメージと結びついてきました。

加えて、ホタルやツチボタル、キノコ、深海魚など、発光する多くの生物も私たちを魅了します。つまり、現実世界の技術が実際にはほとんど発光をしないにせよ、SF 映画における発光表現の普遍性は、視聴者や SF 製作者にとっても、発光が非常に価値のある重要な視覚的要素と捉えられていることを示しています。いずれにせよ、デザイナーはこの原則に留意するべきでしょう。もしインタフェースや新しい技術を未来的に表現したいのであれば、要素を光らせることをまずは検討してみてはどうでしょう。

色

図 3.12 のヒストグラムは、SF 映画における画面上のインタフェースの代表的な登場場面を調査し、インタフェースに関係のない要素を排除し、その後 1 つの画像として集合させて Photoshop の分析にかけた結果です。なお年次ごとの代表色のカラーチップをつくるため、各年次の色は 1 つのピクセルにまとめら

図 3.12　本書データベース（www.scifiinterfaces.com）の SF 映画における登場色の分析では、強い青色への偏りが見られます。

れ、彩度は 100％に調整されています[2]。この作業の結果は興味深いものではありますが、これを科学的だと主張するには、コンテンツの面でもプロセスの面でも問題があり、そのまま鵜呑みにはできません。以上を留意したうえで、明確にチャートに現れている事実を 1 つ挙げるとすれば、SF 映画におけるインタフェースはほとんどが「青」系の色を採用しているということです（図 3.13）。

---
[2] 開発中だったこのヒストグラムを見たほとんどすべての人が、「1991 年には何が起こったのか」と尋ねた。8 章の『ターミネーター 2』を題材としたサイボーグの視点に関する議論を参照のこと。

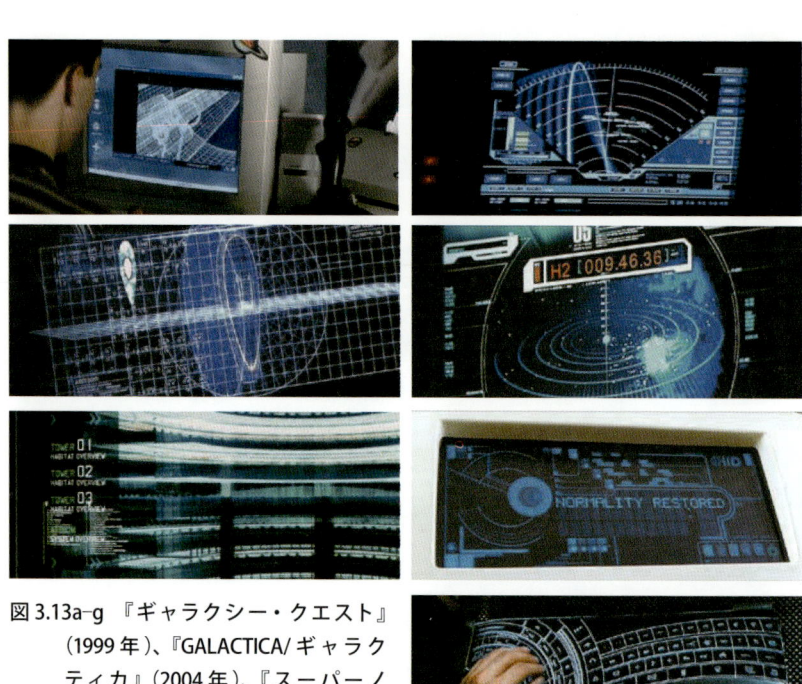

図 3.13a–g 『ギャラクシー・クエスト』(1999年)、『GALACTICA/ギャラクティカ』(2004年)、『スーパーノヴァ』(2000年)、『ファンタスティック・フォー』(2005年)、『銀河ヒッチハイク・ガイド』(2005年)、『アイアンマン』(2008年)。

レッスン　未来の画面はほとんどが青色

　なぜSF映画に登場する画面のほとんどが青色を使うのでしょうか？ 多くの映画製作にかかわった美術監督であるマーク・コールランは、そこには「技術的な理由もある」と指摘します。どういうことかといえば、タングステンライトは映画セットでよく使われるものの1つですが、その色は強い暖色系です。これを映画製作者が後工程で補正するわけですが、その際、青はもっとも表現に影響が出にくい色で、他の色では、鮮やかさを保つのに手間がかかるのです。また、青色から他の色へ変化する場合、人間の視覚は青色から黄色への色相の変化を認識するのが苦手なため変化に気づきにくく、実際の映画の画面デザインにおいて、この色変化を補おうとすると、役者や監督を苛

立たせるギラギラしたインタフェースになってしまうため、結局は全部青色にしてしまう方が簡単なのです。

　心理学的な理由も何かしらあるのでしょうか？ アクゾノーベル[3]やチェスキン[4]の調査にたびたび見られるように、青は世界中でもっともポピュラーに用いられている色だから、ということはいえるかもしれません。もしくは、インタフェースというものは仕事の場にあるもので、青色が落ち着きや冷静さを想起させるという理由もあるでしょうか。はたまた、青色は他の色に比べて自然界には（空を除いて）あまり見られない色のため、それが人工物らしさを強調するのかもしれません。逆に、おおよそどんな環境に住んでいる人でも空を見たことがあるから、ということも考えられます。ちなみに青色はもっともビジネスと結びつきやすい色でもあり、最初期の現実世界のコンピュータ画面のインタフェースにおいても使われていました（エラー時のブルースクリーンなど）。いずれにせよ、書体や発光の傾向と同様に、

図 3.14a–f 『フィフス・エレメント』(1997 年)、『レッドプラネット』(2000 年)、『スター・トレック X ネメシス』(2002 年)、『銀河ヒッチハイク・ガイド』(2005 年)、『アイアンマン 2』(2010 年)。

---

3 Akzonobel. (2012). Color futures 12. 次のリンクを参照 www.colourfutures.com/

4 Cheskin, MSI-ITM & CMCD Visual Symbols Library. (2004). Global market bias: Part 1. Color: A series of studies on visual and brand language around the world. 次のリンクを参照 www.added-value.com/source/wp-content/uploads/2012/01/9__report-2004_ global_Color.pdf

デザイナーはこの色の傾向についても留意するべきでしょう。もし未来的な印象のインタフェースをデザインするのであれば、青系の色を使えば大きく外れることはないと考えて問題はなさそうです。

前述のようにSF映画における画面のインタフェースは青系の色が定番ですが、例外もあります。調査中、2番目に多くインタフェースに使われていた色は「赤」でした（図3.14）。

レッスン 危険を表す赤

青色がインタフェースの基調色としてよく見られるように、赤色は危険に対する警報、エラー、（死亡を含む）失敗を表す色としてよく使われます。これは、西欧諸国においてはすべての「止まれ」や「危険」の標識に赤色が使われていることを反映したものと考えられます。ユーザーの認識間違いに十分に対策を施し、かつ作品中で認識の矯正訓練を行わない限りは、既存の認識に逆らって赤以外の色で危険性を示すことはしない方が無難です。

調査によると、「緑」は3番目に使われている色です。緑はCLIの「グリーンスクリーン」を使っているハッカーの色でもあり、これは20年にわたりモノク

図3.15a–d 『ナビゲイター』（1986年）、『マトリックス・リローデッド』（2003年）、『GARACTICA/ギャラクティカ』（2004年）、『ファイヤーフライ宇宙大戦争』「魔女狩り」（エピソード5 2002年）。

ビジュアルインタフェース

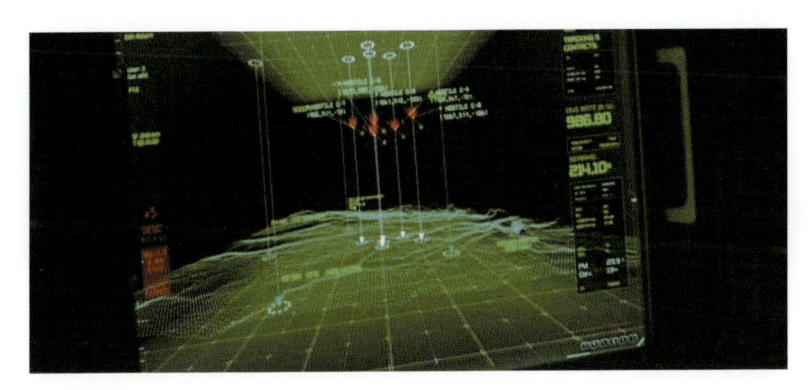

図3.16 『トランスフォーマー』(2007年)。

ロのCRTディスプレイにおいて、CLIがコンピュータを使う主要な手段であったことに由来すると考えられます。直線のフレームによる3次元立体像やレーダーは多くの場合に緑色で表現され、またときに赤色の対極として、ロック／アンロックのような「安全」と「危険」の状態を分別する色としても用いられます（図3.15）。

作品中の例として、『トランスフォーマー』での米国陸軍のインタフェースは「SFは発光する」のレッスン内容のとおりであり、多く使われている色は青ではなく緑です（図3.16）。もし青色を使っていても十分に技術的な表現はできたで

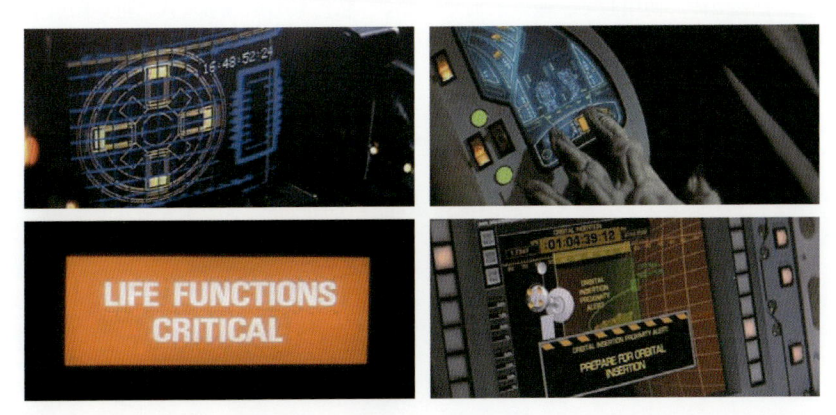

図3.17a–d 『ブレードランナー』(1982年)、『スター・ウォーズ エピソード1／ファントム・メナス』(1999年)、『2001年宇宙の旅』(1968年)、『ミッション・トゥ・マーズ』(2000年)。

53

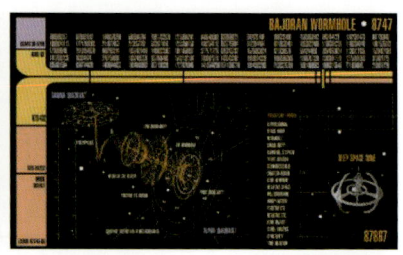

図 3.18a,b　作品中の時間軸で 200 年の隔たりがある『スター・トレック エンタープライズ』（2001 年）と『スター・トレック ディープ・スペース・ナイン』（1993 年）の比較。

しょうが、緑を使った場合よりは、SF 映画としては少しありきたりな表現になっていたかもしれません。

　黄色とオレンジ色は、危険とまではいかない注意や警告といったレベルのメッセージ表現に使われることがあります（図 3.17）。紫色は調査ではもっとも登場頻度の低い色ですが、これはおそらく映画やテレビなどの視聴メディアでの再現が技術的に難しいからでしょう。調査結果からは、とくにこれといった出現の傾向は見られませんでした。

　『宇宙大作戦』の前日譚である『スター・トレック エンタープライズ』を後の時間軸の作品と差別化するため、デザイナーは「グレー」の色彩計画をインタフェース全体に使用して、遠い未来ではなく、私たちの生きる現代に近い印象をつくり出しています（図 3.18）。この効果は、画面中の四角形のウィンドウやシンプルな形のボタンなどの意匠表現によってさらに強化されています。

レッスン　グレーはインタフェースを旧年代のように見せる

> グレー系の色が画面に増えると、洗練されていない、または多様な色がインタフェースに使われる前の旧世代の回顧的な印象を与えることができます。

色の独自の使い方のケース

　青色と発光は SF 映画においてよく使われる表現ですが、もちろん、この例に沿わないインタフェースも散見されます。たとえば『マトリックス・リローデッド』には、白と黒のインタフェースが登場しています（図 3.19）。ザイオンの都市コントロール室はすべて白で構成された仮想空間に存在しており、オペレー

図 3.19　『マトリックス・リローデッド』（2003 年）。

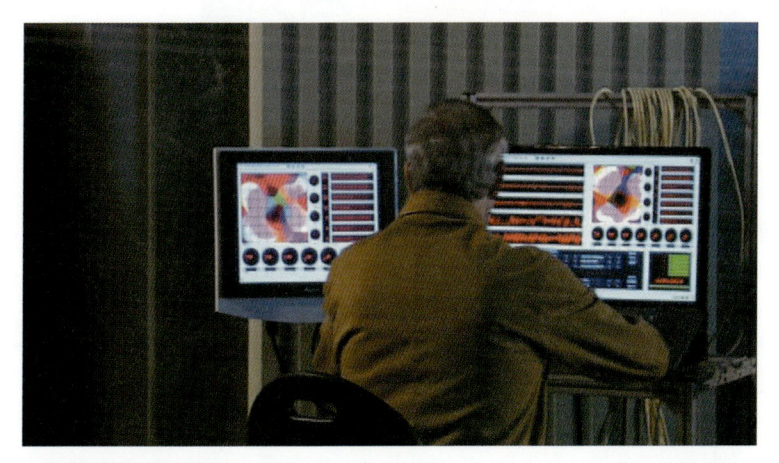

図 3.20　『秘密情報部トーチウッド』（2009 年）。

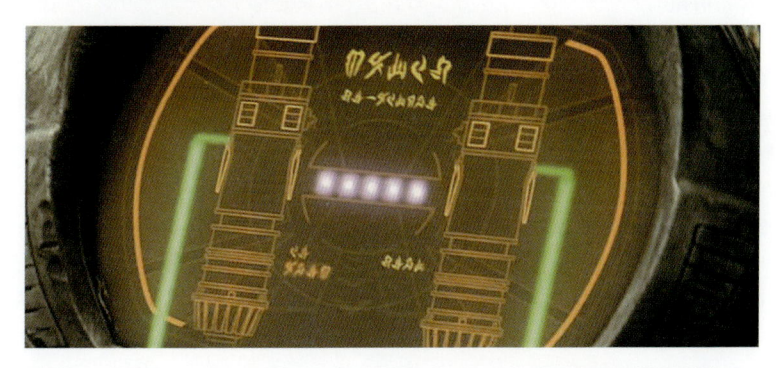

図 3.21　『スター・ウォーズ　エピソード 1/ ファントム・メナス』（1999 年）。

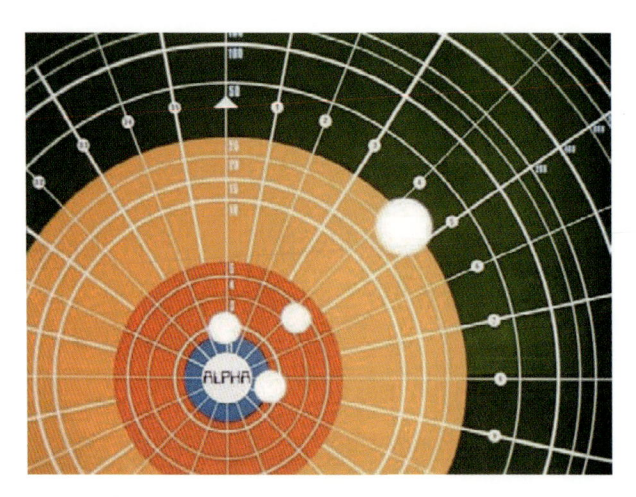

図 3.22 『スペース 1999』（1975 年）。

ターは黒い線で描かれた 3 次元の仮想タッチインタフェースを目の前に配して使用します。また仮想的な雰囲気をより強化するためか、オペレーターは白い無地の服をまとっています。これらの表現はまったく典型的なお約束に頼っていないにも関わらず、十分に先進的な技術の発達を感じさせるものとなっています。

このコントロール室はマトリックスのなかの仮想世界であり、継ぎ目のない白い空間が人間を含むそこにあるすべては仮想的なものであることを示唆しています。グレーのタッチインタフェースは半透明に重なって表示され、いっそう現実からかけ離れた雰囲気を強調しています。

『秘密情報部トーチウッド』のテレビシリーズに登場するモニタリング（監視）インタフェースでは画面を強調するために他の高彩度の色との組合せで赤色とピンク色を使っています（図 3.20）。

また『スター・ウォーズ エピソード 1』では、アナキン・スカイウォーカーがポッドレースで使用するインタフェースは発光しつつも、大部分にオレンジ色を使い、緑色と紫がかったピンク色が画面を強調する目的で使われています（図 3.21）。エイリアンの言語には、たいていの場合黄色の「フィラー」文字が含まれています。

最後の例は「青色」と「発光」、という SF 映画の典型に反するもので、『スペース 1999』における月面基地の画面です。この GUI は明るいグラフィックの色と白線、大きさを表す輪郭の形、データを追跡する白い円で構成されています

（図 3.22）。これらはすべて、私たちが見てきた画面のインタフェースの典型に該当しない特徴です。

レッスン 独創性を発揮するには単色や発光の表現を避ける

慣例に挑戦することは、独創的で記憶に残るデザインをつくるためのアプローチの1つです。あえてインタフェースにあまり使われない色や色の組合せを使い、あまりに典型的過ぎる「青色」や「発光」といった表現に頼らないことで、あなたのインタフェースをほかの「よくある」、「普通」といわれるようなものから差別化できるかもしれません。

私たちは、このような色使いの傾向の例外に着目すべきです。LCARS インタフェースは一貫して黄、オレンジ、青、紫の配色を利用しています（図 3.18b）。この標準的ではない配色は（LCARS の他の機能に加えて）ユニークで記憶に残る、拡張的なインタフェース表現をつくり出しました。

色の規則化

「色の規則化」は作品中の大きなグループ、たとえば別の文明の技術などを視聴者が区別しやすくするために行われます。たとえば『新スター・トレック』（1987–94 年）から始まる後期の『スター・トレック』シリーズにおいては、ボーグの技術は緑色を基調とし（図 3.23a）、宇宙艦隊は LCARS の色の構成（図 3.23b）、クリンゴン人の技術は赤色（図 3.23c）、というように使い分けられています。転送装置の光さえも文化の違いに応じて色と見た目を変えているため、視聴者はどこの誰が転送されているのかをすぐに理解することができます。

船が緑色に輝いていれば、ほかにほとんど情報がないとしても、それはボーグの船だとわかります。同様に、初出の端末や宇宙船が画面に最初に現れる場面では、その所属はしばしば色で表現されます。デザイナーとして、私たちは色の力を使って差別化をしたり、それが何であるのかを示すことができます。もちろん、色だけでその情報を伝える必要はありません。以下でお話するように画面の形など他の視覚的な要素も視聴者への情報伝達を助けます。

レッスン 色の規則をつながりや分類の特徴として利用する

静的な情報を表現するにあたって、デザイナーは自由に使いこなせる手だてをもっています。視覚的序列、グルーピング、線での区分などです。これらの表現手段は、インタフェースを構成する各要素の

図 3.23a–c 『新スター・トレック』と『スター・トレック ヴォイジャー』（1986–2002 年）。

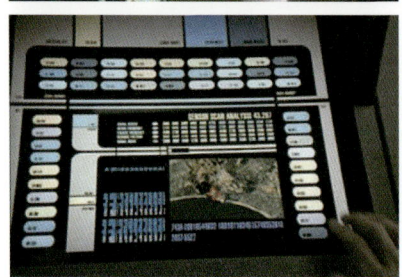

役割や相対的な重要度、相互の関係性などについてのユーザーの理解を助けます。しかし、動的な情報を表現する場合には、これらの手だての効果は低減されます。これを補うには、情報の関係性を強調するために色を利用することが有効です。この際、分類ごとに思慮深い配色が求められます。さらにこの効果を増大させるためには、ほかの視覚的なサイン、たとえば書体や形状、繰返しの表現、テクスチャー、そして変形モーションなどとの組合せが有効です。

画面の形

　矩形ではないコンピュータの画面は、SF 映画上の特筆すべきコンセプトです。いまだ有機 EL や液晶を使った矩形ではない画面は研究室のなかにしか存在しません（レーダー画面やオシロスコープは円形の画面をもっていますが、GUI には該当しません）。それを踏まえると、本書のなかで取り上げる矩形ではない画面は、インタフェースを未来的かつ異質なものに見せる役割の一端を担っている要素であるといえます（図 3.24）。

ビジュアルインタフェース

図 3.24a–e 『スター・ウォーズ エピソード 1/ファントム・メナス』(1999 年)、『メン・イン・ブラック 2』(2002 年)、『ファイヤーフライ 宇宙大戦争』「ザ・メッセージ」(エピソード 12 2002 年)、『スター・ウォーズ エピソード 4/新たなる希望』(1997 年)、『ドクター・フー』「マネキン ウォーズ」(シーズン 1 エピソード 1 2005 年)。

| レッスン | 矩形ではない画面で未来的に見せる

現代の世界で使われている画面はすべて矩形なので、画面全体を何かで覆ったりグラフィックで矩形ではない形をつくることで、インタフェースをより未来的に見せることができます。

レイヤー（層）と透過

透過の表現は初期の SF 映画から画面の 1 つの要素として登場してきました。多くの場合、それは物理的に透過する画面でした。

図 3.25a,b 『来るべき世界』（1936 年、カラー版）。

透過する画面

　透過する画面は現代的なアイデアに思えますが、1936 年の『来るべき世界』においてすでに登場しています。この映画はジュール・ベルヌの小説を原作としたものです。映画において技術官僚制都市のエンジニアのリーダーであるジョン・キャバルは透明な画面を起動させ、孫娘に町の歴史と 10 年に渡る世界戦争の灰塵から社会がいかに復興したかを説明します。画面上の映像と画像は半透明になっており、視聴者が画面の裏側の視点から見ているように表現されています（図 3.25）。

　調査全体を通して、透過する画面は何度も登場します。最近のもので記憶に残る例としては『フィフス・エレメント』『アバター』『ミッション・トゥ・マーズ』『マイノリティ・リポート』『ドールハウス』などが挙げられます（図 3.26）。

　現代の SF 映画において透過する画面がよく出てくる理由は、画面を透かして俳優を撮影して、役者の表情と彼らの見ているものを重層的に見せることができ、かつ映像としてもおもしろい画を撮ることができるからでしょう。

　これらは、ヘッドアップ・ディスプレイとは異なります（8 章参照）。透過する画面上のコンテンツは後ろの背景から独立しているのに対し、ヘッドアップ・ディスプレイは背景のコンテンツを拡張するのに使われるものです。現実の拡張を行わない透過する画面は、ユーザーが周辺の環境に気づけるという点で有用ですが、次に述べるように視覚的に邪魔になる場合もあります。

インタフェースのレイヤー（層）

　透過する画面に情報を重層的に表示して、複雑さと洗練された雰囲気を同時に表現している例もあります。

ビジュアルインタフェース

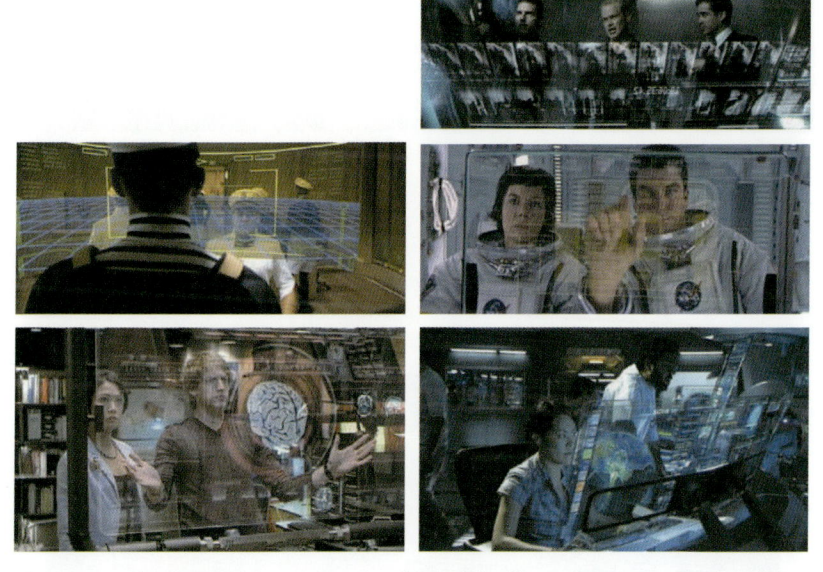

図 3.26a–e 『マイノリティ・リポート』(2002 年)、『フィフス・エレメント』(1997 年)、『ミッション・トゥ・マーズ』(2000 年)、『ドールハウス』(2009 年)、『アバター』(2009 年)。

　たとえば映画『イーグル・アイ』では人工知能国家安全システムである ARIIA のインタフェースで、半透過する重層的な画面の暗い背景の上にテキストとデータが描写されています（実はこの作品が SF 映画かどうかは微妙なところですが、もっとも特徴的な例です）。もし画面が透明だったならばもっと読みにくくなっていたでしょう。この場合は、文脈上必要な他のデータも表示すると同時に、ユーザーの意識をもっとも重要な情報に向けさせるために透過する画面が使われています（図 3.27）。これにより、いくつかの情報は高いコントラストで表示し、他の情報は背景色に溶け込ませる、というようにメリハリをつけることを可能としています。

　『スター・トレック』(2009 年) ではインタフェースを高い情報密度の半透過する画面の重なりと、多数のテキストやグラフィックと組み合わせて表現することで圧倒的に複雑かつ洗練された印象をつくり出しています（図 3.28）。『第 9 地区』では主人公のヴィカスがエイリアンのバトルスーツを装着すると多層 3 次元インタフェースが起動します（図 3.29）。それは半透過でかつさまざまな色

図 3.27a–c 『イーグル・アイ』(2008 年)。

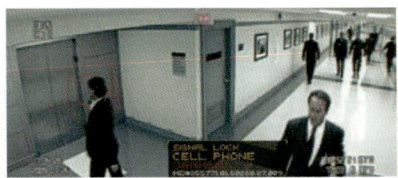

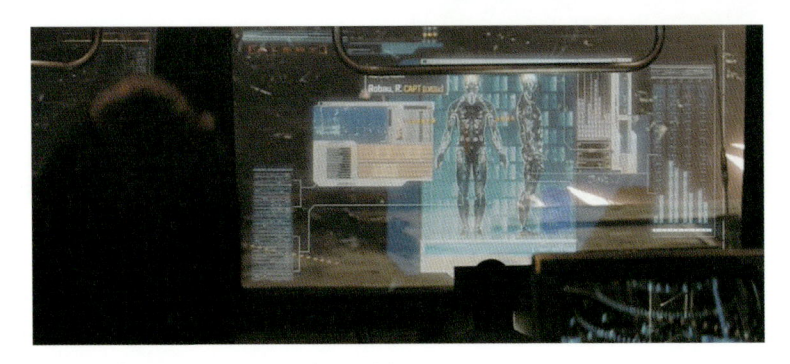

図 3.28 『スター・トレック』(2009 年)。

図 3.29 『第 9 地区』(2009 年)。

のアイコンとエイリアンの言語でのデータを表示するインタフェースで、ヘッドアップ・ディスプレイとジェスチャー操作を備えています（これらの事例のより詳細な内容については5章と8章を参照）。

半透過する画面とインタフェースのレイヤー（層）は、現実世界においても専門家が判断を下すための膨大な情報を提供するといったような場合には非常に有用かもしれません。しかし同時に、たくさんのごちゃごちゃした要素で情報がわかりづらく、また解読しづらくなるという懸念もあります。たとえば半透過の技術を発光する情報と同時に使用すると、その画面表示は美しいかもしれませんが、おそらく不慣れなユーザーには混乱を招くものにもなるでしょう。

レッスン 透過するレイヤーで情報を構造化する

画面の透過性を利用することで、情報のレイヤーを結合させて関係性や配列を効果的に表現することができます。透過性の低い、もしくは完全に透過しない背景をもつレイヤーにはユーザーに見せたい重要な情報を配置します。反対に透過性の高い背景をもつレイヤーにはより一般的で、重要でない情報のつながりを表現するために利用しましょう。

レッスン 透過するレイヤーの背景とコントラストを考慮する

上述のように、透過したレイヤーは情報を構造化し優先度をつけるのに役立ちますが、情報が多すぎる場合は混乱を招きます。最適なレイヤーの数や透明度についての特定の基準はありませんが、鍵となる情報を区別するための1つの指針としては、背景とのコントラストを効果的に使うことです。たとえばアメリカ障害者法では「障害者用点字ブロック」に周囲の色と70%のコントラスト差を設けるガイドライン[5]を提供しています。アクセシビリティに特別な関心を払わないにしても、対象とするユーザーが情報を認識する速さを考慮して、コントラストをガイドライン下限のせめて半分、35%以上にする程度のことは難しくはないでしょう。

---

[5] US Department of Justice. (1991). 1991 ADA Standards for Accessible Design. Retrieved from www.ada.gov/stdspdf.htm

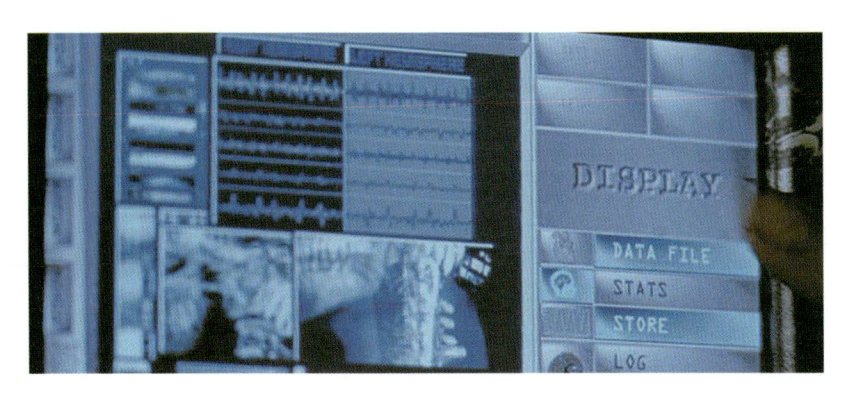

図3.30 『マトリックス・レボリューションズ』（2003 年）。

2.5 次元

　インタフェース上、とくにウィンドウやグレーの領域のなかに物理的かつ立体的に見えるような要素がよく見られます。これらは現実世界の1990年代以降のコンピュータソフトウェアに普遍的な特徴で、SF映画においても同様に登場しています（図3.30）。

　これらの特徴は1990年代のコンピュータソフトウェアの世界で広く浸透していて、SF映画でもよく目にするものです。加えて、それらは現実世界のものと同じ感覚で動きます。現実世界のボタンは押すことができるので、それに似たボタンのようなものは、同様に押せば起動する、というような具合にです。このような現実の模倣（スキューモーフ）の是非についてはデザインコミュニティの間でも議論がありますが、確実にいえることは、模倣することで現実世界と照らし合わされるため、ユーザーにそのインタフェースで何ができるかのヒントを与えることができるということです。

レッスン 慣れ親しんだ現実世界の操作系統をうまく使う

　斜角やドロップシャドウなどの表現を用いて、慣れ親しんだ現実の操作系に似せることで、画面上の操作のインタラクションをより明確でわかりやすくすることができます。しかし、もし画面上の操作系が現実と類似した操作系と似た機能をもっていないと、逆にユーザーの認識が錯誤してしまいより大きな混乱を招くことになります。

組織化された操作系

メニューやツールバーのような操作の分類には、かなりの多様性があります。一般的に現代の GUI において、コマンド（命令）は適切なアプリケーションウィンドウの上部にあるメニューのなかに分類されています。しかし、これはあくまで多数派の選択というだけであり、コマンドを操作するための唯一の方法ではありません。SF 映画においても別の手段が提示されている例があります。

LCARS インタフェースのグラフィックは、類似・関連すると思われる機能を視覚的に分類することに役立っています。このことによって、乗組員たちは画面の複雑さを理解し、必要な操作を素早くかつ確実に実行することができます（LCARS についての詳細は p.79 のケーススタディを参照）。

視覚による分類は GUI に限った話ではありません。『エイリアン』やアニメーション短編『リフテッド』に見られるように、SF 作品のセットのなかには、得体の知れないライトとスイッチを並べたり集めたりすることで、見た目と操作方法をわざと区別しにくくしているものもあります。一方で、レイアウトや色、分類を利用して、インタフェースにおける機材の制御をより明白に、より理解しやすくしている事例もあります（図 3.31）。

たとえば 1999 年のテレビシリーズ『スペース 1999』は、タッチスクリーンや大きな操作盤がないにも関わらず、物理的な操作方法にこの分類の原則をうまく応用しています。「ムーンベース・アルファ」を通じて、すべての制御は機械で行われます。しかし、その機械についた操作盤は、操作系を分類するために多くの余白と色のついた背景を用いています。暗い色の背景は共通ですが、配色は全体を通じて、秩序と色識別を示す形で適用されています。すべての操作盤が何をするために設計されているかを知ることはできませんが、色のついた帯と分類によって、どれが同種のものなのかを推しはかることができます（図 3.32）。同じように、Aesthedes（2 章参照）は関連した機能によって制御系を分類し、イ

図 3.31a,b 『エイリアン』（1979 年）、『リフテッド』（2006 年）。

図 3.32a,b 『スペース 1999』（1975 年）。

ンタフェースをよりわかりやすく、使いやすくしています。最終的には失敗に終わった制御・操作系統盤ですが、分類の手法をうまく生かしたという点では優れた例です。

　実際のところ SF 映画におけるインタフェースは、インタフェースデザインの専門家によって設計されていないものがほとんどです。もちろん『ジュラシック・パーク』における 3 次元マップのように、現実に存在しますが、多くの視聴者にとって馴染みのないプロダクトを採用している例もあります。研究機関に由来するものもあります。『マイノリティ・リポート』に登場するジェスチャーを基本とするインタフェースや言語などは、MIT メディアラボの研究に基づいたものです。とはいえいずれにせよ、実際のインタラクションデザイナーが SF 映画のインタフェースに関する依頼を受けるようになったのはごく最近のことです。一例として、映画『ザ・セル』（The Cell）ではインタフェースをつくる際、

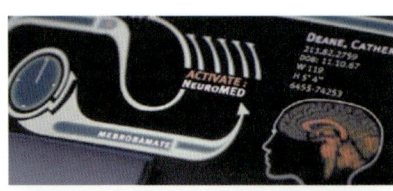

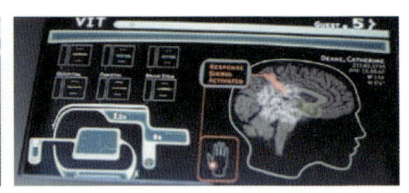

図 3.33a–c 『ザ・セル』（2000 年）。

ビジュアルインタフェース

インタラクションデザイナーのキャサリン・ジョーンズが起用されました。画面が制御システムになっていて、複数の人間が互いの意識に入り込むことができる、脳と意識のインタフェースシステムです。これらの画面は非常に精緻に設計されていて、無関係な視覚的要素は少なく、明確な意図で対話性を実現しています（図 3.33）。これは画面上において分類のよくできた例として出色です。

チャンス　新たな分類分けや操作系の探求

インスピレーションや学習のために SF 映画を見ることの目的の 1 つに、私たちが普段見ることのないインタフェースに対する取組みが見られることが挙げられます。こういった異質な取組みが常に成功しているというわけではありません。しかし、利用者の使いやすさのベストプラクティスを進化させ、新しいソリューションを開発するために、新しい操作系や画面、インタラクションの配置などを探求することはデザインにおける義務です。

WIMP（ウィンドウ、アイコン、メニュー、ポインタ）があまりにも至るところに存在しているせいで、それらがユーザーにとっていつもアクセスする手段の 1 つにすぎない、ということを忘れがちです。3 次元表示や拡張現実（AR）のような新たな出力方法を考慮するのと同様に、音声やジェスチャーによる操作のような代替の入力方法も含め、デザイナーは初期 GUI 時代のメタファーをそのまま使うのではなく、何も説明がいらないほどに慣れ親しんだものに対しても疑問を抱くことができるよう、常に注意を払うべきです。

ファイル管理システム

SF 映画の登場人物が特定のファイルやデータを必要とするとき、もしくはファイルを複製するとき、コンピュータのファイル管理システムにアクセスをしなくてはなりません。たいてい SF 映画のインタフェースでは、多くの視覚要素の意味はちんぷんかんぷんで、さらに言葉や記号が画面を埋めつくし、とても読むことのできない速さで流れていきます。そのような画面を現実世界の原則で分析するには無理があります。加えて、多くの映画やテレビドラマは Mac OS や Microsoft Windows と同じような、視聴者に馴染みのある、説明の必要がない現実のファイルシステムに似て見えることを避けようとする傾向があります。とはいえ、少数ですが SF 映画に登場するなかにも実用的なファイル管理システムの例もあり、有益な気づきを提供してくれます。

『アイアンマン』において、トニー・スタークの秘書、ペッパー・ポッツがトニーの仕事場のコンピュータからファイルを密かに探してコピーしているとき、それらのファイルはわずかな3次元効果とともに表現され、透明な状態で折り重なっています。このインタフェースにおいて、そのときコピーされているファイルはグループの他のファイルよりも大きなサイズです。同時に、ファイルそのものの内容も画面上に表示されています。(図3.34)

レッスン　大きさにメリハリをつけてユーザーの注意を引く

たくさんのデータや選択肢が表示されていても、重要なものはそのなかの少数です。何が重要であるかをユーザーに認識させることが大切です。重要なものを大きく表示させるなど、ファイル表示の大きさに変化をもたせることで、ユーザーは視覚的な比較に頼り、必要な情報を素早く選びとることができるようになります。

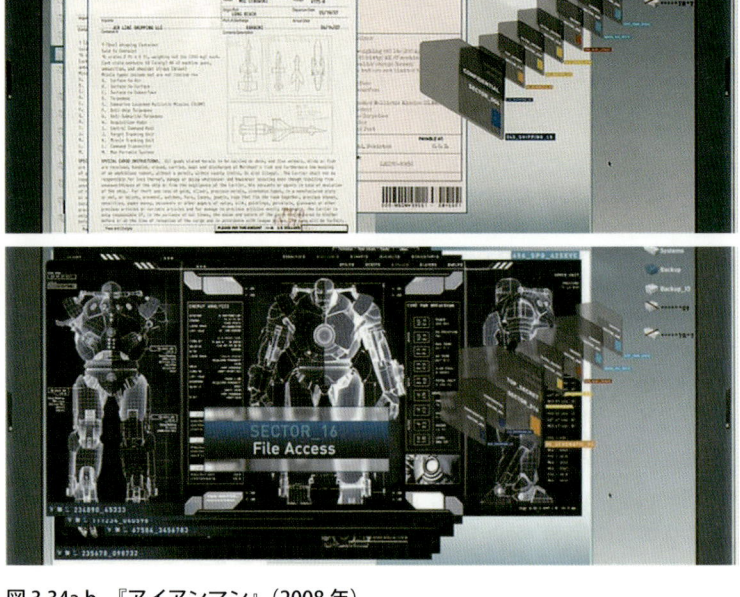

図3.34a,b 『アイアンマン』(2008年)。

ビジュアルインタフェース

　とくに素晴らしく奇抜なファイル管理システムが『ファイナル・カット』に登場します。主人公である動画編集者のアラン・ハクマンは、最近死亡したとされる男性の家族に雇われます。彼の仕事は、亡くなった男性に埋め込まれた個人記録端末上の記憶の映像に基づいた追悼作品をつくることでした。
　主人公が使う編集用端末の画面には膨大な映像が静止画として表示され、人生の断片が時間軸に沿って並んでいます（図3.35）。単純に時間軸に沿うだけでなく、奥行き方向に積み重なり、グループ化されています。透過性は静止画の間の深さを表現するために使われています。これらの効果は記憶の流れをつくりだし、主人公はつくろうとする動画に関係のある場面を探しながら画面のなかを横断していきます。映画の後半で、彼が最終プレゼンテーションで使うために編集した静止画を表示する別のシステムのインタフェースが登場します。ここでは、静止画は分類とラベリングが施され、階層構造となっていますが、透過性は静止画ではなくラベルにのみ使われています（図3.36）。多くのSF映画のように、この作品でもインタフェースの詳細については説明されませんが、その描写は私たちにビジュアル表現の技法や大量のデータを組織化し、関連づけ、使いやすく表示するためのヒントを提供してくれます。
　本章のはじめの『ジュラシック・パーク』の例のように、SF映画にはさまざまな想像力に富んだ表現の3次元システムが登場します。これらがすべて普通の2次元のインタフェースより進歩的に見えるのは、次元の軸が増えることでファイルとデータが2次元では不可能な形で構造化されているためです。『GAMER』の例では、サイモンという登場人物はゲームとコンピュータに没入できる専用の部屋をもっており、立体的に投影するインタフェースは彼の周囲を

図3.35　『ファイナル・カット』（2004年）。

図 3.36a–c 『ファイナル・カット』(2004年)。

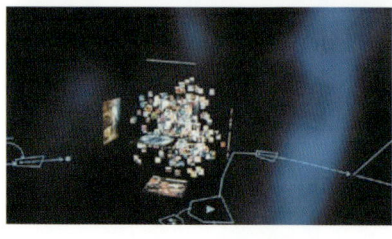

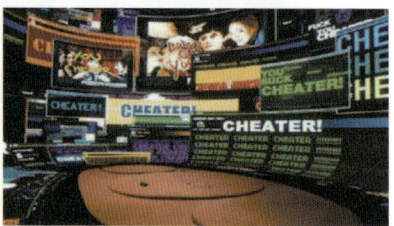

図 3.37a–c 『GAMER』(2009年)。

360 度、床から天井までを取り巻いています。このシステムでは異なったファイルやコンテンツにそれぞれ対応するインタフェースが現れます。興味に応じて3 次元の地球が映し出す地理情報（図 3.37a）、重層的に表示される 3 次元クラ

ビジュアルインタフェース

図3.38a–c 『JM』(1995年)、『サイバーネット』(1995年)、『カウボーイビバップ 天国の扉』(2001年)。

ウドの写真の集まり（図3.37b）、世界中の人々からのサイモンへのメッセージ画面なども見られます。これらのすべてが使いやすいかはともかくとして、ユニークなレイアウトであり、また視野全体を使った表示や人体の位置情報、地理情報の活用は興味深い表現です。またサイモンを取り巻くこれらの多様なインタフェースは3次元的に投影されつつ、個別にはほとんど2次元的表現であることも特徴です。

他の例を見ると『カウボーイビバップ 天国への扉』では、3次元システムにおける深度を縮尺・サイズで表現し、『サイバーネット』と『JM』では、建築的な手法でシステムの中心軸を表現するために、一点透視図法が用いられています（図3.38）。後者2つではコードやファイル名を描写するのにテキストのみが使われているのに対し、『カウボーイビバップ 天国への扉』ではもっぱらファイル自体のスクリーンショットであるかのようなイメージやアイコンが使われています。

レッスン　ユーザーの空間的記憶を駆使する3次元データ

私たちは3次元の世界に生きているため、3次元システムは心地良く感じます。現代はほとんど2次元的な（多くの場合はリストで表示されるような2次元ウィンドウのなかの1次元）フォルダとファ

イルのような入れ子構造ですが、3次元システムの利用はより効果的にユーザーを誘導し、狭いスペースに多くの情報を配置し、さらに容易に情報を見つけることができます。現実世界のものの所在を思い出すのに周辺の情報を参考にしますが、3次元システムでは同じことを仮想空間内で行うわけです。

　しかしながら、これは空間的配置が一定で、使用されたときと変わらない状況でのみ機能します。さらに、空間の把握が苦手なユーザーにとっては、より混乱する配置となります。もしユーザーが鍵をよくなくすようなタイプであれば、やめた方が良いでしょう。

　ファイル名やキーワードといったファイルの情報がはっきりしないことも重要な問題です。本章のはじめに紹介した『ジュラシック・パーク』の例のように、3次元表現はいろいろな問題を解決すると同時に新たな課題を生み出すため、効果的に成立させるには技術を要します。この課題を効果的に解決している例としては、異なった次元に無作為にファイルを配置するのではなく、空間の性質に応じてファイルとデータを位置づけている『カウボーイビバップ　天国の扉』などがあります。

モーショングラフィックス

　SF映画では点滅する光やボタンが昔から使われてきましたが、タッチスクリーンやフラットパネルディスプレイなどでは、インタフェース自体のアニメーションはより一般的になってきています。「モーショングラフィックス」という言葉を使うとき、多くの場合私たちは動くコンテンツではなくインタフェース自体を指します。たとえば、ファイルを上にドラッグしたときにフォルダアイコンが開くアニメーションなどはインタフェースの要素ですが、ウィンドウに表示されるYouTubeの動画は違います。SF映画でいえば、『宇宙大作戦』で画面に表示されるデータ（図3.7a）はインタフェースではなくコンテンツですが、『アイアンマン』（図3.34）における、コンテンツがコピーされるとフォルダーが明滅し整列する機能はインタフェースと捉えられます。

　『スター・トレック』シリーズのLCARSインタフェースの例でいえば、フレームとボタンはユーザーの操作によってほとんど変化しません（図3.39a）。何かあるごとに全画面が新しいアプリケーションを開くように機能に応じた新しいインタフェースに切り替わりますが、システムの利用とアニメーションには関連性がなく、動画やチャート、そのほか動的コンテンツはLCARS全体のコンテ

ビジュアルインタフェース

図 3.39a,b 『スター・トレック ヴォイジャー』「異空生命体を呼ぶ者達 パート 1」（第 5 シーズン 第 26 話 1999 年）、『スター・トレック』（2009 年）。

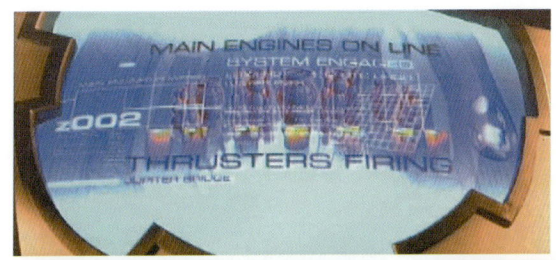

図 3.40a–c 『ロスト・イン・スペース』（1998 年）。

ンツのある領域にのみ存在します。対照的に、映画『スター・トレック』（2009 年）のインタフェース画面はより複雑になり、インタフェース自体に多くのアニメーションが使われています（図 3.39b）。

『ロスト・イン・スペース』では、宇宙船内のインタフェース画面の多くは絶えず動き続けています。ほとんどの場合、そのモーション（動き）は画面上の有益な情報と結びついています。コンテンツや操作が静的なものでも、画面の背景でユーザーの注意を引いていたり、システム情報を表示したりしています（図 3.40a）。たとえば、極低温インタフェースの背景のモーションはシステムが起動し、機能していることを示しています（図 3.40b）。同様に、ファイル転送インタフェースの背景のモーションは転送が進行中であることを表す一方、その前

ではどれだけの容量が転送実行されたかを示しています（図3.40c）。アニメーションはシステムをより動的に見せ、その動作はいわゆるLCARSインタフェースのようなほとんど動きのないものとは大きく異なった効果を生み出します。

レッスン 慎重にモーションを使い注意を誘導する

人間の視覚は上丘（じょうきゅう）とよばれる注意喚起のための独立した経路をもっています。これは突然の光や急な動き、物質の出現と消滅などを非常に素早く感知することに最適化された無意識のプロセスで、動的なグラフィックが私たちの意識を迅速に誘引するのはこの器官によるものです。

そのため、前述の『ロスト・イン・スペース』の例のように、インタフェース上の背景の動きはシステムが起動中であることを静止画やグラフィックよりも、暗に示すことができるのです。しかし注意しなければならないのは、このような自律反応はユーザーの意識を目の前のタスクから逸らすことになるということです。もし押すべきスイッチへの注意喚起が十分でなければ、システムにいらいらしてしまうでしょうし、それは無理のない話です。

レッスン 意味を構築するためにモーションを使う

モーショングラフィックスは人の視線を引き、新しい雰囲気を演出します。静的な画面でも現代的な印象を付与することはできますが、動的な演出はより効果的にそれを表現することができます。まず、モーショングラフィックスは他の階層の情報を提示することが可能です。たとえば、システムが稼働しているのか否か、ネットワークの現在の負荷状況、システムでの展開中のプロセスの信頼性などを表現することができます。またやりとりが行われている部分間の関係性を暗示することができます。すなわち、それは何か他のものの上位集合なのか部分集合なのか、他のものと同じものなのか違うものなのか、といったことです。SF映画では視聴者にこのようなニュアンスを説明する時間がない場合がほとんどですが、現実世界にはインタフェースの豊かさを展開するためのより多くの時間があります。たとえば、PowerPointやKeynoteといったプログラム上の画面遷移に根拠のないものもありますが、単に装飾するためではなく情報の関係性を描写するために、明確に表現しているものもあります。

ビジュアルスタイル

　SF映画に登場するインタフェースのもっとも特徴的な点は、そのビジュアルスタイルです。書式や色、形、テクスチャー、レイアウトやグルーピング、透過性などのデザイン要素が凝集された、独特のインタフェース群を形成しています。これがとくに成功している場合には、ビジュアルスタイルはある種の登場人物と同様、映画やシリーズを象徴するものにもなり得るのです。

　『メトロポリス』や『フラッシュ・ゴードン』のような初期のSF映画やテレビドラマの製作者は、意識的に未来感を主張する要素でビジュアルを構成しました。これらをセットの意匠やグラフィックデザインに配することは、(ユートピア的なものにせよディスピトア的なものにせよ) 視聴者に未来を想像させ、感じさせるために大変重要でした。またインタフェースは様式を強固にする役割を担います。ごちゃごちゃして荒れ放題で、錯乱的なインタフェースはその作品の主人公と敵対する世界観を物語っています。それと同様に、落ち着いた雰囲気で使いやすくエレガントなインタフェースは、視聴者と（その世界のユーザーである）登場人物にそのシステムが生活を助ける科学技術であるという印象を与えます。

　ここでは、確固としたビジュアルスタイルをもつ映画とテレビの作品に焦点を当て取り上げます。単によくつくり込まれているというだけでなく、SF映画の

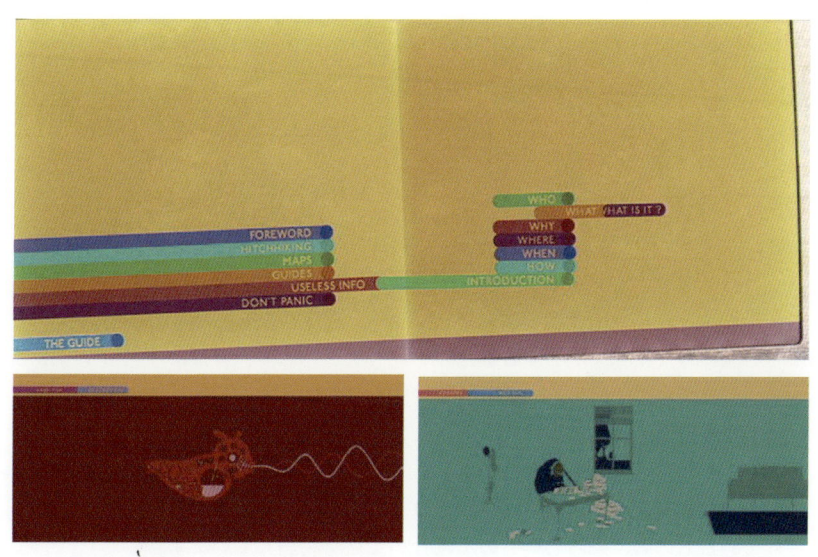

図 3.41a–c　『銀河ヒッチハイク・ガイド』(2005年)。

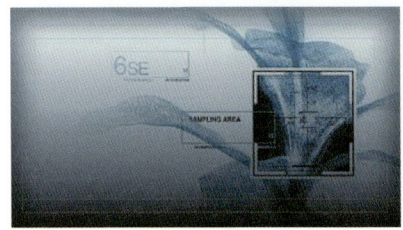

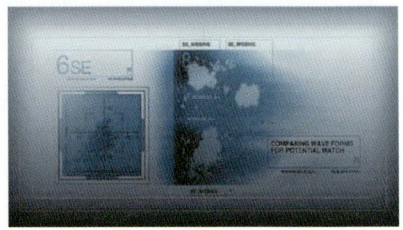

図 3.42a–c 　『ファイナルファンタジー』（2001 年）。

世界観を形づくるスタイルかどうかという観点で評価しています。

『銀河ヒッチハイク・ガイド』

　映画タイトルと同じ名前で作品中に登場する仮想の電子ガイドブック「銀河ヒッチハイク・ガイド」のインタフェースは、作品の雰囲気に合った大胆かつユニークなスタイルを備えています（図 3.41）。選ばれたトピックがそのグループから右側へスライドアウトする虹色のインタフェースで、背景は単色塗りつぶしという構成です。色はカテゴリー分けに使われていますが、他には一貫した意味はないようです。このインタフェースには多くの図形やアニメーションが登場しますが、1 つのカテゴリー内ではすべて微妙な配色の差と平面的なグラフィックスタイルで描写されています。これらは、作品世界が大胆で親しみやすく少しふざけているものの、恐ろしいものではないことを物語っています。

ビジュアルインタフェース

図 3.43a–c 『リディック』(2004 年)。

『ファイナルファンタジー』

　『ファイナルファンタジー』では、色調の関係性のルールがまったく違った効果で使われています（図 3.42）。花卉を分析するためのインタフェースにおいては、大きく精妙な背景とその上に重なるテキスト、ボックス、そして浮遊したウィンドウを備え、その演出には明度の差のみが使われています。透過性とグラデーションはその美しいディテールと共に技術の恐ろしさを表現する、他にない独特な印象をつくり上げています。

『リディック』

　『リディック』に登場するある宇宙船のコックピットにはさまざまな物理的な操作系と 3 つの画面で構成されています（図 3.43）。画面は丸いガラスのプレートにカラーのグラフィックが投影されています。ここでは平面的に色分けされた（ほとんどが青とグレー）領域に表示される文字が主な役割を果たすビジュアルスタイルで、円形が主要なグラフィック要素として使われ、その上に重なって表示されるテキストと数字が技術的かつ厳格な空気を醸し出しています。

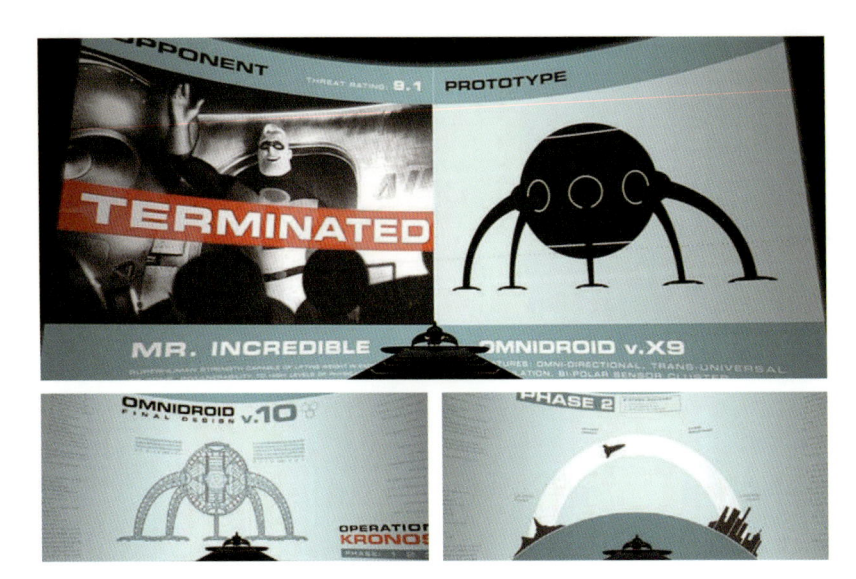

図3.44a–c 『Mr. インクレディブル』（2004年）。

『Mr. インクレディブル』

　アニメーション映画『Mr. インクレディブル』のグラフィックとテキストはシンプルかつ明瞭のすっきりした印象で、とりあえず隙間を埋めたようなものはほとんどありません（図3.44）。とくに悪者のデータベースにアクセスし、その計画を知る場面でその特徴が顕著に見られます。平面的なグラフィックの影と、『スター・トレック』シリーズと同じ（p.79のLCARSのケーススタディを参照）ユーロスタイルの書式を使っていますが、グラフィック要素は明るい青色とより明るいグレーの背景で青写真のような印象を与えています。これらのインタフェースの例からわかるように、注意を引くために時折使われる高彩度の赤を除いては、限定した色調のみが使われています。この要素の組合せはインタフェースの見た目に信頼感とオリジナリティを与え、1950年代のアメリカにおいてヒーローが現実に存在している物語の世界観を強化しています。

　これまでの例においては、インタフェースに使われている多くの要素はオリジナルではありません。たとえば、ユーロスタイルはSF映画ではよく使われる書体ですし、円形の画面も同様です。多くの高彩度の色で構成されるカラーパレットや、直線で描かれるフレームのモデルも多くの映画に登場します。つまりこれ

らは、インタフェースに独特のスタイルを与え、理解しやすくするためによく使われる特有の組合せであるということです。

さて、ビジュアルインタフェースの章では、『スター・トレック』シリーズに登場する LCARS インタフェースに言及しないわけにはいきません。

ケーススタディ：『スター・トレック』の LCARS

SF 映画のビジュアルデザインにおける大きな歴史的変革の 1 つは、『宇宙大作戦』における機械式コントローラーや光るボタンが、その続編である『新スター・トレック』においてバックライト付きのタッチパネルに置き換わったときに起こりました。この新しいインタフェースは、ビジュアルの独自性だけでなく、その包括性、拡張性、そして波及力においても多大なインパクトがありました。

2 章で述べたように、この変化の理由は当時のテレビシリーズの予算です。製作者には、広大なエンタープライズ号のブリッジを覆うだけの、無数の独立したボタンからなる画面と操作系を製作し直すだけの資金がなかったのです。そのため美術監督のマイケル・オクダとチームのスタッフはよりコストを抑えられる手段を必要としていました。そこで彼らは、その 9 年前に上映された『2300 年宇宙への旅』に使われていたような、バックライトとグラフィックの印刷されたプラスチックのシートを使う手法に目をつけました（図 3.45）。一度オクダのチームがこの表現を採用することを決めてしまうと、彼らは物理的なインタフェースにまつわる制約とコストの懸念から開放され、さらには新しいデザインの可能性さえ開かれたのでした。この表現手法は『2300 年宇宙への旅』においてはディスプレイにのみ使われていましたが、『新スター・トレック』においてはタッチ

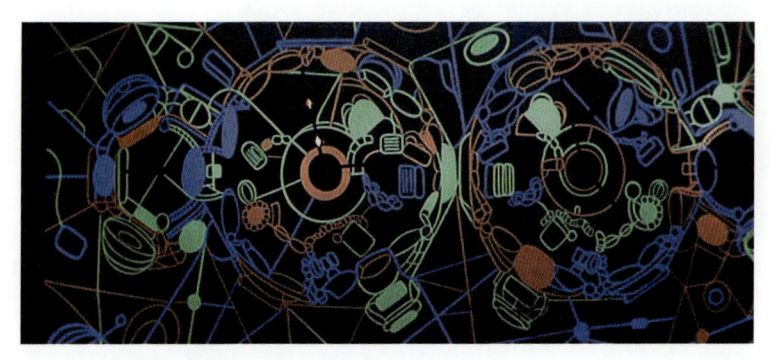

図 3.45　『2300 年宇宙への旅』（1976 年）。

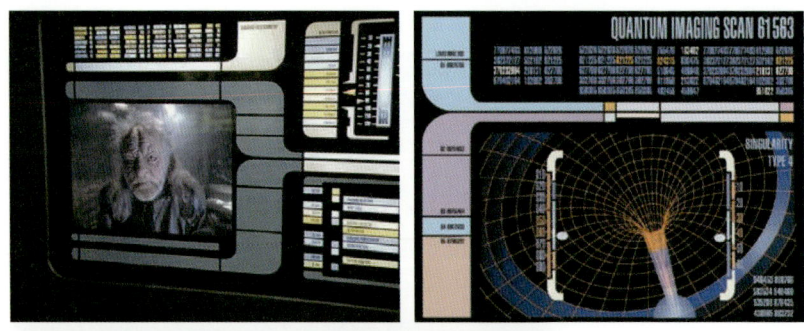

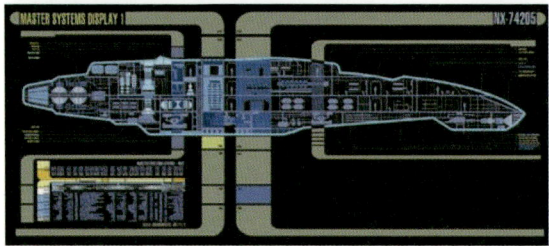

図 3.46a–c 『新スター・トレック』の LCARS インタフェース。

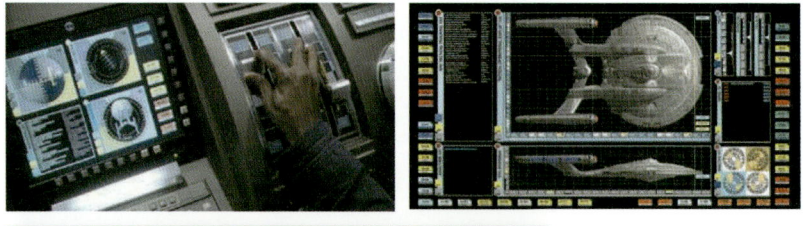

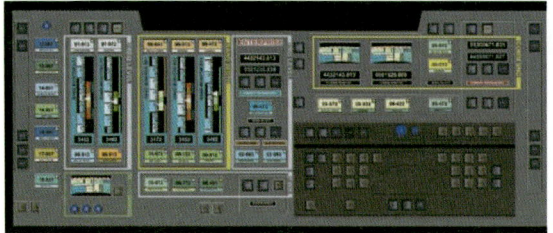

図 3.47a–c 『スター・トレック エンタープライズ』(2001–2005 年) のエンタープライズ号 001 インタフェース。

スクリーン技術を先取りするかのように操作系にも使われています。

その成果はLCARS（エルカース：Library Computer Access and Retrieval System）とよばれるインタフェースとして結実しました（図3.46）。黒の背景と長体のサンセリフ書体（SWISS 911 Ultra Compressed BT）を全面に使って構成され、角丸の枠内には陰影のないパステルの青、紫、オレンジを用いて明るくし、グラフィックとテキストにはより強い色調を使っています。この新しい背景のグラフィックはグリッドに沿った構造を備えており、どこにボタンやラベル、情報図形、動画などが配置されるべきかを示しています。このグラフィックシステムが多様なアプリケーション、図表、操作系、そして宇宙艦隊の技術の表現を支えることになったのです。

LCARSインタフェースのデザインは、続く3つのテレビシリーズと4つの映画にわたって長く使われ続けました。さらに劇中の時代（古い年代と新しい年代）の変化を示唆するために、作品中の宇宙における科学技術進歩の表現を強調しています。また前日譚である『スター・トレック エンタープライズ』のタッチスクリーン画面と物理的な操作系を混合したインタフェースではLCARSとの差別化のため、違った視覚言語が創造されました（図3.47）。エンタープライズ号の画面は、パネルと外観に統合されている割合がLCARSインタフェースに比べると低くなっています。エンタープライズ号のインタフェースはLCARSインタフェースから影響を受けている（そして予示している）と考えられますが、技術的にはかなり異なっています。このインタフェース上の仮想部分は低い彩度のカラーフレームを使用しているのに対して、ボタンはより鮮やかな色を使っています。これには物理的なボタンを模倣した画面上で操作する2.5次元の陰影と同様の効果があります。

エンタープライズ号の視覚言語は、ほとんど完全に四角形で構成されており、すべてのデータと操作系は閉じた四角形のなかに重ならないよう配置されたウィンドウのなかに収納されています。丸みのある要素は少なく（いくつかのウィンドウの枠の左上角には丸い「アンカー」がありますが）ウィンドウ枠上には四角形のボタンはほとんど重なっていません。これらの要素はシリーズのインタフェースとの関連がありながらも異なった外観を与え、一方でタッチスクリーンの限界を示してもいます。

LCARSインタフェースの未来版は4番目のテレビシリーズ『スター・トレック ヴォイジャー』で登場します。エピソード「過去に仕掛けられた罪」において、未来から来た宇宙艦はTCARS (Temporal Computer Access and Retrieval System（図3.48））とよばれるLCARSインタフェースの改良版を使

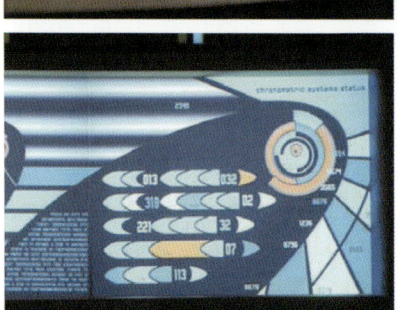

図 3.48a–c 『スター・トレック ヴォイジャー』「過去に仕掛けられた罪」の TCARS インタフェース（第 5 シーズン 第 24 話 1999 年）。

用しており、TCARS インタフェースには全面が黒の背景やタッチスクリーンであるといった、LCARS の系譜を示す明らかな特徴とともに、いくつかの顕著な違いがあります。まず、枠のグラフィックは楕円をもとにした曲線をもち、主に青系の色で構成されています。また多くのボタンも曲線をもち、その形状は円よりは楕円に近くなっています。いくつかの画面表示においては、LCARS インタフェースに見られるような垂直のグリッドではなく、円形の要素が放射状のグリッドを構成しています。さらに、枠は平面的なグラフィックに加え、そのいくつかは陰影の（エンタープライズ号のものよりはソフトな）作用で立体感を表現しています。

　こうした変化は、200 年という時間における LCARS インタフェースの基本要素から TCARS インタフェースへの進化を示すには十分なもので、これにより視聴者は大きな違和感を抱くことなく時間の飛躍を受け入れることができました。

　『スター・トレック』の宇宙艦のなかで見られる LCARS インタフェースに加え、多くの共通する要素が作品中 24 世紀の他のインタフェースにも使われています。これはつまり、シリーズ各作品（『新スター・トレック』、『スター・トレック ディープ・スペース・ナイン』、『スター・トレック ヴォイジャー』）お

ビジュアルインタフェース

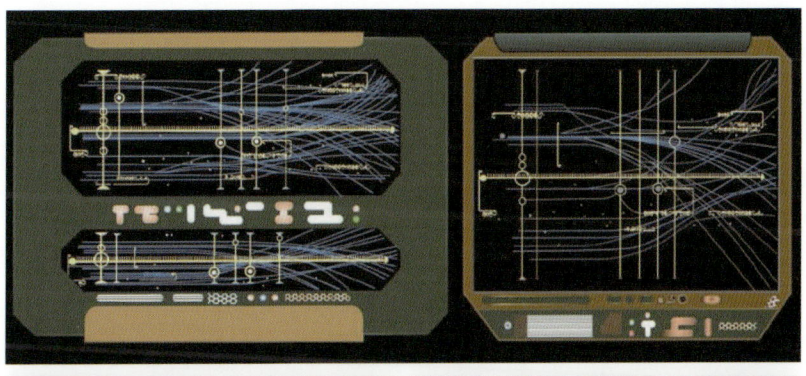

図 3.49a–c 『スター・トレック ヴォイジャー』のクレニム人のインタフェース（1997年）、『スター・トレック ディープ・スペース・ナイン』のベイジョー人のインタフェース（1998年）、『スター・トレック ヴォイジャー』のボーグのインタフェース。

よびそれぞれにひもづく映画を通して使用されているということです。なお、大きなタッチスクリーンと黒い背景の表示画面という点は同じですが、色調や枠の形、レイアウト、書体などについては、それぞれ何かしらの違いを出すために変更されているのが常です。全体的にはそれぞれの同時代性が感じられる同じレベルの科学技術を用いている印象を与えつつ、それを使う文化に合わせ専門分化させているわけです（図 3.49）。

レッスン 創造的な構成で独自の外観を生み出す

SF 映画においても現実世界においても、インタフェースを差別化するもっとも力強い手段の 1 つは、独創的な色彩の配合や書体の使用、画面と操作系のレイアウトを創造することです。これはグラ

フィックやビジュアルのデザイナーにとっては当たりまえのことに思われるかもしれませんが、クライアントやディレクターの多くは視聴者に馴染みのないものを提示することに懐疑的で、あえてユニークなものにすることを避けがちです。しかしながら、視覚的要素が適切でかつ混乱を生まず、理解を促進するものである限りにおいて、新しい独創的な構成の創造は差別化された製品ブランドやインタフェース体験を生み出す最良の手段の１つであることは間違いありません。

ビジュアルインタフェースが私たちの未来を描き出す

　先述のようにテレビや映画は視覚的なメディアであり、そこには未来の科学技術の洞察を得る素晴らしい機会があります。ちょっとした要素、たとえば色や形、記号体系、書式などの改良であっても、私たちが日常生活において見慣れているものとは根本的に違った描写を生み出す可能性があるのです。本章を通して紹介した事例とレッスンは、現実世界のインタフェースをより未来的に見せるように考えたり、視点を変えたりするためのアイデアを与えてくれます。このアイデアは、他のインタフェースから差別化しようとする場合、もしくは意図的にSFや未来と関連づけようとする場合に、大変有用です。

　加えて、これらのレッスンは私たちが考えるよりもビジュアルインタフェースのデザインの領域が広いことを示唆するものでもあります。たとえ私たちがインタフェースをSF的に見せる必要がないとしても、これらの領域を探索することは現時点での現実世界の標準的なモバイルやアプリケーション、コンピュータのインタフェースとは異なるビジュアルスタイルを発見し、発展させるためのヒントとなるでしょう。

CHAPTER 4

立体投影

本章の論点	87
立体投影がどのように見えるか？	88
立体投影はどのように使われているか？	92
現実世界で使うときの問題	99
SF 映画のなかで定義されてきた立体投影	102

CHAPTER 4

図4.1 『禁断の惑星』（1956年）。

　ゆらゆらと光り輝く煙が、透明なディスプレイケースのなかで、モービアス博士の娘・アリティラの姿へとゆっくりと形を変えていきます。その人物像は微笑み、動いています。「アルティラだ！」とアダムスが叫ぶと、モービアス博士は穏やかに「単なる3次元映像だよ、司令官」と説明をします。それにもかかわらず、アダムスは目の前に立っているアルティラの映像を驚いて見ています。『禁断の惑星』の一場面です（図4.1）。

　私たちの調査で見つかった最初期の立体投影（VP：Volumetric Projection）の例は、ペッパーズゴースト（Pepper's Ghost）とよばれる非常に古い、視覚トリックを改良したものでした。ペッパーズゴーストは視界から隠れた相対的に暗い場所に明るい像を置き、透明なガラスに反射させることで、まるで像が宙に浮いているかのように見せる視覚トリックです。このからくりは視聴者を興奮させるだけでなく、長きにわたって、SF映画の製作者が好んで使う手法になりました。

　立体投影が、SF映画の製作者にとって非常に魅力的な理由は、それらが映画的体験（cinemagenic[1]）だからです。立体投影はSF映画にもっともふさわしい媒体を通して、形、光、動きを見せているのです。2次元画面に制限されないので、製作者が必要とする場面では、どんな所にも立体投影を置くことができます。そして、現実世界ではまだ実用化されている技術ではないため、SF映画のストーリーを展開する上で未来的な技術を示すには、非常に便利で、手っ取り早く、確かな手法といえます。

---

1 Cinemagenic：映画のなかではうまく機能し、必ずしもユーザーの実用に耐えなくてもよいこと。

立体投影

図 4.2a,b　VP とはみなさないもの:『2300 年未来への旅』(1976 年) と『スター・ファイター』(1984 年)。

本章の論点

　本書では立体投影を「ホログラム」とよばないのには理由があります。それは、すでにこの言葉が他の表現のよび名として定着しているからです。『2300 年未来への旅』(図 4.2a) の奇妙なエンディングに登場する、銀色の基板上に刻み込まれた、いくつかの色と奥行きのある像を思い出せますか？ もしくは偽造防止のため、クレジットカードにホログラムが付いているのを見たことがあるかもしれません。この精緻な印刷技術には、すでにホログラムという通称が使われていますし、映画のなかで映し出される立体投影とは異なります。

　この他に「3D」というよび方もありうるでしょう。しかしこのよび方にも問題があります。普通の画面に 3 次元の物体を描画する方法も、3D とよばれるからです。『スター・ファイター』(図 4.2b) で、コンピュータで作成した 3D グラフィックスが初めて映画の場面に登場しました。このような 3D グラフィックスの例は確かに存在します。加えて、視聴者がテレビに表示された物を立体的に観ることができる立体視 (S3D : Stereoscopic) の技術が、さらに言葉の定義を複雑にしています。この技術も、「3D」と説明されることがありますが、これもまた立体投影とは異なります。

　本章で話題としているもの、すなわち物質がなく、空中に投影された 3D 映像で、立体視メガネのように特殊な装置を使うことなく、誰でも、どの方向からでも見ることができるものです。これを表すのにもっとも明確な言葉は、「立体投影」です。うまく想像できない方は、『スター・ウォーズ エピソード 4/ 新たなる希望』の中でレイア姫が「助けて！ オビ゠ワン・ケノービ」とメッセージを送る場面を思い出してみてください。数ある SF 映画においてもっとも有名な立体投影の例です (図 4.3)。

　『スター・ウォーズ』は SF 映画における標準的なコミュニケーション媒体として、立体投影を使うことの確立に貢献していますが (その概要については 5 章参

図 4.3 『スター・ウォーズ　エピソード 4/ 新たなる希望』（1977 年）。

照）、それが唯一の例というわけではありません。さまざまな SF 映画では立体投影的表現をいたるところで見ることができます。立体投影は SF 映画のなかでの定番の表現方法で、立体投影を使っている映画やテレビドラマは数えきれないくらいあります。一方で、立体投影の表示方法は、かなり種類が少ないのです。

　本書の他のほとんどの章でもそうですが、紹介されている技術のいくつかはそのジャンルの境界が曖昧なものです。なぜそのジャンルに、ある技術が含まれる一方で他の技術が含まれないのか、理由を示すことで、ジャンルの定義を明確にすることができます。たとえば、『スター・トレック』シリーズのホロデッキは立体投影に含まれるのか？　と疑問に思うかもしれません。

　注意深い読者であれば、立体投影の条件である「物質がない」という定義から、これを立体投影に含めるかもしれません。しかし、ホロデッキによる投影は力学場を詳細に再現できることから、像に質量や固さといった感覚を与えることができます。このことから、ホロデッキは単なる立体投影とは異なる独特の技術であるといえるため、この章では扱いません（11 章のケーススタディーを参照）。

立体投影がどのように見えるか？

　大半の例を見て最初に気がつくことは、これらが非常に似通っているということです。少しばかり白っぽく光った、半透明の青みがかったモノトーン映像であることが多く、またブラウン管テレビのように横方向の走査線があり、ときおりチラつくことがあります。図 4.4 の例は『禁断の惑星』以降、いかにこの傾向が続いているのかを示しています。なかには、立体感と発生位置を強調するため、表示位置にわざわざ光の線を加えている例もあります（図 4.5）。

図 4.4a–g 『トータル・リコール』(1990 年)、『ロスト・イン・スペース』(1998 年)、『マトリックス リローデッド』(2003 年)、『セレニティー』(2005 年)、『インストーラー』(2007 年)、『アイアンマン 2』(2010 年)、『トロン：レガシー』(2010 年)。

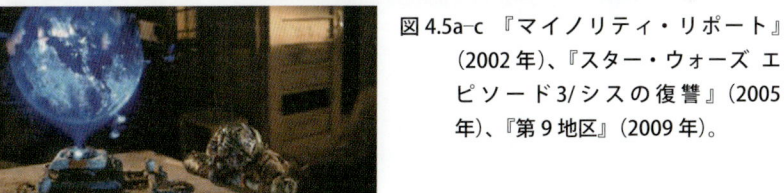

図 4.5a–c 『マイノリティ・リポート』(2002 年)、『スター・ウォーズ エピソード 3/ シスの復讐』(2005 年)、『第 9 地区』(2009 年)。

　いくつかの事例では、色が凝縮されて表示されていることがあります。そういった立体投影のほとんどが、線で表現されたワイヤフレームモデルで、その表現方法自体が情報表示の 1 つになっている例です（図 4.6）。

　またまれな事例として、立体投影が半透明ではないことがあります。それは、

図 4.6a–c 『スターシップ・トゥルーパーズ』(1997 年)、『スター・ウォーズ エピソード 2/ クローンの攻撃』(2002 年)、『アバター』(2009 年)。

ストーリーの登場人物か視聴者に対してトリックが仕掛けられているような場合です。1 つの例は『バック・トゥー・ザ・フューチャー Part 2』で、架空の立体映画『ジョーズ 19』の宣伝である巨大なサメの立体投影に、マーティ・マクフライが驚く場面です（図 4.7a）。もう 1 つの例は、テレビシリーズの『ファイヤーフライ 宇宙大戦争』で、騒々しくケンカした人がバーの窓から飛び出すとき、窓ガラスが粉々になる代わりにチラチラと明滅する程度ですむ場面です（図 4.7b）。これらの例は「これは SF 映画で、本当の出来事ではないぞ！」と強調し、視聴者の感覚を慣れさせるために使われています。

この 2 つの例は、そもそもなぜ立体投影が似通った視覚特性を必要とするのかを明確にしてくれます。画面上で実物のように見えたり、動いたりするものを見たとき、視聴者はそれがただの投影であって、実物ではないということをどうやって見分けるのでしょうか？ 実世界とは異なる定義によって支配されている

図 4.7a–b 『バック・トゥー・ザ・フューチャー Part 2』(1989 年)、『ファイヤーフライ 宇宙大戦争』「列車強盗」（エピソード 2、2002）。

立体投影

SF映画の世界で、ルークと話すためにテレポーテーションしたレイア姫が立体投影であり小人の大きさのクローンではないと、どうやって判断するのでしょうか？ もちろん、登場人物の会話による文脈などである程度は対応できるでしょう。しかし、技術を説明するのではなく、見てわかるものにすることで、物語を理解するための余計なものを減らすことができるでしょう。したがって、いくつかの映像的な表現が、疑う余地のない立体投影の仮想性を確立するのに役立つのです。

レッスン 仮想的なものを区別する

もし、立体投影が何かを伝えるために用いられ、現実的すぎる場合、ユーザーが現実と混同しないよう、立体投影がもつ画像や音、データを変更する必要があるかもしれません。何らかの理由で立体投影に変更を加えられないのであれば、質問したり手を振ったりなどの簡単なやりとりで、これが仮想的なものであることを明らかにすべきです。

レッスン 出し抜いた後にジョークを分かち合う

もし視聴者をだますために立体投影を使うのであれば、真に迫ることが重要な要素です。ユーザーとの簡単なやりとりによって、ユーザーがその戦略にうまく引っかかったとしても、トリックをすぐに明らかにしてはいけません。ジョークのだまし討ちが成功してからトリックを明らかにすれば、より大きな衝撃が得られます。

これらの多くは、現存するメディアから着想を得て仮想的な人工物にしたものです。色あせた白と青のモノトーン画像は白黒テレビを、走査線や画面のちらつきはテレビ放送の信号を参考にしています。最近の立体投影は、電子顕微鏡写真のように端を明るくした見せ方を、投影用に光の線を使っているのは、映画館のような投影光を参考にしています。これらの視覚的な表現手法を採用することで、製作者は、視聴者がすでに獲得している連想をもとにして、ある物体が単に投影された像であることを、視聴者がより素早く十分に理解できるようにしています。

CHAPTER 4

> **レッスン** 立体投影はペッパーズゴーストのスタイルに従うべき
>
> 立体投影を用いた視覚的な伝達はすでに定着していて、物語のなかで不可欠な存在です。もしこの技術が現実世界で一般化したならば、デザイナーは、非常に注意深くそれまでの固定概念を壊さなければいけないでしょう。そうしなければ、何十年にもわたってSF映画で慣れてきた観衆の理解や受容の問題に出くわすことになります。

立体投影はどのように使われているか？

　立体投影の使われ方は、その見た目以上に変化に富んでいます。たとえば、ビデオメッセージ、ナビゲーション、戦術計画、広告、エンターテイメント、医療画像処理、ユーザインタフェース、脳の訓練、工業デザインなどです。さらに2006年のピクサーの短編映画『リフテッド』では、エイリアンによる誘拐の訓練の表現にも使われています。そのなかでもとくによく使われているのは、コミュニケーション、ナビゲーション、それから医療用の画像処理です。

コミュニケーション

　コミュニケーション技術はいくつかの方法で分類できます。有用な区別の仕方に、コミュニケーションが同期か非同期かで判断する方法があります。同期型の技術とは、電話のように同時に双方向でやりとりすることを指します。調査で見られた例の多くは、同期型です（10章を参照）。非同期型の技術とは、手紙、ビデオ、または音声録音といった媒介物を使ってコミュニケーションを符号化した後に、受信者に向けて送信することをいいます。同期・非同期という言葉は堅苦しいので、本書ではそれぞれ馴染みのある「通話」や「メッセージ」という言葉を使うことにします。これら2つの方法は多くの共通点をもっています。共通していない点の多くはメッセージの作成、編集、送信に関することです。

　調査した立体投影の多くはメッセージでした。送信者は記録装置をじっと見つめ、メッセージは動画のように再生されます。しかしこれが通話の場合、まるで同じ場所に居るかのように、相手の方向を向いて喋ることが多くなります。この方法は、テレビや映画の視聴者に対して有効です。なぜなら、視聴者が記録装置を見てない場合、何を見たら良いのかわからなくなってしまうからです。しかし、注意深く考えれば、現実世界における送信者の大きさと立体投影で見る大きさが異なる場合、大きさの調整や位置調整で重大な問題を引き起こすことになり

図 4.8 『スター・ウォーズ エピソード 5/ 帝国の逆襲』(1980 年)。

ます。この問題はあくまでも立体投影に関して見られるものですが、その教訓はテレビ電話のようなものにも適用できますので、さらに詳しく見ていくことにしましょう。

たとえば『スター・ウォーズ エピソード 5/ 帝国の逆襲』で、ある AT-AT[2] のコクピットに立体投影が表示されています。この例では、立体投影はとても小さく表示されていますが、おそらくパイロットのストーム・トルーパー[3] の視野を遮らないためだと思われます（図 4.8）。

ストーム・トルーパーから見れば、小型化することでうまくいきます。ダッシュボードの大きさになったダース・ベイダーを必要に応じて見下ろせばよいのです。しかし、ダース・ベイダー自身は何を見ているのでしょうか？ 逆に、ストーム・トルーパーが拡大表示されたとして、ダース・ベイダーがアイコンタクトをとる必要があった場合、ダース・ベイダーは巨大な比率に拡大された相手の姿を見上げる必要がでてくるでしょう（図 4.9）。

立体投影で通話している間、彼らの相対的な地位を尊重し、ダース・ベイダーの気分を害さないためには、ダース・ベイダーが同じように見下ろすことが必要です。立体投影のカメラが話し手の視線の先へ動的にその位置を変えないと仮定すると、お互いの目を見て話すという社会的な要求によって、視線一致の問題が生じます（学術的には gaze monitoring といいます）。お互いに彼らの前にある立体投影の目を見たとき、一方がアイコンタクトを避けるかのように下を向くような格好になります。これは、内気、恥ずかしさ、服従あるいは嘘つきに見える

---

2 （訳注）『スター・ウォーズ』に出てくる帝国軍の 4 本足で歩行する兵器。
3 『スター・ウォーズ』に出てくる帝国軍の機動歩兵。

これは"自然な"という視点からは理想的ですが、実現性もありませんし、望ましくもありません。たとえば、ストーム・トルーパーの視野を遮ってしまうという問題が挙げられます。

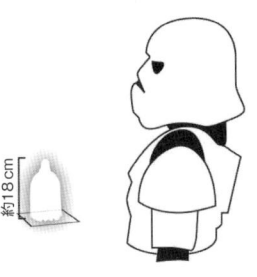

小型化で、ストーム・トルーパー側の問題は解決できるかもしれませんが…

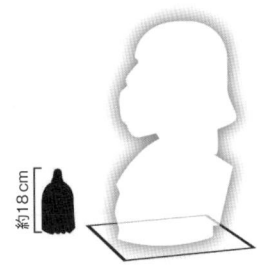

…しかし、ダース・ベイダーの側からみれば、彼は物理的にも、立場的にも、いい気分はしないでしょう。

図 4.9　単純に不要な部分を隠しても、縮小をしても、視点一致の問題は解決しない。

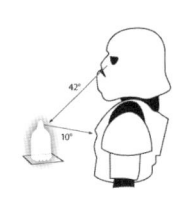

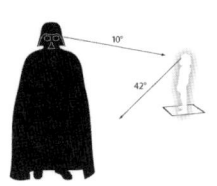

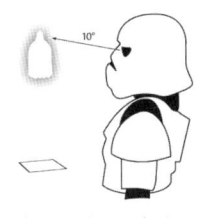

会話の参加者が双方とも下を向くようにすると、視線のミスマッチがおこります。

自然な視線位置に縮小された立体投影を配置すると空中に浮かぶことになり、不自然なだけではなく、おそらく使いにくいものになるでしょう。

図 4.10　縮小と浮遊を組み合わせることによって、視線一致の問題を部分的には解決できる。

など、社会的に誤った仕草として受け取られてしまうため受け入れがたいものです。

　自然と互いの視線の角度が合うように投影を宙に浮かせることが、視線一致の問題を解決する1つの方法です（図4.10）。この方法は『スター・ウォーズ』の映画のなかで何度か使われていますが、これらの事例では立体投影された送信者の足が宙に浮いているのを見せないような配慮がなされています。『スター・ウォーズ エピソード3/シスの復讐』では、オビ＝ワンが宇宙船を操縦しながら

立体投影

図4.11 『スター・ウォーズ エピソード3/シスの復讐』（2005年）。

立体投影された元老院議員のオーガナと話している場面があります。製作者は視線一致の問題を解決するために、映画の画面フレームを切り抜くことで、視聴者がオーガナの足を見ることがないようにしています（図4.11）。

では個人間での立体投影において、大きさと位置を変えることは、視線一致の問題があるため、まったく使えない解決策なのでしょうか？ 必ずしもそうとはいえません。映画のなかで動作しているものを実生活の中で動作させる方法を見出すために、ほんの少し弁証論を用いる必要があります。

> **レッスン** 立体投影のシステムは単に見せるだけでなく意味を示すべき

立体投影の技術が見た目よりも複雑だった場合はどうでしょうか？ カメラが捉えた情報はどんなものでも受動的に伝達する一方で、立体投影のシステムは、その出力として写真やコンピュータが生成した画像を融合することから、むしろスキャナーに近いものです。システムは次のように動作します。

カメラが送信者の動作を取り込むと、続いてシステムがその情報を用いて、変更可能な送信者のモデルを構築します。送信者の画像を受信者に向けて描画するとき、システムは自動的に体や視線の位置を調整して、自然なアイコンタクトになるようにします。現実の使用者が立体投影された相手と視線を合わせる場合には、立体投影する像の位置や視線の調整をして、相手側の立体投影が現実の会話相手と視線を合わせることになります。

この場合、服従の意味で視線を下に向けたり、軽蔑でキョロキョロ

させるような社会的慣習を理解し、適切に対応できる賢いシステムである必要があります。このようにして自然な社会的相互作用を保ちつつ、求められた状況にあわせて立体投影の大きさや位置を変えることが可能になります。これらの事柄は、テレビ会議においても重要です。なぜなら、私たちが見るテレビ会議映像の真ん中にカメラがあることは滅多にないからです。カメラを画面の中心、だいたい目の高さに設置できるようになるまでは、相互のやりとりが自然に見えたり感じたりできるよう、コンピュータによるなんらかのサポートが必要になります。

視線が一致する状況は、『スター・ウォーズ エピソード3/シスの復讐』の中で、シディアスが悪名高き指令66を発する場面で実際に起こっています。映像を比較すれば、話者の位置がおかしいことがわかります。コーディ指揮官は立体投影で縮小されたシディアスを見下ろし、シディアスは見上げています。一方、実際のシディアスは水平に映し出されたコーディを見ていて、コーディの方もシディアスを水平に見ています（図4.12）。

意味を変えることなく、身振りのニュアンスを理解し、変更し、表現するような十分な精度のソフトウェアをつくることは、控えめに言っても骨の折れる作業です。しかしインタフェースデザイナーが実世界で似たような問題に対して行っているように、おそらく最初は視線を修正するなど、単純な方法が採られるでしょう。もし、このような社会的な認知と能力のあるシステムがつくられなくとも、視線が一致しない問題をより直接的に解決する方法が他にもあります。

レッスン 目と目が合うように立体投影を配置する

これまで述べてきたように、『スター・ウォーズ』の立体投影における配置のルールは、「登場人物を浮かせるな、そして足を隠せ」です。しかし空間的な制約を考えると像の大きさは小さくなりますし、長い会話では下を向き続けるためコミュニケーションする人の首にストレスがかかります。このストレスを避けるため、立体投影を何らかの「台」に載せ、代表して話している使用者ともう一方の使用者の視線が自然に合い、「互いに目を見て」話せるように使用者の位置と立体投影の高さを調整する必要があります（図4.13）。

図 4.12a,b 『スター・ウォーズ エピソード 3/ シスの復讐』(2005 年)。

図 4.13 『スター・ウォーズ エピソード 3/ シスの復讐』(2005 年)。

社会的立場を強化する

『スター・ウォーズ』において、帝国側で用いている立体投影とジェダイ側で用いている立体投影とを比較することで、立体投影のもう 1 つの側面が明らかになります。たいていの場合、帝国側の立体投影では、地位の高い者がその部下よりも大きく拡大されています（図 4.14a）。一方、ジェダイ評議会においては、立体投影を可能な限り実際の大きさと同じにすることで、平等主義の原理が強化されています（図 4.14b）。

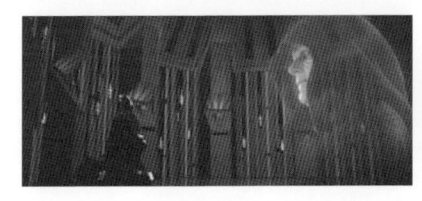

図 4.14a,b 『スター・ウォーズ エピソード 5/ 帝国の逆襲』(1980 年)、『スター・ウォーズ エピソード 3/ シスの復讐』(2005 年)。

チャンス　重要度に応じて立体投影の大きさを調整する

　視線一致の問題が解決できれば、大きさの調整がコミュニケーションの表現においてもう1つの変更要素になります。何をもとに大きさを調整するかはその文脈によります。1つは会議時における地位や年功など、固定化されたものが考えられます。たとえば仮想的な会見において、ホワイトハウスの報道官は記者よりも大きくなるでしょう。また、コンテストでの人気度やビジネス会議では、そのときに喋っている人など、動的なものも考えられます。

ナビゲーション

　立体投影のもう1つの一般的な用途は、空間を通した物体や人々のナビゲーション表示です。これらの場面は、立体投影がある可能性をもっていることを示唆しています。つまり、立体投影は全方向から見ることができるので、空間上の問題を解決する可能性を高め、すべてのコンテクストを最大限に見せることができるのです。しかしながら多くの場面では、問題解決や複数ユーザーの相互的なやりとりより、皆で登場人物が目的地に行くことの困難さを議論したり、特定の場所を指し示すために映像を伝送する用途に用いられています（図4.15）。

図 4.15a–c 　『ロスト・イン・スペース』（1998年）、『マトリックス・リローデッド』（2003年）、『アバター』（2009年）。

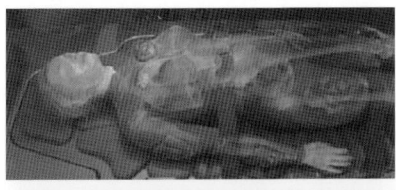

図 4.16a–c 『ロスト・イン・スペース』(1998 年)、『インストーラー』(2007 年)、『ファイヤーフライ宇宙大戦争（希望への挑戦）』(2002 年)。

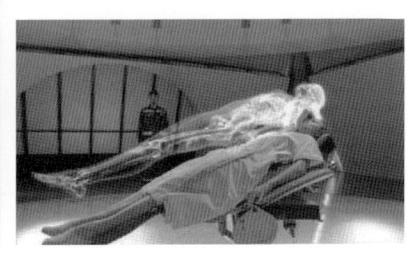

医療用画像処理

　3 番目に多い立体投影の用途は医療用画像処理です。切開することなく、リアルタイムに体の内側を見ることができます（図 4.16）。臓器の縁を明るくし、半透明にし、色を付けることで、複雑な位置関係にある複数の臓器を特定・観察できるようにしています。被投影物と立体投影を同じ空間に並べて画像処理を使う唯一の例を示しています。医療分野での例は前述のコミュニケーションの例とは異なる立体投影の可能性を示しています。つまり、観察、調査、理解を促進するために、現実を再描写するというものです（12 章を参照）。

現実世界で使うときの問題

　立体投影は SF 映画とは切っても切り離せない表現です。立体投影はとてもよく確立された表現で、映画的な描写方法です。しかし、SF 映画のなかでは十分に役立っている立体投影も、現実世界では問題を生じます。この問題について議論していきましょう。

混乱

　これまでに見てきた通り、人は 3 次元表示で質量のないものに出会ったときに、混乱してしまう危険性があります。人は、3 次元表示されたものを自然と現実のものであるとみなします。SF 映画で用いられている半透明で表示するペッパーズゴーストのような視覚表現は、確かに現実とは違うものであることを示すのに有効です。しかし、デザイナーがその他の知られていない表現を使った場

眼の疲れ

しかし、ペッパーズゴーストの表現方法には問題があります。半透明であることは質量がないことを表すわかりやすい表現になりますが、同時に眼の疲れも引き起こします。とりわけ使用者が何らかのデータの投影を見ているような場合、立体投影とその背後から透けてみえる光を区別しながら見なければいけないため、使用者の目にさらなる負担を強いることになります。

切り抜き

物体は3次元の文脈のなかに存在しています。しかし、周囲の物体は興味の対象ではない場合があります。先に見た『ファイヤーフライ 宇宙大戦争』の例では、リバーは病院のベッドで横になっています。しかし、このベッドは、医者の関心の対象ではないため、立体投影に描写されていません（図4.16b）。『ロスト・イン・スペース』や『アバター』の例のように（図4.15a,c）、いくつかの事例においては、情報を理解するために特定の惑星や場所を取り巻く周囲の状況が重要な意味をもつことがあります。

他の事例では、描写された像が有用なヒントになる場合もあります。『スター・ウォーズ エピソード2/ クローンの攻撃』で、ヨーダはジオノーシスからの立体投影でオビ゠ワンの報告を聞いています。この立体投影ではどの角度から見ても、雨がオビ゠ワンのシルエットを通り抜けていくのが見えます。シルエットの外側ではそれが見えません（図4.17）。この小さな手がかりがなければ、

図4.17 『スター・ウォーズ エピソード2/ クローンの攻撃』（2002年）。

立体投影

ヨーダはメッセージ通信の際のオビ＝ワンの腕組み姿勢を不快なものと誤解したり、雨音で声がかき消されないよう大声を出しているとは思わずに、単に興奮して叫んでいるのかと誤解する可能性があります。

もし『スター・ウォーズ』の例のように文脈を的確に解釈できないなら、場面内で表示される像を切り抜く必要があります。オブジェクトを雑に切り抜いてしまったり、動いている像の表示が現れたり消えたりすることが起こりえるので注意が必要です。

覆い隠し

ある立体表示の切り抜きが、部屋の壁や天井、もしくはその環境にある他の大きな物体を含んでしまう場合、これらの物体が注目すべき対象物を覆い隠してしまうことがあります。ピクサーの短編映画『リフテッド』にあるように（図4.18）、半透明や端部のハイライトなど施すことで、ユーザーが余計な物体を気にしないでいられる一方、前述したとおり、眼の疲れを引き起こすことになります。

使い過ぎ

一般の人々はまだ立体投影を実体験として経験していません。そのためSF映画の製作者は立体投影がもつ目新しさに依存してしまい、2次元画像の方が適切な表現のときでも、3次元で表現してしまう傾向があります。幸いにも無駄に3次元表現されている例はまれですが、それでもなおSF映画製作者が、どんなものに対しても3次元表現の方が優れているという不適切な期待を抱いてしまう可能性はあります。

図4.18 『リフテッド』（2006年）。

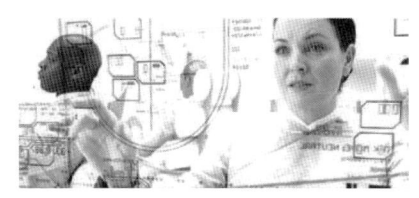

図 4.19a,b 『マトリックス・リローデッド』(2003 年)、『アバター』(2009 年)。

そうした例の1つを『マトリックス・リローデッド』に見ることができます。ザイオンの制御室にいる作業者がセキュリティを監視し、都市ゲートの通行を管理する場面です。作業者は仮想現実のなかで、3次元空間に複雑で互いに重なり合った情報パネルが浮いている状態でこの作業を行っています。もちろん、この表現は正確には立体投影ではありません。しかし『アバター』の例（図4.19）にあるように、このようなユーザインタフェースの多くは2次元表示もしくは作業者からは2次元で見えた方が、物理的にも視覚的にも使いやすいであろうことは容易に想像できます。

SF 映画のなかで定義されてきた立体投影

　立体投影は自分たちのまわり、すなわち3次元の世界にあるモノを感じ取るのとよく似た方法で、情報を提示できることが大きな利点です。人間の両眼視差、立体音響、および運動視差が3次元空間内の立体感を理解し解釈する際に必要な情報になります。立体投影は、私たちのこうした能力をデジタルインタフェースにおいても活用できる表現方法なのです。

　実世界で立体投影装置が安くなり、いたるところで見られるようになるまでは、たいていの人は SF 映画のなかで立体投影を経験することになるでしょう。しかし、SF 映画のなかで使われ続けることで、現実世界に立体投影的なものが登場した際に、スムーズかつ便利に使えるような手助けになるはずです。

CHAPTER 5

ジェスチャー

本章の論点	104
基準となるジェスチャーインタフェース	107
ジェスチャーはまだ成熟していない概念	110
ハリウッド映画の業績	111
直接操作	115
ジェスチャーインタフェースは物語の視点から描かれる	118
ジェスチャーインタフェース：新種の言語	122

図 5.1 『地球の静止する日』（1951 年）。

ミステリアスな宇宙船の内部に戻り、船室の外側にあるパネルの前でクラーツが手を振ると、ドアが開きます。クラーツは透明なコントロールパネルに近づき、再び手を振ります。それに反応してコントローラが光り、ディスクが回りはじめます。また、丸いスクリーンは脈打つように柔らかな光を放ちます。そして、クラーツは奇妙なエイリアン語で音声記録を始めます。「イムラー、クラーツ、ナルワック。マクロ、ピューバル、バラツ、ルーデンス、エンプリシット…」（図 5.1）。『地球の静止する日』のこの場面は、調べた限りでもっとも古いジェスチャーコントロールです。

本章の論点

ユーザーはジェスチャーコントロールによって、指や手、腕の位置や自由な動作によるシステムへの入力手段を得ることができます。一部には、タッチスクリーンのように平面画に触りつつジェスチャーを要求するようなシステムもあります。さらには、システムが指の位置を認識しやすくするようにグローブを着用することをユーザーに要求するものもあります。立体表示を使わないシステムも一部にはあるものの、多くのシステムは、クラーツが使っていたように立体表示を伴います。ジェスチャーインタフェースは直接的に操作するようにデザインされているので、そのほとんどはマウス、ポインタ、カーソルといった中間インタフェースの要素を含むことはありません。

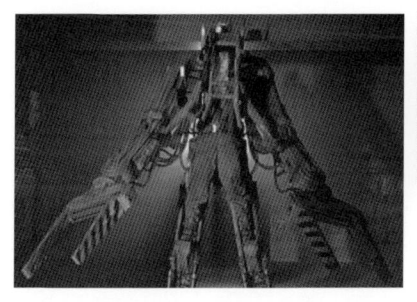

図 5.2a,b 『エイリアン 2』（1986 年）、『マトリックス・リローデッド』（2003 年）。

　以上を踏まえて、本章では 3 つの技術をジェスチャーコントロールに含めないこととします。

　1 つめは、エグゾスーツです。たとえば、『エイリアン 2』（「Aliens」1986 年）のローダーや、『マトリックス リローデッド』の機甲歩兵部隊のようなものです（図 5.2）。これらをジェスチャーインタフェースとしてみなしてよいでしょうか？

　たしかに、こういったエグゾスーツを身につけた人々は、スーツの手足を動かすためにジェスチャーを行います。しかし、そのインタフェースは機械制御であって、明確に区別されるべきでしょう。実際、エグゾスーツの操作は複雑で、人間工学に基づき高度にデザインされたレバーやスイッチ、ポテンショメーターです。しかし、インタラクションデザインのコミュニティで、現在、ジェスチャーインタフェースとよばれているものではありません。

　境界線上にある 2 つめの技術は、『スター・トレック』シリーズのホロデッキです。ホロデッキのユーザーは仮想世界のなかでジェスチャーを行い、何ら制約を受けることなく、システムと相互的なやりとりをします。ホロデッキをジェスチャーコントロールとしてどう扱うべきでしょうか？　仮想世界のオブジェクトやキャラクターは、すべて実用的な目的をもっておりユーザーにとって現実的なものです。そして、そこでの技術は現実世界での「ジェスチャー」にほかならないのです。また、ホロデッキ自体を制御するために、他の乗組員が音声コマンドやアーチとよばれる壁掛けのタッチパネルを組み合わせて使います（図 5.3）。こういった理由から、ホロデッキを純粋なジェスチャーインタフェースと同一視することはできません。したがって、本章ではホロデッキをジェスチャーインタフェースとして考えないことにします。

　3 つめは、『アバター』（「Avatar」2009 年）で出てくる化身の技術です。ホロデッキにやや似ている技術で、ジェイク・サリーがナヴィの体を借りてジェス

図 5.3 『新スター・トレック』「未知への飛翔」(第1シーズン 第1話 1987年)。

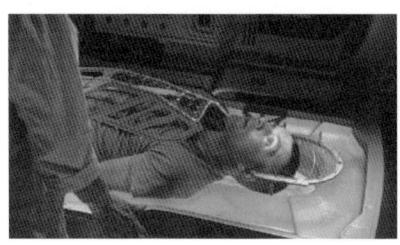

図 5.4a–c 『アバター』(2009 年)。

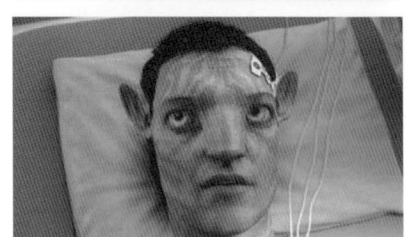

図 5.5a,b 『アイアンマン 2』(2010 年)。

チャーを演じますが、その動作にはインタフェースで操作するという特別な意味がありません。ジェイクが大きな青い体になっている間、彼の身体自体は、ケージのなかで静かに横たわっています。インタフェースとして利用しているというよりは、彼そのものが形を変えたようなものでしょう（図 5.4）。

ただし、タッチスクリーン上のジェスチャーインタフェースは、やや考察に値します。これらは、スマートフォンやタブレットの画面のように、平面上でユーザーが行うジェスチャーです。『アイアンマン 2』（「Iron Man 2」）では、トニー・スタークがタッチジェスチャーを使って、就職希望者の人物検索を素早く行い、セクシーな写真を見つけて拡大しました（図 5.5）。そのようなインタフェースはジェスチャーの種類としては動作がやや制限されたもので、くわえて調査したなかでは種類が少ないものの、ジェスチャーインタフェースと確かにみなすべきです。よって、本章ではジェスチャーインタフェースとして考慮することにします。

基準となるジェスチャーインタフェース

SF でもっとも有名なインタフェースの 1 つは、『マイノリティ・リポート』で犯罪予防局によって使われるプリコグ・スクラバーというジェスチャーインタフェースでしょう（図 5.6）。このインタフェースを使い、ジョン・アンダートン刑事は、ビデオ映像のようなサイキックな三つ子のプリコグニティブ・ビジョンをジェスチャーで「洗浄」します。そして、将来起こり得る犯罪を観測する

図 5.6a,b 『マイノリティ・リポート』(2002 年)。

と、アンダートンは現場に急ぎ、犯人となり得る者を逮捕して犯罪を防止するのです。このインタフェースは、未来の技術が満載のこの映画のなかでももっとも印象的な場面です。そして、映画史においても、もっとも参照されたインタフェースの1つでもあります[1]。

一般の人々にとっては、『マイノリティ・リポート』のインタフェースはジェスチャーインタフェースの同義語といってよいでしょう。映画会社の主席コンサルタントであるジョン・アンダーコフラーは、ジェスチャーコントロールや空間的なインタフェースについて、この映画にかかわる前から彼の会社オブロング・インダストリーにおいてジェスチャーインタフェースをずっと考えていました。同社では、マルチユーザー・コラボレーション用の汎用プラットフォームとして、現実世界向けの装置が考えられていました。装置は映画に描かれた最先端技術とほとんど同じ機能をもち、商用製品としてジョン・アンダーコフラーの会社から販売されています。

本章では『マイノリティ・リポート』を何回も参照しますが、前もって2つのレッスンを挙げておきましょう。

レッスン 素晴らしいデモがひとつあれば多くの欠点は隠せる

ハリウッドの噂によれば、ジョン・アンダートンを演じた俳優、トム・クルーズは、インタフェースを使うシーンを撮る間、たびたび休まなければならなかったそうです。心臓よりも高く手を上げて、あらゆる方向へ動かし続けることはとても疲れるものだったからです。同じことができる人はそうはいません。しかし、こういった休憩は映画では表現されません。現実のタスクで類似のインタフェースを使いたい人にとって、この省略は誤解を招きます。映画はこうしたことまでくまなく詳細に表現しようとはしませんし、売りものの技術を正確に表現するものでもありません。現実のデモンストレーションでは、しばしば同じ問題に挑むと同時に、苛まれます。このインタフェースのユーザビリティやジェスチャー言語の例では、ある解決策を売り込むためにとても効果的とはいえ、誤解を招くことになりかねません。なぜならすべての使い方をくまなくデモンストレーションすることはないからです。

---

[1] 科学的とはいえない調査ですが、私たちは「SF映画のタイトル」と"interface"というキーワードをグーグルで検索し、各映画についてその検索結果の数を比べてみました。「Minority Report interface」は459,000件で、次点だった「Star Trek interface」の68,800件より6倍も多くヒットしました。

図 5.7a–d 『マイノリティ・リポート』（2002 年）。

> **レッスン** ジェスチャーインタフェースはその意図を理解すべき

次の教訓は、エージェントのダニー・ウィットワーが検索室に入ってくる場面から得られます。アンダートンが作業していましたが、ウィットワーは自己紹介をして手を差し出します。アンダートンも礼儀正しくウィットワーの手を握るために手を伸ばします。コンピュータはアンダートンの手の位置が変わったことを入力操作と判断し、アンダートンが見ていた作業中のスライドは画面から消えます。そして、再びインタフェースを操作するために握手から元に戻り、作業を続けます（図 5.7）。

ジェスチャーインタフェースの主な問題のひとつは、ユーザーの身体の動きが操作を担っているにも関わらず、ユーザーはインタフェースを操作したいときにしか、ジェスチャーを感知してもらいたくないと思っていることです。それ以外のときは、ユーザーは誰かと握手しよう、電話に出よう、あるいはかゆいところを引っ掻こうと手を伸ばしているかもしれません。システムはユーザーのジェスチャーが意味をもつときと、そうでないときに対応しなければなりません。切り替えは単純にどこかにあるオン／オフのトグルスイッチで可能かもしれません。しかし、それでもユーザーはスイッチをいじるために手を伸ばさねばなりません。一時停止の入力は音声かもしれません。あるいは特別なジェスチャーがその入力として用意されるかもしれません。システムはユーザーの視線を監視し、画面を見ているときにだけジェスチャーが意味をなすようにするかもしれません。いずれの解決方法にしても、切り替えの合図は他の「チャネル」で伝えることが

望ましく、そうすることで、モードの切り替えは不用意な入力操作が行われることなくスムーズかつ迅速に行われます。

ジェスチャーはまだ成熟していない概念

その他のジェスチャーインタフェースはどうでしょう？ ジェスチャーに目を向けたときにわかることはなんでしょう？ 1951年までさかのぼって調べてみても、ジェスチャーインタフェースのサンプルはあまり多くはありません。ほとんどは1998年以降に現れています（図5.8）。

ジェスチャーインタフェースでは、SFにおける役割がいまだ成熟中の入力技術を見出すことができます。そして、根本的には類似しているものの、さまざまなバリエーションがあります。もちろん、ジェスチャーによるシステムは、セキュリティ、遠隔手術、遠隔戦闘、ハードウェア設計、軍事諜報作戦、さらには沖合の訓練作業など、さまざまな目的で使われます。

ほとんどのジェスチャーインタフェースでは、その操作においてユーザーに付

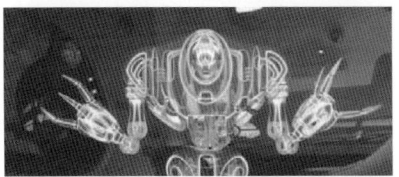

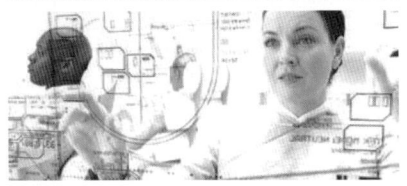

図5.8a–e 『インストーラー』（2007年）、『ファイヤーフライ 宇宙大戦争』「アリエル」（第9話 2002年）、『ロスト・イン・スペース』（1998年）、『マトリックス リローデッド』（2003年）、『マインド・シューター』（2008年）。

加的なハードウェアを求めません。しかし、『マイノリティ・リポート』のインタフェースでは、『インストーラー』(「Chrysalis」2007年)での遠隔手術インタフェースと同じように、ユーザーは指先にライトが付いたグローブを着用する必要がありました(図5.8a)。しかし、これは映像上の表現効果を狙ったのではないかと考えられます。たしかに、それでコンピュータが指先の正確な位置を簡単に追跡できるようにはなるでしょう。

ハリウッド映画の業績

調査したいずれの作品も、複雑に込み入ったジェスチャーがそれぞれ何を意味するのか正確に説明できますが、ここでは映像のなかに示されたものの原因と結果に目を向けて、基本的なジェスチャーの動作を紹介します。今回の調査で、どの作品にも共通に見られたのは、たった7つの動作でした。

1. 操作するための身振り手振り

1つめのジェスチャーは、ある技術を起動するために手を振る動作です。あたかも目を覚まさせるとか、注意を引くような動作です。宇宙船のインタフェースを起動するために、『地球の静止する日』でクラーツは透けたコントロールパネルの上に水平に手を滑らせました。『JM』では、ジョニー・ニーモニックはバスルームの蛇口から水を出すために手を振りました。これは、数年ほど前にすでに現実の世界においても一般的になっています(図5.9)。

図5.9a–c 『JM』(1995年)。

2. つかんで動かす

　現実世界とほとんど同じ方法の動作で、オブジェクトを動かします。指で操作し、手のひらや腕で押すのです。現実世界で物体を動かすのには反力があるように、仮想オブジェクトもそれ相応の剛性や抵抗を示す傾向があります。仮想オブジェクトが現実世界に存在していないにもかかわらず、ジェスチャーの間は仮想的な重力や慣性力が「作用」しているかもしれません。先に示したように『マイノリティ・リポート』においてアンダートンはこの動作を行っています。また『アイアンマン2』でも、父親のテーマパーク設計の投影像をトニーが動かす場面で、この動作を再び目にします（図5.10）。

図5.10a,b　『アイアンマン2』（2010年）。

3. つかんで回す

　ユーザーはまた、仮想物体に対して現実世界と同じような動作で、オブジェクトを回転させます。両手をオブジェクトの両側にかかげ、軸を中心に反対の方向へ押し広げると、オブジェクトは回転します。『ファイヤーフライ 宇宙大戦争』のエピソードでは、サイモン・タム医師がこのジェスチャーを使って妹の脳をスキャンした立体像を検査します（図5.11）。

図5.11a,b　『ファイヤーフライ 宇宙大戦争』「アリエル」（第9話、2002年）。

図 5.12a–c 『JM』(1995 年)。

4. つかんで押し下げる

　力強く、または押し去る方向を見もしないで、体から遠ざけるように手を振る動作によってオブジェクトを消し去ります。『JM』では、タカハシは机上のビデオフォンを消すのに怒って逆手で強く手を振っています (図 5.12)。また、『アイアンマン 2』でトニー・スタークは、つまらない設計をワークスペースから順手で手を振り消し去ります。

5. 選択はポイントをタッチ

　ユーザーは指先で示すか触れることによって、働きかけたいオブジェクトや選択肢を指し示します。『第 9 地区』(「District 9」、2009 年) には、エイリアンのクリストファー・ジョンソンがアイテムを選ぶために立体表示されたアイテムに触れるシーンがあります。『インストーラー』における遠隔手術のインタフェースでは、ブリューゲン教授は器官を触って選択しなければなりません (図 5.13)。

6. 狙うために指を差し出す

　子どものころ、西部劇ごっこで遊んだ人には、この動作はわかりやすいでしょう。このジェスチャーインタフェースで撃つとき、目標に向けて腕や手、指を伸ばします (バーンという音があればなおよろしい)。このジェスチャーの例としては、『ロスト・イン・スペース』(「Lost in Space」1998 年、図 5.8c) での

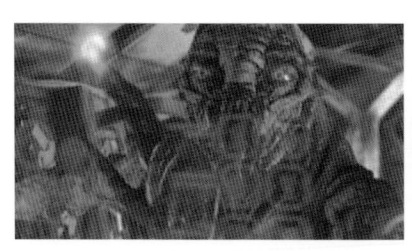

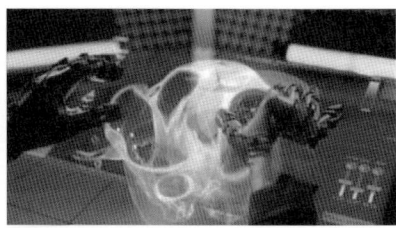

図 5.13a,b　『第 9 地区』（2009 年）、『インストーラー』（2007 年）。

図 5.14a,b　『Mr. インクレディブル』（2010 年）、『アイアンマン』（2008 年）。

ウィルの遠隔戦闘インタフェース、『Mr. インクレディブル』（図 5.14a）でのシンドロームのゼロ・ポイント・エナジービームや、『アイアンマン』（図 5.14b）でのトニー・スタークのリパルサー・ビームなどがあります。

7. ピンチとスケールで拡大縮小

　この動作に対する物理的に同一の動作がないとしても、物理的な意味論によって映画における一貫性は保たれるでしょう。仮想オブジェクトの両端を指し示し、両手を引っ張り広げることで、そのオブジェクトを拡大させます。同じように、指で挟み込んでから手を引き戻すと、仮想オブジェクトを縮めることができます。『アイアンマン 2』において分子模型の検討をしている際に、トニー・スタークは、この 2 つのジェスチャーを使いました（図 5.15）。

　他にもジェスチャーはありますが、今回の調査では全作品にわたって同じよう

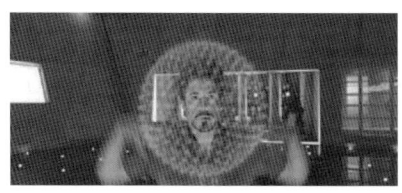

図 5.15a,b　『アイアンマン 2』（2010 年）。

な強い意味付けを見出すことはできませんでした。現実世界で、そしてSFにおいて、技術が進化し続ければ、この状況は変わるかもしれません。例がより多くなればSFにおいてより確固たる言葉を形成するようになるでしょうし、現実世界で生じるルールを反映するようになるかもしれません。

チャンス 必要とするジェスチャーの組合せをそろえよう

ユーザーは、現実の世界で映画では見られないジェスチャーで基本的なインタフェースの操作をします。しかも、それらはごく自然なジェスチャーです。たとえば、音量の調整です。耳を覆う、もしくは耳を手で塞ぐ動作は、音量を下げるための自然なジェスチャーです。しかし、音量の調整はSFではめったに見られません。そのため、音量操作のためのジェスチャーは、きちんと定義されたりモデル化されたりすることはありませんでした。これらの制御を行う世界初のジェスチャーインタフェースが登場すれば、現実世界の表現力は完璧になるでしょう。

レッスン ジェスチャーの範疇から外れるときは注意する

このような7つのジェスチャーがすでに確立したとするなら、それは、さまざまなSF作家にとって直感的な意味のあるものだったから、もしくは繰返しいろいろな性質のものをこのようなジェスチャーで制御しはじめているからでしょう。いずれにしても、これらのジェスチャーは確固たるものになりはじめており、そこから外れたものをつくろうというデザイナーは、より説得力のある理由がある場合だけにしましょう。さもないとユーザーを混乱させるリスクを負うことになります。

直接操作

以上の7つのジェスチャーに関して注目すべき重要な点は、その多くが物理的な動作の翻訳であるということです。この観点から、直接操作がインタフェースの説明として用いられる場合、ユーザーは操作する対象に直接働きかけることを意味するということです。すなわち、中間的な入力機器や画面による操作は存在しないのです。

たとえば、Mac OSのような間接的インタフェースで、長大なドキュメントをスクロールするために、ユーザーはマウスをつかんで画面上のカーソルをスク

CHAPTER 5

ロールボタンまで動かすでしょう。そして、カーソルを適切な場所に置いてクリックし、ページをスクロールするためにマウスボタンを押し続けます。これは一瞬に起こることで、コンピュータのユーザーが長いあいだ慣れ親しんできたことを説明しているだけなので、こんな長い説明はくだらないように見えます。また、それぞれの手続きを順番に学ばねばならなかったことを忘れています。しかし、慣例であるからそう感じるのです。実際は、この複雑な手続きにおける各手順はいささか余計な作業です。

一方、たとえばiPadのように直接的なインタフェースでは、長大なドキュメントをスクロールするには、ユーザーは指を「ページ」に置いて、上か下に押すだけです。そこにはマウスもカーソルもスクロールボタンもありません。総じて、ジェスチャーでスクロールするのは物理的操作ではないためジェスチャーを認識する技術が必要となります。こういったインタフェースのもっともよい点は、簡単に学んで使えることです。ただし、精巧で高度な技術を必要とするので、ここ数年まで、広く普及するには至りませんでした。

SFでは、直接操作ではないジェスチャーインタフェースはめったにありません。『アイアンマン2』ではトニー・スタークは、立体表示された公園の像を動かしたいと思い、手をその下に差し込みます。そしてそれをもち上げて、研究室の新たな位置へ運びます。『ファイアーフライ 宇宙大戦争』では、タム博士は妹の脳に関する投影像を回転させたいと考え、脳が載っている「面」を掴み、一方の角を押して反対の角を引きます。あたかも、そこに本物があるかのようにです。『マイノリティ・リポート』は、めったにないものの、わかりやすい例外です。なぜなら、アンダートンが操作しているオブジェクトはビデオクリップで、ビデオはより抽象的なメディアだからです。

ジェスチャーインタフェースと直接操作の結びつきは当然の事実というわけではありません。マイクロソフト社のWindows 7をジェスチャーだけですべて操作することは、概念上は可能です。ただし、それらは直接操作ではありません。しかし、ジェスチャーインタフェースが物理面での中間的な機器を不要にするという事実は、仮想面での中間的な機器も不要になるということとよく合致します。多くの場合、ジェスチャーは直接的なのです。ただし、この結びつきがユーザーのすべての要求に対してうまくいくというわけではありません。

ここまで見てきたように、直接操作は現実世界において関連が深い物理的な動作を伴うジェスチャーで有効です。しかし、移動や拡大、回転などは、仮想オブジェクトに対して行おうとするときには、それだけではないかもしれません。より抽象的な操作は何でしょうか？

ジェスチャー

　私たちが今後のジェスチャーインタフェースに期待するのは、この抽象的な操作です。抽象的な操作こそジェスチャーインタフェースに追加の補助が必要なのです。抽象的な定義には、単純な物理的に同一の動作がありません。それゆえ、他の解決策を必要とするのです。調査で見られた1つの解は、グラフィカルユーザインタフェース（GUI）のレイヤーを追加するというものです。これまでにも見たように、アンダートンは、何が映っているかを理解するためにビデオの特定の部分を前後に巻き戻したり早送りしたりする必要がありました。また、トニー・スタークはアイアンマンのエグゾスーツのデザインを立体表示されたゴミ箱に捨てました（図5.16）。これらの要素はジェスチャーで操作されていますが、直接操作ではありません。

　これらの数多くあるGUIツールから選択してそれらを起動させるということは、DOSのようにメモリに負荷をかけることでしょう。こういった要求の連鎖を外挿することで、完全な機能をもつジェスチャーインタフェースで操作するための完全なGUIを導くことができるかもしれません。それは、SFに描かれがちな巧みかつ軽薄なジェスチャーインタフェースとは違います。

　調査で見られた、抽象的な概念を扱うためのもう1つの解決策は、別のチャネルとして音声を一緒に使うことです。『アイアンマン2』のある場面で、トニーはコンピュータに「ジャーヴィス、デジタルワイヤフレームを真空パックしてくれないか？」と告げます。「操作できる立体表示が必要です。」と、ジャーヴィスはスキャンを開始します。そういったコマンドはジェスチャーで示すには複雑すぎるでしょう。言葉は抽象的な概念をとてもうまく扱うことができます。そして人間は言葉を使うのがとても得意で、それゆえに言葉を選ぶということは

図5.16a–c 『マイノリティ・リポート』（2002年）、『アイアンマン』（2008年）。

確固たる選択でしょう（さらなる議論は 6 章を参照）。

　他のチャネルも採用されるかもしれません。GUI、指先の位置とその組合せ、表情、息づかい、視線、瞬き、そして脳波のパターンと意図を認識する脳インタフェースなど、概念的にはうまく動作するでしょう。しかし、いずれも抽象的な概念（言葉）を扱うためにとくに発展したヒューマンメディアをうまく活用できないかもしれません。

> **レッスン　物理的な操作はジェスチャーで、抽象的な操作は言葉で**
>
> 　ジェスチャーインタフェースは、「物理的」な操作の手段としては魅力的であり手っ取り早いものですが、操作の中心的なところから外れると、ジェスチャーは複雑で、非効率的で、覚えづらいものとなってしまいます。あまり具体的ではなく抽象的なものについては、デザイナーはその他の手段、理想的には言葉での表現を用いるべきでしょう。

ジェスチャーインタフェースは物語の視点から描かれる

　ジェスチャーインタフェースは、物語の視点で区別することができます。『アイアンマン』でトニー・スタークがアイアンマンのエグゾスーツをデザインしたときに使ったようなインタフェースや、『インストーラー』の遠隔手術インタフェースは、2 人称のインタフェースです。それらのインタフェースでは、ユーザーはオブジェクトの状態やデータを操作します。

　調査では、1 人称のジェスチャーインタフェースの例もいくつか明らかになりました。それらは、ユーザーはあたかも自分の化身を操っているように、ロボットのような装置を制御します。『ロスト・イン・スペース』において、ウィルは、ファミリー・ロボットを操作する携帯型の装置を使って、ほとんど死にかけている宇宙船を調べている大人たちに、離れたところから「加わり」ました。金属の蜘蛛型エイリアンがグループを攻撃してきたとき、ウィルは携帯型装置で行うよりも速く操作する必要があることに気付きました。そこで彼は装置を捨て、ジェスチャーコントロールに切り替えました。これが、1 人称のインタフェースです。そのインタフェースでは、半透明の色分けされた立体表示のロボットのなかに立つことができ、方向やスピード、視線、腕、武器のシステムを制御することができます（図 5.8c）。

　映画『マインド・シューター』（「Sleep Dealer」2008 年）では、ミーモはメ

図 5.17a,b　『マインド・シューター』（2008 年）。

図 5.18a,b　『マインド・シューター』（2008 年）。

キシコのティファナに住んでいながらにして、小さなロボットを操作する「脳波」インタフェースを使って遠隔からサンディエゴの建設工事に従事します（図 5.17a,b）。ジェスチャーで、ロボットの動きと、視線、腕、溶接アークを操作します。

　同じ映画で、米国空軍で働いているルディは、似たような脳波インタフェース（図 5.18a）を使って、メキシコの領域で反逆者を探すパトロールを行っている無人攻撃機をジェスチャーで操作します（図 5.18b）。

　興味深く、またちょっと変わった例が、『JM』で描かれています。偽のビジネスマンであるタカハシは、テレビ通話で、彼がかつて殺した人間の CG による分身をジェスチャーで操作します。たとえば、手をスキャナーの上にかざし、あたかも操り人形の口かのように手を動かします。コンピュータはそのジェスチャーを解釈し、それを受けて分身の唇を動かします。さらに、まるで彼そのものがその死んだ人間になりすますかのように、音声も変えます。これは、タカハシの身体全体ではなく、体の一部に分身が対応づけられたという点で、1 つのユニークな例といえるでしょう（図 5.19）。

　ほとんどの場合、2 人称よりも 1 人称のジェスチャーインタフェースの方がより自然だと考えられるでしょう。遠隔操作のロボットは、ユーザーと分身を明確に対応づけることで、ユーザーの体を拡張したものになります。

CHAPTER 5

図 5.19a–c 『JM』(1995 年)。

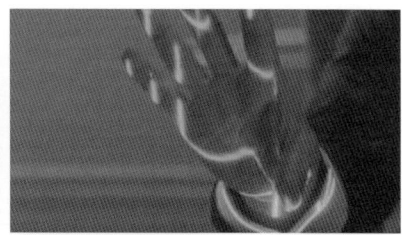

　操作される対象と操作している身体のずれがあると、厄介な問題が発生します。ある例では、機械ではできないことを人間ができてしまいます。たとえば、先に述べたロボットたちはいずれも、ユーザー側の操作で自由にジャンプできたとしても実際にはロボットたちがジャンプすることはできませんでした。ただしこれは、システムが入力を無視できればよいだけなので、比較的単純な問題です。

　さらに面倒なことは、人間にはできないけれどもロボットにはできる何かについて簡単に類推できないことです。『ロスト・イン・スペース』に、ロボットがクモ型エイリアンから退却する場面があります。ウィルはクモたちの方向に手を伸ばし、ロボットの武器を発砲します。一方、ロボットの視点に戻ると、ロボットの頭からレーザーが発火する場面もあります。それに対して、ウィルはどんな入力操作ができるといえるでしょうか？

　弁証学的な説明を思い浮かべるのは簡単です。レーザーは、単純に視線を追いかける、もしくは通常はロボット全体を操作しているシステムによって制御されるというものです。しかし、もしウィルが3つめのレーザーを照射させたかったとしたら、彼はどうすればよいでしょう？ 手足はすでに使用済みです。さらなる操作を処理するには、他の入力チャネルが必要になるでしょう。

　ロボットがそれほど擬人化されていなかった場合は、問題はさらに複雑になります。『マインド・シューター』では、ルディはジェスチャーインタフェースで無人偵察機を操作します。そのとき爆弾を投下するために必要なジェスチャーは、何になるでしょう？ イメルマン・ターンを決めるときは？（図 5.20）。こ

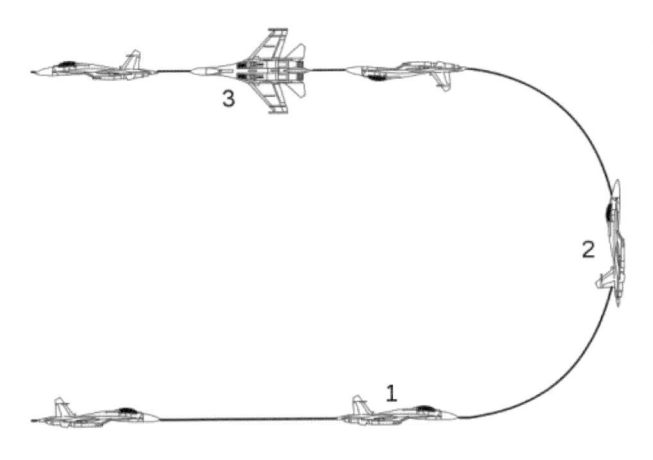

図5.20　イメルマン・ターン

れらには、直感的には同一動作はありません。

ルディはジェスチャーでスロットルレバーを使うことができました。ジェスチャーインタフェースだけではロボットができることのすべてを行うことはできないので、付加的なインタフェースのレイヤーを必要とするのです。これが1人称ジェスチャーインタフェースのチャレンジと限界です。

チャンス　3人称のジェスチャーインタフェースを設計しよう

3人称のジェスチャー操作によって、外部からのもののふるまいを制御できるようになります。これは、上もしくはちょうどアバターの後ろに設置されたカメラのように単純になるでしょう。多くのビデオゲームやバーチャルな仮想世界では、この規則を採用しており、アバターの環境をよりわかりやすく描画しています。3人称の視野は、鳥瞰図で表現することもできます。それにより、たとえば、将軍が戦場のライブ映像をサンドテーブルで見ることができ、ジェスチャーとコマンドでロボット軍を統制できるようになるでしょう。

『マイノリティ・リポート』の犯罪予防検知器に関して記述された文書には、カメラのアングルを選択する際ユーザーは左手を見えるように明示して右手でカメラの視野と位置を表現せよという説明があります。これは3人称のジェスチャーですが、映画では明らかにされていません。調査ではこれ以外の3人称ジェスチャーインタフェースを見つけることはできませんでした。

CHAPTER 5

レッスン 意味のある物語としての視点を選ぼう

　１人称的なジェスチャーインタフェースは、操作端末が擬人的であり、ユーザーの身体を延長するようなときにもっとも効果的に作用します。そうでないときは、別のインタフェースレイヤーを追加する必要があり、他の視点を併せてもつ必要があるかもしれません。ときには、これらの視点を交換できる機能をユーザーにもたせることにより、さまざまなタスクに対応できるようになるでしょう。

ジェスチャーインタフェース：新種の言語

　ジェスチャーインタフェースはここ数年、大きな商業的成功を収めてきました。それはたとえば、任天堂の Wii やマイクロソフト社の Kinect といったゲーム機や、アップル社の iPhone や iPad のようなタッチジェスチャー端末です。これらを記述するために、ナチュラルユーザインタフェースといった言葉も用いられるようになりました。しかし、SF に見られる例によれば、それはコンピュータに対して取り得る操作のうち、一部分にだけ使う「自然な」ジェスチャーであるべきということがわかります。より複雑な操作には、異なる種類のインタフェースといった付加的なレイヤーが必要です。

　ジェスチャーインタフェースは極めて映画向きで、アクションやグラフィックの可能性は実に豊かです。さらに、遠隔技術が急増するとともに現実世界でもますます意味をもつようになった遠隔操作の物語にも適しています。したがって、いくらかの制限があるでしょうが、しばらくの間は SF 作家が物語にジェスチャーインタフェースを登場させ続けていくと予想できます。それにより現実世界において、この種のシステムの採用や発展が進んでいくでしょう。

CHAPTER 6

音のインタフェース

本章の論点	124
音響効果	125
周囲の音	126
指向性の音	127
音楽インタフェース	129
音声インタフェース	131
音のインタフェース：聞こえることは信じること	141

図 6.1 『地球の静止する日』（1951 年）。

緊張のあまり神経質になった兵士に異星人クラトゥが撃たれた直後、クラトゥの仲間のロボット・ゴートは、着陸した宇宙船から威嚇するかのごとく現れました。ゴートは目の前のミサイル発射機や戦車、すべての武器を無力化するために、破壊ビームの照射のために頭部のバイザーをゆっくり上昇させます。クラトゥは状況を沈静化させるため、「ゴート、Declet ovrosco!」と叫び命令します。それを聞いたゴートは攻撃を停止しました（図 6.1）。

SF 映画で会話のインタフェースを取り入れたのはゴートが初めてではありません。その栄誉は『メトロポリス』の邪悪なロボット、マリアの頭上に輝いています。しかし残念ながら『メトロポリス』は無声映画のため、彼女の命令を聞くことはかないません。『地球の静止する日』の例では、無声映画のように登場人物の唇の動きとインタータイトル画面[1]から解釈しなくても、調子、テンポ、応答といった反応を探ることができます。そのため、音のインタフェースについて議論する場合、この映画を最初に挙げるとわかりやすくなります。

本章の論点

音はそれ自体が、システムの状態や関数の入力または出力のインタフェースの一部となります。ただし、これらはラジオから流れる音楽のような単純なオーディオコンテンツとは区別されることに注意しましょう。私たちは音のインタ

---

[1] 無声映画で台詞や説明文などを記した文字だけの場面。

フェースを2つの大きなカテゴリーに分けました。その2つとは「音の出力」と「音声インタフェース」です。

音響効果

私たちは、出力に音を利用しているシステムによく出くわします。ステータス、警戒、応答のような例です。私たちが使っている電話機は数字のボタンごとに異なる音色を鳴らします。目覚まし時計のブザーもそうですし、自動車のチャイムはシートベルトを締めることを思い出させてくれます。同様のシステム音はSF映画でも使われています。視聴者も音のインタフェースがあることを期待するようになってきています。視聴者にとっても、音があるおかげで映画の展開を理解しやすくなるのです。

音の変遷

電話のよび出しベルは、人々の生活のなかに現れた最初の音のインタフェースの1つでした。電話本体は1800年代後半に登場したにもかかわらず、1950年代になるまで数少ない音のインタフェースの1つでした。それらのインタフェースはコンテンツを届けるために音を使っていましたが、近年になるまではテレビやラジオですら積極的に音をインタフェースとして使ってきませんでした。当時の効果音はアナログであり、目覚まし時計やオーブンのブザー、またタイマーのベルのように家電製品に使われるものに限られていました。

テレビドラマや映画の製作現場ではビープ音やブザー音、チャイム、発信音などは、カチッというボタンの音やドアのきしみと一緒に、必要に応じて効果音として収録されています。このような音響編集の技術は今も「フォーリー」とよばれています。これはこの分野を1927年に立ち上げた音響技術者ジャック・フォーリーにちなんでいます。この領域は想像よりはるかに複雑です。たとえば、俳優の声以外のほとんどすべての音は、撮影が完了した後に追加されます[*]。そして、たいていの音は撮影されたものとは別の道具や素材を使ってつくり出されています。このような複雑な作業にもかかわらずスタジオからトーキー映画が生まれて以降、音はSF映画におけるシンプルな効果として、またインタフェースの一部として臨場感を与え、また未来の技術を伝えるために重要な役割を果たしています。

[*] 場合によってスタジオで俳優によるアフレコが行われ、音声記録部分に収録されます。これは正確に俳優の唇の動きと音声を同期させています。

たとえば、私たちは『スター・トレック』シリーズで、特定の上昇調のダブルビープ音を聞くと、システムが誰かによびかけているとわかります。同様にそれとは逆の下降調のビープ音を聞くと、通信が終了しチャネルが閉じたことを知ります。もし同じビープ音をそれぞれの状態に適用した場合、チャネルがまだ開いているのか閉じているのかについて、私たちと登場人物の両方を混乱させることになってしまいます。

レッスン 1つのイベントごとに1つのシステム音を割り当てる

ユーザーがシステム音の意味を理解できるように、音を聞き分け可能な差別化をする必要があります。システム・メッセージを通信するために多くの音と連続音を使用するシステムは、ある程度の学習を必要とするでしょう。しかし、結局そのシステムはそれよりも多くの情報を通信することになります。さらに音はふるまいに関連づけられ、特定の動作とともに一貫して使用されることがふさわしいあり方なのです。

『スター・トレック』の最初のシリーズに比べ、それ以降のシリーズのエピソードはおよそ倍近くにおよぶさまざまなシステム音、連続音、および音声の応答を割り当てています。この違いは、宇宙船のシステムが洗練され、より精度の高い音声出力ができるようになったおかげです。プロダクションデザイナーの努力と、より洗練されたデザイナーのためのツールが増えたためでもあります。また、視聴者がより洗練されたものを期待するようになってきたことや、視聴者側にも音声インタフェースについての理解が広まってきた結果だといえます。しかし、それにもかかわらず私たちの想像の範疇は往々にしてメディア的視点で型にはめられ、また無意識のうちに感化されてしまっているので、開発者はインタフェースを設計する際、一層洗練された解決策を考える必要があるのです。

周囲の音

コンピュータの可動部周辺から聞こえるカタカタ音は、ハードディスクデバイスへの書き込み中の回転音のように聞こえるため、インタフェースの一部であると考えることができます。もちろんこの音は設計されたものではなく、ほとんどおまけみたいなものですが。

私たちはSF映画で、そのような音を出すコンピュータシステムの例をよく見かけます。膨大なデータセットを処理するために稼働していることを視聴者に知

らせるため、それらが存在しているのです。スコッティ(『宇宙大作戦』のエンタープライズ号主任機関士)は、機械から発せられるブーンという音に耳を傾けます。その音が通常よりもやや弱いことから、彼は船のエンジンが正しく調整されていないことに感づき、そして伝えます。しかし、この音は偶然の副産物である必要はありません。今では私たちは、デジタル技術の恩恵を受けて、計画的にこれらの音の情報を組み込むことができるのです。

レッスン 環境音を使ってシステム環境の状態を伝える

さまざまな環境の音はシステムが動作していることをユーザーにさりげなく知らせ、おおよその現在の状態を教えてくれます。周囲の音は、目立ち過ぎたり、背景として埋没したりしないようにバランスを調整することが重要です。音が抑えられ過ぎていては役に立ちません。その音はシステムで問題が発生したとき初めて効果を表すように、場面の開始時には目立たないようにしましょう。このことはお忘れなく。これは環境音が視聴者の注意を引くことができるように、あらかじめ音量を調節できる必要があることを示しています。

指向性の音

人間は生まれつき3次元空間で音を感じ取っています。私たちの耳は非常に精密であり、左右の耳に到達する音波の1000万の1秒の微妙な差を感じ取る能力をもっています。システムが指向性をもった音を出すことで、宇宙空間での音源の位置や方向、およびその速さについて認識しやすくなります。

私たちの方向を感じ取る感覚は、潜在意識下で素早く働くため、ある技術を用いて再現するときには正しい精度が不可欠ですが、このような音響効果により

図6.2 『スター・ウォーズ エピソード4/新たなる希望』(1977年)。

ユーザーがすんなりと理解し、応じることができるような情報を提供できます。この認識能力について、次の例から考えてみましょう。

　ミレニアム・ファルコン号の砲手席に乗り込んだルークとハン・ソロはベルトで体を固定し、狙撃用コンピュータをオンにして、ヘッドフォンを装着します。タイ・ファイターが駆け抜けるときや急いで遠ざかるとき、うなるようなエンジンの接近、耳をつんざくようなレーザー砲の爆炎、速度を上げながら遠ざかるさま、そして運に見放されたストームトルーパーが戦闘機ごと轟音と爆炎に包まれる様子を私たちは目の当たりにすることになります（図6.2）。さて、一定数の人々はここでいったん物理学的にこの状況に立ちどまり疑問をもつことでしょう。こうした音はどこから聞こえるでしょうか？ 実際のところ、爆発したタイ・ファイターからミレニアム・ファルコン号に音波を伝えるはずの空間は真空です。もちろん、私たちはこれを映画の慣例として目をつぶることもできます。映画製作者たちは視聴者を銃撃戦の場面に引き込む手段として音を使ってきました。しかし、これが視聴者への演出を補助しているのなら、こうした音は砲手への補助にもなっていると仮定できませんか？ この事象が映画製作者の工夫ではなく、兵器システム自体の強力な特徴であったならいかがでしょう？

　ミレニアム・ファルコン号のセンサーが宇宙空間のタイ・ファイターを追跡し轟音を響かせていると仮定してみましょう。その音が距離と方向性をもつならば、砲撃主に環境情報として敵の位置を伝えることができます。たとえ、何体もの敵がいる場合や見えない角度に敵がいる場合でも音であれば伝えることができます。そうすると効果音は極めて重要であり、システムにとっても強力な手だてになり得ます。

> **チャンス** 空間的でない情報でも空間的な効果音の利用を考える
>
> 　健聴者は空間で音を見つける術をわざわざ習得する必要はありません。その能力は生まれつき備わっているからです。設計者は、それがユーザーの周囲に自然に空間として存在しないときでも、情報を割り振るためにこれを採り入れることができます。たとえば、株式市場のポートフォリオを監視するためのインタフェースは、所有する株式にとくに影響を与える取引活動の告知に音を使用する場合、その告知音は近辺の他の動きを示すために使用される音よりもさらに明瞭に適用してみましょう。ユーザーは無作為に割り当てられた方向性の背後に潜む意味のために訓練をする必要があるかもしれませんが、一度学習してしまえばそれはより具体的な対処すべきタイミングを知らせるた

め、コンテクストの理解の一翼を担うことでしょう。

　複数のユーザーに指向性のある音を伝えるのは少しトリッキーです。ヘッドフォンの使用や独り占めが可能な制限された空間であれば、こうした方法は威力を発揮することでしょう。2人以上が同じ空間を共有するときは、それぞれの機能にあわせて、方向および位置が正確に処理されるようにし（極端に込み入ったことになるかもしれませんが）、音を各々に適切に伝達できるように構築してください。

音楽インタフェース

　この調査のなかで、音楽をコンテンツと同時にインタフェースとして使っている例を2つだけ見つけました。1つ目は、『未知との遭遇』（「Close Encounters of the Third Kind」）です。劇中で奏でられる特徴的な旋律は歓迎のメッセージであり、受け入れと理解を表現しています。G、A、F、F（1オクターブ下）、そしてCの5音で音階は構成されています。このフレーズは、映画のクライマックスで到着する巨大な母船を訪問するための招待状として、それよりも小型の宇宙船に遭遇するわずかな人々にテレパシーで刻み込まれました。母船がデビルスタワーに現れたとき、米国陸軍は、特殊な電子オルガンで同じ音色を奏でて出迎えました（図6.3）。

　これは一般的なシンセサイザーのキーボードで演奏するタイプのシンプルな音楽インタフェースです。入力された各音符は音として処理され、巨大な発光装置上で点灯します。この例は地球外生命体の言語における視覚部分として機能し、完全なコミュニケーションのために極めて重要な意味をもっています。

図 6.3a–c 『未知との遭遇』（1977年）。

CHAPTER 6

図6.4 『バーバレラ』（1968年）。

　もう1つの例として、『バーバレラ』（「Barbarella」）から、音楽を武器として使用したインタフェースを紹介します。『未知との遭遇』と同様に、音楽はコンテンツであり、またインタフェースでもあります。ここでは、悪意ある科学者デュラン・デュラン博士が「度が過ぎた機械」とよばれる楽器型の拷問装置にバーバレラを縛り付けます。博士がかき鳴らす旋律は邪悪でエロティックな行為となり、快楽をもって標的を死に至らしめるものでした。正確な原因とその効果は遠慮がちに視界から隠されていますが、これは行為と音楽、そして意図の相乗効果として注目に値するものです。（図6.4）。

チャンス　音楽を奏でるインタフェース

　インタフェースがシステムの状態を示すのに音楽を使用できるとしたら、どうでしょう？

　これには課題がないわけではありません。旋律に意味を与え、幅広いジャンルの音楽をユーザーの好みに適応させ、処理されたデータが洗練された美しさを備え、知的で耳触りのよいパターンを選ぶことが不可欠です。

　もし達成できれば、システムの状態を把握する手段の1つとなる

でしょう。とくに環境情報について有効です。このチャレンジはおもしろいものであり、今までに十分に探求されてない領域なのです。

音声インタフェース

　音を使ったインタフェースで、実際のところ共感をよんでいるのは声を使ったインタフェースです。時代とともにその使用頻度は増加していますが、それにはいくつかの理由があげられます。
- 音声を使ったインタフェースは私たちが生まれつき備わっている言語能力に依存できるために脚本家の創作を視聴者が容易に理解できます。
- 音声インタフェースは、着想から表現に至るまでのプロセスが単純です。入力の場合、俳優はシステムに向けて話しかけ、システムはそれに応答します。出力の場合、声優の声や「フォーリー」で組み込んだ素材の音声トラック部分を再生します。
- 音声インタフェースはいまだに科学的に高度な印象を与えます。とくに完璧な会話能力を備えている場合はそれが顕著です。

音声インタフェースの洗練度にはいくつかの段階があります。
- シンプルな音声の出力は、聞き手の会話のための学習を支援します。
- 音声識別システムは、とくに頻繁に安全なアクセスのために使用されます。このシステムは、セキュリティのために特定の単語や数字に反応し、ときには声紋分析を含んでいます。
- 限定された音声操作型のインタフェースは、単語やフレーズと指示とを小さなセットとして組み合わせると、システムが分離の判断を行い、正しい意味を認識し実行しやすくなるでしょう。これは場合によっては音声識別システムと組み合わせることができます。
- 会話型インタフェースでは、話されたすべての内容を解析することができます。これは、人間並みの感覚を備えた言語理解のレベルです。会話型の音声インタフェースは、言語認識と音声合成の両方が盛り込まれています。

　今のところ現実世界のインタフェースでは、これら4つのカテゴリーとはかなり異なってはいますが、それでも私たちはSF映画でこれらのシステムの組合せ例を見つけることができました。これらの技術の発展は、現実世界のインタフェースをより大きな融合へ導くこともありえるでしょう。

シンプルな音声出力

　もっとも基本的な音声インタフェースは、事前に録音されたか、もしくは合成された音声として発せられ情報を提供するものです。

　SF映画のなかで単純な音声出力でよく知られたものの1つは、警告カウントダウンでしょう。『エイリアン』『スター・トレック』、『ギャラクシー・クエスト』（「Galaxy Quest」）といった映画のなかで宇宙船の自爆処理が開始されたとき、クラクション音や赤色灯により警告を発します。注意は引くもののメカニズムは重大な問題があることを伝えているだけで、どんな問題があるのか、何をやるべきかを指示するわけではありません。警告を知らせるために女性の声は自爆カウントダウンが進行中であることを繰り返し、人々を安全な場所に避難させる時間を確保しています。

レッスン **もっとも適合するチャネルに情報を収める**

　システム情報は音声か話し言葉を通して伝えられるべきでしょうか？ いかなる内容も、使用する特定のコンテクストで検討される必要がありますが、良い経験則は周辺のチャネルに周囲の情報を入れることです。カーク船長は、通信機から声が聞こえればそれがオンであるとわかり、聞こえなければオフであると知ることができます。よって、通信の開始時と終了時のダブルビープ音は周辺的な情報といえます。音声で伝える代わりにシステム音として情報を伝えているのです。これとは逆に、「艦全体が爆発するまでに10秒しかない」と伝えるときには、上昇トーンを使って音で伝えることもできますが、その情報は非常に重要なので明確に言葉として伝える必要があるでしょう。

音声識別インタフェース

　限定されたデータにアクセスするときや危険な機能を使うとき、また重要な情報を扱うような場合に、登場人物がコンピュータに向かって話す例がたくさん見受けられます。声による認証は現実世界でも利用可能な技術ですが、それは数十年にわたってSF映画の主軸となっている表現でもあります。カーク船長が自爆シーケンスの設定をエンタープライズ号にセットするとき[2]が調査で見つけたもっとも古い例です。システムがパスワードやコードなど、特定の音声データを

---

[2]『宇宙大作戦』「惑星セロンの対立」（第3シーズン 第13話）

音のインタフェース

図 6.5 『ロスト・イン・スペース』(1998 年)。

チェックするものもあります。その他には音質や階調、波長といった声質のうちいくつかの要素を組み合わせ、声紋を確認するものもあります。SF 映画では、こうしたインタフェースは簡単で、シンプルな確認方法を実現しています。

ほかには、声で認証を行うユニークなセキュリティ・インタフェースの例がいくつかあります。『ロスト・イン・スペース』では、武器のロック解除が声によって行われています。ジョン・ロビンソンは銃を拾ったとき、「安全装置を解除！」と指示します。するとロックは解除されます。瞬間にジョンの声紋が確認され、発砲を始めることができます (図 6.5)。後に特定の人々、とりわけ油断のならないドクター・スミスのために銃を無効化できるようにしていることがわかります。もう 1 つの場面では、ドナルド・ウェスト少佐はドクター・スミスを閉じ込めるために「ロック！」と強く発するだけで部屋を封鎖することができます。この場面を見ると、この部屋はたとえドクター・スミスが声で開けようとしても反応しないものなのだとわかります。

SF 映画のなかでは、声紋のためのこのシステムのチェックは一般的で、往々にして制限区域へのアクセスを得るためにヒーローや悪役たちによって一様に阻害されます。ある者は承認済みの人々の録音した音声を利用します。また他の方法では承認された人々の録音した音声からパスフレーズを組み立てます。また別の方法としては SF 映画という特性を利用し、単に直接音声を模倣することもあります。たとえば、『X-メン』シリーズで、ミスティークは他の人物に姿を変えることのできる変身能力者です。『X-MEN2』において、政府機関のシステムへアクセスするために、ミスティークは上院議員の助手に変身し彼女の声を真似ています。『新スター・トレック』では、アンドロイドのデータ少佐も音声認識のセキュリティを回避することを目的として、他者の声を完璧に模倣することができます。

> **レッスン** 複数要素の認証を必須とする

認証済みの声を模倣、または複製する方法が想定されているときに、セキュリティに重点が置かれているのであれば、網膜スキャン、パスワード入力、もしくは顔認証システムといった他の手段を、せめて1つは追加してセキュリティを強化してください。

個人の認証入力時に強い東欧なまりゆえに音声識別システムに問題が起こったユーモラスな例を紹介します。『スター・トレック』(2009年) でのパヴェル・チェコフ少尉は「少尉認証コード、nine-five-wictor-wictor-two!」と発声しますが、英語の正しい発音は「nine-five-victor-victor-two」であるため何度も音声入力を失敗します。そして彼はしくじる度にますます苛立ちます。もしこのインタフェースが声紋認識だったなら、チェコフのアクセントが一致の要素となるでしょう。このシンプルなジョークは、話し言葉の解析の難しさを控えめにアピールし、それが遠く300年後となってもさして改善されないことを予測しています。

> **レッスン** なまりのバリエーションを考慮に入れる

同じ言語であっても、方言や個人差まで考えると、発音にはかなりばらつきがあります。イントネーション、発音、言葉遣い、リズムなどの特性が一般的であるか、もしくは個々人の違いをシステムが認識することができない場合、それが必要な人々へのアクセスをつい拒絶してしまうかもしれません。設計者は必ずシステムのための要件にこのようなぶれを考慮して設計する必要があります。

限定コマンド音声インタフェース

『ブレードランナー』で、主人公デッカードはホテルの部屋から回収した特殊な写真一式を探しだします。これらの写真は一見すると平面での表示に見えますが、画像が撮影された瞬間に捉えられた3次元の情報が含まれています。それらを分析するため、デッカードはリビングルームにあるテレビ型装置「エスパーマシン」に写真を挿入します。写真が挿入された後、画面には青いグリッドが現れ、そしてスキャンされた写真がその後方に表示されます。デッカードはグリッド中の画像をしばらく凝視し、グリッド内の画像にいくつかの命令を出します。どの命令も短く直接的なものです。「拡大、停止…寄って、停止…引いて、右に

進め、停止…拡大、引いて、停止…45 右へ、センター、停止…34 から 36 へ…右へ振れ…戻れ、停止。待て。右へ進め」（図 6.6）

その応答として、画面上に写真のズームやパン移動に関して、画面下部に 3 つの数字のセットで ZM0000 NS0000 EW0000 と表示されます。NS と EW、おそらく南北と東西の座標は、それぞれ彼の指示にあわせて即座に更新されます（目ざとい視聴者たちは、その後の数値の指示が画面に表示されているものと一致しないと指摘するでしょう）。デッカードが普通の言葉に聞こえるような「完全な文章」を使って命令する場面は、その終わりに一度登場する「私にそのコピーをくれ」のみです。エスパーマシンはそれに応じ、画面に表示される画像の一定の領域を印刷します。

ボキャブラリーを削減することで、この類のシステムは音声の指示に応答することがはるかに簡単になります。それらは限定的なパターンを見つけるだけで解決します。システムが文法や多様なボキャブラリーに反応するために必要となる、多くの変数や声の特徴を無視することができるためです。そのような限られた音声操作システムは、オンスター社などのハンズフリーの自動車用に、またアップル社の Siri などの技術、そして（しばしば中傷されることがある）音声応答電話サポートなどのシステムの中核であり、今日一般的な技術となっています。

レッスン **認識率を高めるためにボキャブラリーを減らす**

音声認識システムが理解する必要があるボキャブラリーが少なければ少ないほど、キーワードの特定精度が高くなります。より制限された文脈とするとなお望ましいでしょう。たとえば、『ブレードランナー』で「エスパーマシン」は写真のスキャンを 3 次元的に探るためのいくつかの命令を認識する必要があるだけです。もしマイクから

図 6.6 『ブレードランナー』（1982 年）。

必要な位置より離れて発信してしまったために「右へ」とマイクが受信してしまったならば、システムは彼が「右へ進め」を意味したと補完することができるでしょう。あなたがもし制限のある音声操作インタフェースを開発しているならば、ユーザーが暗記しなければならない用語集をできるだけコンパクトなサイズにまとめることに配慮してください。

> **レッスン** 既存のボキャブラリーにないフレーズは無視する

現在のシステムには、既存のボキャブラリーにないフレーズを加えた場合、システムはそのフレーズを認識できないように設計されているものが数多くあります。前述した例では、制限されたボキャブラリーを用いることに注目しましたが、もし登場人物が予期せぬボキャブラリーを使った場合にどうなるかを考えなければいけません。たとえば、デッカードが「エスパーマシン」に「引いてから、右に2つ目のセルの上に移動をお願い」と、こう命じることになってしまいます。私たちはこの程度でシステムが理解不能に陥るとは想像しないでしょう。しかし残念ながら、これでシステムに支障をきたすのが多くの非会話型音声システムの現実なのです。

一部のユーザーには「限定されたボキャブラリーによる音声操作システム」と「会話型システム」の区別がつきません。社会的な訓練の有無によっては、彼らはシステムに会話をするように話しかけてしまうのです。Google検索が「the」、「to」、「of」のような単語を無視するように、システムが余分な入力を無視するように明確に設計されていない場合、システムは余分な内容を（ある意味では律儀に）処理することになってしまうでしょう。

私たちの調査で、珍しい音声インタフェースを1つ見つけました。『デューン/砂の惑星』のなかの「ウィアーディングモジュール」でした（図6.7）。アトレイデス一族は音声銃を備えもち、特定の言葉や発声をパワーとして集めて増幅したエネルギーを放出できる能力をもっています。装置の一方は喉の横に設置された2本の銀のシリンダーであり、もう一方はエネルギーを突き出す位置を決めるための握り手のついた箱の形状をしています。ポール・アトレイデスはこの装置の機能を瞬く間に習得します。そして、砂漠の民フレーメンとともに生きるために脱出すると、砂漠の民にこの装置の作り方と使い方を教えます。最終的に砂

音のインタフェース

図 6.7　『デューン／砂の惑星』（1984 年）。

漠の民はポール自身のフレーメン名「ムアドディブ」が、最強の発声となる言葉であることを学びます。この例では、発せられた言葉には「情報」と、機能を使うための「インタフェース」の2つの意味があります。

> **レッスン　動作そのものを表す命令文を選ぶ**
>
> 　システムへの命令が明確であるほど、インタフェースは簡単に習得でき、使いやすいものとなるでしょう。しかし複数の意味をもっていたり、文脈のなかで混同しやすい言葉には注意してください。たとえば、自動運転が可能な車は「左」、「右」の単語に応答するように設計することができます。しかし、「曲がれ」のような言葉を指定せずにいると、「左（左派）」、「右（右派）」を会話中に用いる政治的な議論が乗客の間で白熱するならば、車はコースから反れていってしまうかもしれません。システムが命令の通知を取るべきときに現在の多くのシステム（Siri のような）と SF 映画のシステム（エンタープライズ号の「コンピュータ」など）が通知を受け取るとき「呼称」を使用する理由であり、その場合であっても悲惨な誤解の可能性が存在しています（詳細は下記を参照してください）。

会話型インタフェース

　自然言語インタフェースはいまだに音声インタフェースの頂点に輝いていますが、現実世界ではまだそこにたどり着いていません。現代の音声応答システムは一見普通の会話のように聞こえるかもしれませんが、実際は限定された応答を返

すインタフェースが洗練されただけのものです。キーワードに対して、礼儀正しく聞こえるように応答しているだけです。真の会話型インタフェースであるためには、システムは予期しない要求および応答を含む会話型言語の複雑さに対処する必要があります。

たとえば、『ブレードランナー』でJ. F. セバスチャンが廃墟ビルの最上階にある一室に帰宅したとき、彼はピエロとクマのおもちゃの形をした2体の自動人形に迎え入れられます（図6.8）。セバスチャンは彼らに近づきこう話しかけます。「帰ったぞ、お前ら」。それに答えるように自動人形は、「戻ってきた、戻ってきた、ジグティジグ[3]。こーんばんは、J. F.!」と返します。この一連のやりとりは自動人形との通常の手続きであることを伝えています。これを見て私たちは単にセバスチャンの声紋をチェックしていたと疑うかもしれません。しかし、次に彼らはセバスチャンの客人プリスを見たとき神経質にじろじろと観察しました。それを察してセバスチャンはプリスが友人であり信頼ができることをくだけた言葉で自動人形に説明しています。このやりとりは自動人形たちが最初の場面で見せた会話よりも、明らかに高い会話能力をもっていることを示唆しています。

SF映画のあらゆる機械的ロボット、アンドロイド、そしてガイノイド（女性型アンドロイド）は、完全な会話インタフェースを備えています。前述のように、早くも1927年には権力者のフレーダーセンによる音声指示に従うロボット、マリアを映画『メトロポリス』のなかで見ることができます（図6.9）。

これとは対照的にそれから40年後にいたるまでHALのような人工知能には、会話型インタフェースが認められませんでした。視聴者は人間型の機械が会話できることをすんなりと受け入れましたが、非人間型の機械が言語を習得できるこ

図6.8 『ブレードランナー』（1982年）。

---
[3] ジグティジグ（jiggity jig）はステップの動きを示す擬態語。子ども向け絵本・歌などでよく使われる。飛び跳ねるような動きを表現し、明確な意味はない。

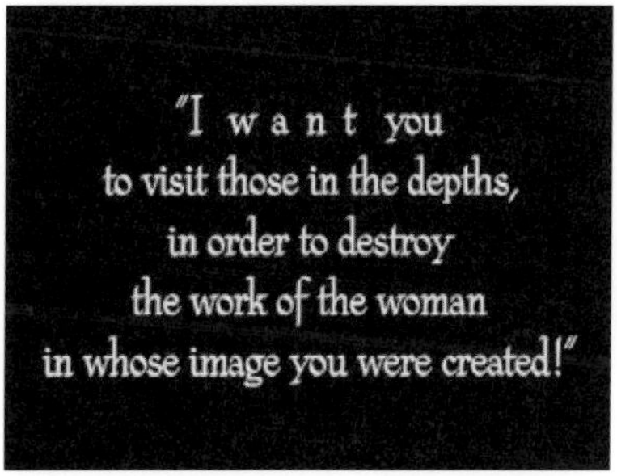

とを長い間受け入れていませんでした。しかしいったん、そのアイデアがもたらされると、人間の姿形をしていない人工知能のほぼすべてに話す能力が与えられました。たとえば、『ナビゲイター』（「Flight of the Navigator」）のマックス、『銀河ヒッチハイク・ガイド』のディープ・ソート、『フューチュラマ』のエピソード「Godfellas」でベンダーが深宇宙に漂っている間に出会ったユーザーフレンドリーな、神に似た銀河生命体のような例があります。

図6.9 『メトロポリス』（1927年）。

『スター・トレック』の映画やテレビシリーズにおいて、惑星連邦所属艦のコンピュータは完全な会話型インタフェースを備えています（6作のシリーズ、4つの映画、7つのビデオゲームにまたがって愛されている女優兼声優のメイジェル・バレット・ロッデンベリーによって吹き替えられています）。『スター・トレック』では、船のコンピュータシステムは自然音声を解析し、自然言語と同様に（ときには少しだけフォーマルな場合も）答えます。

「コンピュータ」、艦のコンピュータへのよびかけについては、操作対象を切り替えるためにこのような制御フレーズで対処しなければなりません。多くの限定された命令に従うインタフェースは同じように動作します。これで、ある登場人物が別の登場人物へ対応することと同じように、機械に指示するタイミングを視聴者に伝えているのが解るようになりました。またそれは細心の注意を払うべきものであり、さらにシステムが理解し答えることが期待されています。もっともHALとエンタープライズ号のコンピュータの両方とも制御ワードや制御フレーズによってやりとりを開始するようにシステムは設計されていますが、インタフェースの残りの部分は会話で成り立っています。これはいうまでもなく一般的な公共の場あるいは多くの俳優の間で交わされる会話の力学と一致しているところです。たとえば私たちはたびたび周囲の人たちと会話をしているなかで、目的の人物の名前をよぶ必要に迫られています。

レッスン　インタフェースの反応はわかりやすく

ユーザー同士がシステムの存在を意識せずに会話をしている場合は、システムが誤って自動的にそれを受け付ようとするおそれがあり

ます。こういった状況はユーザーにとって苛立たしいものになりかねません。過去にさかのぼってアクシデントを元に戻す必要に迫られたり、どうしてコンピュータが反応しないのか理解に苦しんだりするからです。

　理想的には、システム自体は人間同士のやりとりと同じように、ユーザーの視線を監視したり、会話内容から推測したり、それが不確実であるときには頼むことで命令のタイミングを判断できるレベルまで洗練させる必要があります。しかし、曖昧な部分をユーザーに明確にしてもらう必要がある場合や、または技術が未熟な場合には、ユーザーが明示的に制御できるようにしてください。
　このような会話が一般的に起こる場合、たとえば「listen to me（聞いて）」と「don't listen to me（聞かないで）」などを手動制御や画面制御、音声操作で起動させるといった個別のモードで扱うことで対応することができます。
　コンピュータとの会話が例外的である場合は、シンプルなエスケープフレーズを設定して一時的にコンピュータが会話の対象となるモードに切り替えるとよいでしょう。人間は社会性をもった動物ですからお互いに名前でよび合います。とても優れた手法としては、ユーザーがコンピュータに名前を付けて対処することによって一時的な「listen to me（聞いて）」モードを設定できるようにすることです。この手法の一般的な方法は、『2001年宇宙の旅』の「HAL」というよび名のようなものや、『スター・トレック』の「コンピュータ」という一般的な単語をキーワードに使ってシステムがモードを切り替えるやり方です。
　反対に、人間同士の会話が例外的である場合は、ユーザーが人々の名前で発言を開始したとき、それを無視するようにシステムを設計できます。ピカード艦長がアンドロイドの第二副長に「データ少佐、停止したまえ」と指示したからといって、艦自体を停止させたいわけではありません。
　『スター・トレック』シリーズの艦の乗務員はいったんコンピュータの会話の相手が自分であると認識させると、人間同士の会話を反映した対話型のインタフェースを使用します。それは複雑な文法、ニュアンスを含んだ語意、ユーザーの間で二分された指示、口語的な表現および文化的関連性を解析するものです。何百もの言語と方言を理解して、それらの間でなめらかにやりとりすることができます。この種の進化は非常に強力で自然なインタフェースへと発展できますが、構築することはとても困難で（一部では不可能とすらいわれています）、1人の人間としての機能と同じくらいの高度な要望なのです。

音のインタフェース

■■■ レッスン　会話のインタフェースは人間社会のルールに沿って

システムが完全な会話能力をもっていると思われる場合、使う側としては、基本的な人間社会のルールに添った会話ができることを期待するでしょう。これらは許容できるテンポを保つことや、礼儀正しさや敬意の役割を担い、発話に詰まったときの「うーん」という言いよどみは聞く側への合図だと理解し、話す人が考えている間は待機することを求めるでしょう。また中断のためのルールや、ボキャブラリーにはない会話音や「うーんと」、「わあ」などのお決まりのフレーズの概念や、聞き手がいまだ取り組んでいる状況下であったり合意されていることを確認します。それとグライスの4つの格言[4]を含むようにします。

高度な会話インタフェースはそれらの社会的なルールを理解している必要があります。そして、返答するときは社会的に適切な言い方で答えるべきなのです。そうすることで礼儀正しい話し相手としての役割を果たすことができます。

音のインタフェース：聞こえることは信じること

音のインタフェースは、本書で紹介している他の技術に比べると、SFらしく見えないかもしれません。それは私たちが日常的に多くの音のインタフェースに触れているからでしょう。システムビープ音や語彙の限定された音声インタフェースは多く見かけることができます。ユーザーは会話型のインタフェースの心地良さを希望し期待しています。しかし、いまだSF映画以外のものを納得がいくようにつくり上げるのは難しい状況です。うまくいっている音のインタフェースへのユーザーの期待は、ここで説明した範囲にわたって飛躍的に膨らみます。

シンプルなシステム音ははっきりと聞きとれて理解されることが必須ですが、私たちはそれらには大きな期待をかけていません。インタフェースで声が使われる機会が増えるほど、ユーザーは社会性をもった話し相手のように答えることを期待するようになります。これは使用される声の人間的な質（多様な再現性で高い水準の期待）について、とくに当てはまることです。開始点がとても簡単なものであり、そして到達点がそれらの手本として人間的な会話を使用するので、多

---

[4] ポール・グライス（Herbert Paul Grice）：イギリスの哲学者・言語学者。4つの格言は以下のとおり。量（話す人はできるだけ多くの情報を提供しよう、そして不要なものは話さないように）、質（真実を話そう）、関係（議論からはぐれないように関連性をもとう）、様態（明確かつ簡潔に話そう）。

CHAPTER 6

くのレッスンはこの中間点に位置してしまいます。

　マーシャル・マクルーハンの著名な言葉にこうあります。「とにかく私たちは、耳当て付き帽子を常にもっているわけではないのです。」私たちは身のまわりにあるものが存在する証しの根拠として周囲の音をたえず意識してきました。またそこから音の意味を感じ取るために、注意を払いながら進化の道を歩んできました。SF映画は古くからこの点を理解していました。そしてそれを利用し、未来的な技術を信じられるもの、使えるものとして描いてきたのです。音はSF映画の黎明期のころから言語がもたらすすべてのパワーを用いて会話技術の可能性を携えて私たちの耳を満たしてきました。しかし私たちはまだ長い道のりを歩む必要があるのです。これからも技術が奏でる「音」に注意深く耳を傾けていきましょう。

CHAPTER 7

脳インタフェース

物理的な脳へのアクセス	144
記憶を消す	149
情報の2つの方向性	150
現在進行中の事柄	161
SF映画における2つの脳技術に関する通説	169
思考のインタフェースは実在するか？	170
脳インタフェース：通説の地雷原	172

図 7.1 『バック・ロジャース』「War of the Planets」（1939 年）。

バックは、キラー・ケインの頭に大きい洗脳用ヘルメットをかぶせ、あごひもを締めました（図7.1）。ケインの顔はうつろになり、無表情になっていきます。「ケイン、お前は今から私の命令に従うのだ」と無線に向かって歩いて行くケインにバックが命令をします。ケインは宇宙無線に向かって「すべてのパトロール隊は撤退せよ」と指示します。こうして、宇宙戦争は終結するのです。『バック・ロジャース』「War of the Planets」の一場面です。

「思考」は目に見えません。私たちの考えが宿っている脳は、頭蓋骨で守られています。たとえ脳が1時間に100キロメートルの速さで思考を駆け巡らせていたとしても、見た目にはただ座っているだけなのです。しかし、視聴者やSF映画製作者は、人間生活の思考や記憶のなかで脳が重要かつ中心的な役割をもっていることに気づかされます。このことは妄想豊かな方にとっては魅力的なことなのですが、SF映画製作者にとっては創造的な挑戦をもたらすことになります。「この目に見えず動かない存在をどうやって視聴者に表現すればいいのだろうか？」

物理的な脳へのアクセス

ある装置が人の思考にアクセスしていることを視聴者に示す方法として、デザイナーはまず、技術が脳に直接アクセスすることを示そうとしました。

脳インタフェース

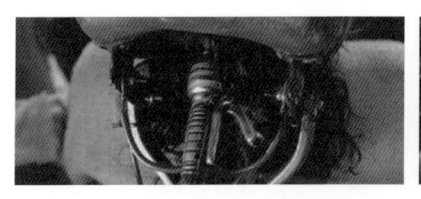

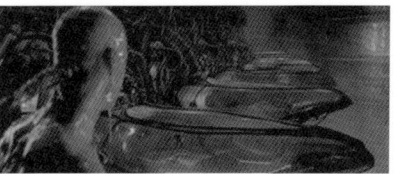

図 7.2a,b 『マトリックス』(1999 年)。

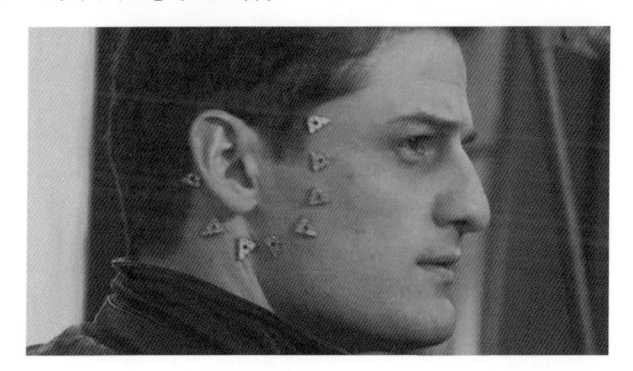

図 7.3 『ドールハウス』「永遠の目覚め」(シーズン 2 第 13 話 2010 年)。

侵襲的な脳インタフェース

　一番直接的な方法は、人の脳や神経系にプラグを挿してアクセスすることです。しかしこのような侵襲的な方法は、多くの人々に否定的な反応を引き起こしてしまいました。私たちにとって、外部から人の頭や首に何かが差し込まれている状況は、何らか具合が悪いときなのです。SF ホラー映画では有効ですが、それ以外では使えません。

　たとえば『マトリックス』では、マトリックスの世界に「侵入する」人の頭に、恐ろしく鋭利なプラグが刺されています (図 7.2)。『ドールハウス』の最終章では、情報や技術のモジュールをアップデートしたり、消したりするためのジャックが埋め込まれています (図 7.3)。

　このような 2 つの例があるにもかかわらず、脳に直接接続するインタフェースはまれです。SF 映画におけるほとんどのインタフェースでは、皮膚に突き刺すような技術を使いません。

侵襲的ではない脳インタフェース

　脳へのアクセスを表現する際、もっとも簡単で侵襲的ではない方法は近接性で

す。視聴者は、人の頭の近くかそのまわりに取り付けられた技術が、何か脳に作用していると思い込みます。ここでの「頭」とは顔の部分を除いた前頭葉のことですが、顔のそばに取り付けられたものは、目、耳、鼻、口などの発話や表情を司る器官として解釈されます。顔への接続を避けることで、視聴者は俳優の表情を伺い知ることができます。顔は感覚器官と脳との境界であるといえるのです。

他にも脳と技術とをつなぐ侵襲的ではない方法がありますが、近接の必要性は科学と関係があるのです。思考は複雑で曖昧なものであるため、現実世界における脳インタフェース技術では、脳のニューロンの発火による弱い電磁波を測定しています。脳の各領域がそれぞれの思考を司っているので、科学者は頭のあらゆる場所にセンサーをつけて信号を拾わなければならないのです。視聴者とSF映画製作者は、現実世界の実例をもとにして、たくさんのセンサーやコードがついたスカルキャップ（頭にフィットするお椀型の帽子）のイメージを共有しているのです。

装着式のデバイス

SF映画では、侵襲しないで直接脳にアクセスするインタフェースとして、頭にフィットする小さな装置をかぶせるか、大きな装置型の席に座らせるかのいずれかの形式を取ります。

図 7.4a–g 『メトロポリス』（1927年）、『ブレインストーム』（1983年）、『JM』（1995年）、『バーチャル・ウォーズ』（1992年）、『ナビゲイター』（1986年）、『新スター・トレック』（1991年）、『マイノリティ・リポート』（2002年）。

脳インタフェース

　この調査でもっとも多かった脳インタフェースは頭に装置をかぶる方式、とくに王冠型でした。『メトロポリス』では、科学者ロトワングの機械にスカルキャップが使われています（図 7.4a）。1939 年頃のバック・ロジャースではキラー・ケインが家来のゾンビを背の高い金属製の帽子で支配していました（図 7.1）。『ブレインストーム』と『JM』では装置が役者の頭をすっぽり覆っています（図 7.4b,c,d）。『バーチャル・ウォーズ』ではヘルメットがくくりつけられています（図 7.4e）。『新スター・トレック』のエピソード「エイリアン・ゲーム」では、プレイヤーがメガネのような装置を付けています（図 7.4f）。『マイノリティ・リポート』では、記憶を消すときにイヤホンのようなものをつけます（図 7.4g）。

　それ以外は大きい装置となり、俳優が装置に座るか、装置にくくりつけられることになります。『禁断の惑星』では、クレール人が思念を具現化する際には、

図 7.5a–e　『禁断の惑星』（1956 年）、『メン・イン・ブラック 2』（2002 年）、『ドールハウス』「消し去れない記憶」（シーズン 1 第 2 話 2009 年）、『スター・トレック ヴォイジャー』「アリスの誘惑」（第 6 シーズン 第 5 話 1999 年）。

屈んでこめかみに 2 本の長い棒を当てます（図 7.5a）。『メン・イン・ブラック 2』の記憶を取り戻す装置（デニュートライザー）は大きく、K はこの中に座り込みます（図 7.5b,c）。ドールハウスで働くエージェントは、リクライニングチェアに座っている間に、記憶の除去と取り替えを行います（図 7.5d）。『スター・トレック ヴォイジャー』のトム・パリスは、神経インタフェースの座席に座り、アリスという名前の人工知能とともにエイリアンのシャトルを操縦します（図 7.5e）。

どんなインタフェースがしっくり合うのでしょうか？

　SF 映画の視聴者にとって、どのような脳インタフェースがしっくりとくるのでしょうか？ 頭上にかぶせる脳インタフェースであれば、私たちはイメージを共有することができます（図 7.6）。耳から耳へアーチ状に渡せば装置に安定感を出すことができますし、リクライニングチェアに座っているときは頭から浮いた状態にできます。矢で突き刺すような場合には技術的に安定した装置を示す役割を果たします。

　つまり、王冠型装置の構造が技術上もっとも重要なのです。『スター・トレック』シリーズや『禁断の惑星』のような知性に訴える SF 映画では前額部に置かれますし、『マトリックス』のように、より直感的な SF 映画では後頭部を利用しています。頭全体を覆うようなインタフェースは、脳全体からの入力を必要とするため、現実世界の科学と似たような感覚を醸し出します。

　現実世界における脳インタフェースのデザインは部分的な科学に依拠していますが、デザイナーは自分たちに向けられている期待を知っておく必要があるでしょう。

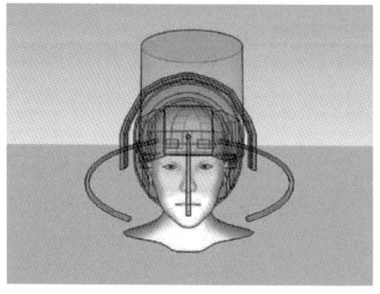

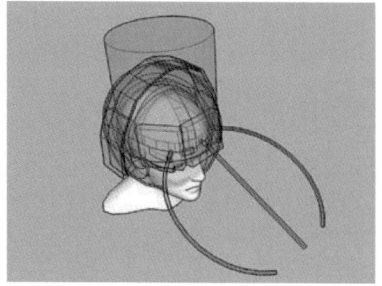

図 7.6a,b　頭上にかぶせる脳インタフェースにはいくつかのパターンがある。

脳インタフェース

リモート接続

　離れたところから脳にアクセスする方法として2つの例を紹介しましょう。たいてい、対象となる人はアクセスされていることに気づいていません。

　『ドールハウス』の最終章では、人形技術が進化して人の心を遠くから操ることができるようになっています（図7.7）。市民を震え上がらせ、大混乱に陥れます。

　『新スター・トレック』の「復讐のフェレンギ星人」ではフェレンギ人指揮官のデイモン・ボークが、ピカード艦長に復讐するために思考作成機を使います（図7.8）。思考作成機はターゲットに偽りの記憶を埋め込むための大きな送信機で、受信機とセットになっています（後述する「人が無意識の場合のインタフェース」を参照）。

記憶を消す

　関係者、思考、新しい記憶など人の記憶を消すことを目的とした技術があります。これらのインタフェースには特徴があります。脳へ近接していること以外の

図7.7a,b　『ドールハウス』「頂上決戦」（シーズン2　第12話　2010年）。

図7.8　『新スター・トレック』「復讐のフェレンギ星人」（第1シーズン　第9話　1987年）。

一般性がほとんどないのです。

『バック・ロジャース』では、コイルとダイヤルが施された金属製の帽子の形をしています。『ドールハウス』では椅子に横たわらせて、安全で放心状態の人形に戻すために、経験の消去や記憶の更新をします。『マイノリティ・リポート』では後頭部にインジケーターのついたヘッドバンドをしています（図7.9）。

図 7.9a,b 『マイノリティ・リポート』（2002 年）。

情報の 2 つの方向性

脳インタフェースは、情報の方向によって区別することができます。それは、出力情報として思考と記憶を扱う場合と、入力情報として人の思考を結合して脳に書き込む場合です。

脳への書き込み

人の脳に新しい情報を書き込むためのインタフェースがあります。人が無意識の場合にはたくさんの表現形式があるので、それぞれ例示してみましょう。

『クライシス・オブ・アメリカ』（「The Manchurian Candidate」）で、ショウがトランプのダイヤのクイーンを見るとKGBの潜伏スパイに変身するように、きっかけが人の心にあらかじめプログラムされたインタフェースもあります。『ドールハウス』ではメリーが電話越しに溜め息をつくことがきっかけとなっています（花瓶に入った3つの花があり、3番目の花は緑です）。その他、携帯電話のようなあらゆる媒体がきっかけとなるのですが、特別なインタフェースではないので、本章では含めないことにします。

人が意識的な場合のインタフェース

もし人が意識的（もしくは『ドールハウス』の人形のように無抵抗）であれば、脳へ書き込む際のインタフェースは頭まですっぽり覆われるリクライニングチェアとなっていることがほとんどです。

『夢の涯てまでも』(「Until the End of the World」) の技術はデザイナー独自のもので、脳への直接的な刺激に見どころがあります。リクライニングチェアで横たわっている人の頭を囲む馬蹄形のバンドには、青い光がつき電極が装着されています (図7.10a)。『エターナル・サンシャイン』(「Eternal Sunshine of the Spotless Mind」) では、ジョエルの心を読み取る硬いプラスチックの光輪のような機械が頭に取り付けられていて、直立した状態で彼の心が読み取られていきます (図7.10b)。

もっともよく知られている脳インタフェースは『マトリックス』で見られるようなタイプでしょう。マトリックスに侵入するときや操作するとき、ネオたちは特殊なシステムに接続されています。訓練のときは、カンフーのような体術プログラムのモジュールが脳にアップロードされます。このシステムのオペレーターは画面上のアイコンを操作し3次元化されたキャラクターを操作して知識を詰め込んでいきます。ネオは、この体術を仮想現実のなかですぐに試すことができます (図7.11)。

『ドールハウス』で、新しい人格や記憶を人形に書き込むときも同様ですが、

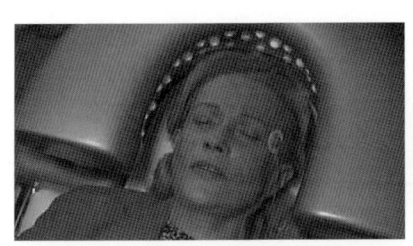

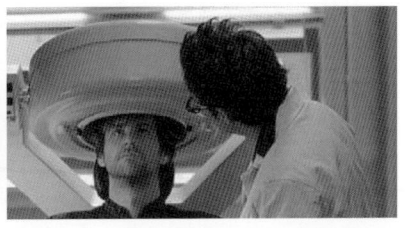

図7.10a,b 『夢の涯てまでも』(1991年)、『エターナル・サンシャイン』(2004年)。

図7.11a–d 『マトリックス』(1999年)。

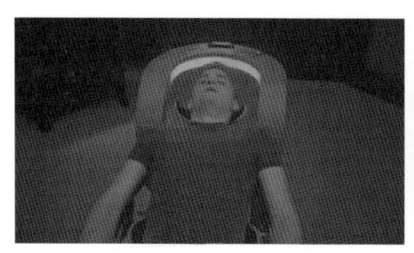

figure7.12a,b 『ドールハウス』「裏切り」(シーズン1 第9話 2009年)。

プロセスが示されていません。新しい記憶がカメラの方に入り込んでくる比喩として、黒い背景に浮いたイメージを使った表現がされているだけです(図7.12)。『アバター』でも同様のデザイン表現を使っています(図5.4参照)。

フランスのSFホラー映画『インストーラー』では、記憶への書き込みを記憶形成という別の表現として、ギャングたちが記憶を埋め込むときに使っています。技術の乱用は非道ですが、それを知らない人は気軽に座ってしまうのです(図7.13)。

『JM』の中央プロット装置は、密輸データを人の脳に格納してしまう技術で、運搬中にはアクセスできません。データの更新は小さなケーブルを直接脳に接続し、痛みを避けるための保護具を身につけて行います。リクライニングチェアに横たわった姿勢のほうが楽と思う人がいるかもしれませんが、ジョニーはプロフェッショナルで頑強な男なので、立ったままなのです(図7.14)。

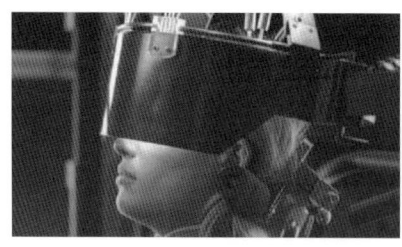

図7.13a–c 『インストーラー』(2007年)

脳インタフェース

図 7.14 『JM』（1995 年）。

レッスン 脳の処理をする際には身体をリラックスさせる

いくつかの SF 映画では脳への書き込み技術を核磁気共鳴画像法（MRI：Magnetic Resonance Imaging）のように扱っています。この方法は、脳に直接触れずに書き込む技術です。ゆったり横たわることで、疲れや不快さを感じさせずに済みます。

人が無意識の場合のインタフェース

人が無意識のとき、その技術表現はさまざまです。

『CHUCK/ チャック』（「Chuck」）や『スターゲイト SG-1』（「StarGate SG-1」）では無意識のうちに、短時間で大量のデータが脳に埋め込まれます。『CHUCK/ チャック』では、主人公はコンピュータに表示された特別なイメージを見て意識を失います。その間に、米国の国家機密の情報が頭のなかに埋め込まれてしまいます（図 7.15a）。『スターゲイト SG-1』の「失われた都市」では、オニールが柔らかい建築物につかまれ、エイリアンの情報が彼の脳に強制的に埋め込まれます（図 7.15b）。こういった例では、インタフェースが動き出すまでその存在がわかりません。

図 7.15a,b 『CHUCK/ チャック』「チャック VS 運命」（シーズン 1 第 1 話 2007 年）、『スターゲイト SG–1』「失われた都市」（シーズン 7 第 21 話 1997 年）。

図7.16 『新スター・トレック』「復讐のフェレンギ星人」(第1シーズン 第9話 1987年)。

『新スター・トレック』の「復讐のフェレンギ星人」では思考作成機を中心にストーリーが展開されます。思考作成機は、人の脳に考えを埋め込むことができる高度で非合法的な通信機です。赤く輝く金属製の球体で、脳のように上半球が半分に分割された球体です。人が受信機近くにいると、思考作成機の効果が増幅されます(図7.16)。

デイモンは思考作成機を使おうとテーブルにセットし、赤い球体を回転させてスライダーを後ろにずらしますが、効果が現れません(図7.8)。そこで、さらに球体を回転させると、ピカード艦長の痛みが増し、暗示にかかりやすくなります。デイモンはその効果をモニターできる画面を使います(図7.17a)。水平面から伸びる青い棒グラフが表示され、装置が激しく動作するほど青いスライダーの動きが速くなり、悲痛な叫び声も大きくなるのです(図7.17b)。

コンピュータがファイルを消去するように、記憶を消し去る技術も登場します。『メン・イン・ブラック』のニューラライザーは人に向かって眩しい赤い光を放つ棒状の装置です。特別に保護された装置を使わずにこの光を見た人は、最近の出来事を忘れ、記憶喪失状態となってしまいます。記憶を消し去る期間や出力はダイヤルとボタンで選択します(図7.18)。『アジャストメント』(「The Adjustment Bureau」)では記憶を操作するために、手にもった筒状の装置が使われています。1人が対象者の目に光を当て、もう1人がこめかみの近くに円盤

脳インタフェース

図7.17a,b 『新スター・トレック』「復讐のフェレンギ星人」(第1シーズン 第9話 1987年)。

状の光を当てています(図7.19)。
　『ドールハウス』と『夢の涯てまでも』では、人が眠っている間にコンピュータにつながれた装置が前頭葉に作用して記憶を消し去るようなインタフェースを用いています(図7.20)。
　『エターナル・サンシャイン』では、人が寝ている間に技術者側のモニターが作動して記憶を消し去るような装置を使っています。(これは図7.10bのような記憶を読み取る装置とは違います)。この装置は、線が張り巡らされた大きな金属製のボウル型で、頭をすっぽりと包んでいます(図7.21)。

脳からの読み取り

　脳から情報を抜き去るとき、人に意識があるかないかは関係ありません。デザイナーにとっては、そのインタフェースがいつ作動し、情報を引き抜き、そのプロセスが完了したかを示すことが大切なのです。

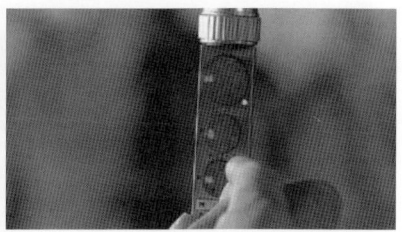

図7.18a,b 『メン・イン・ブラック』(1997年)。

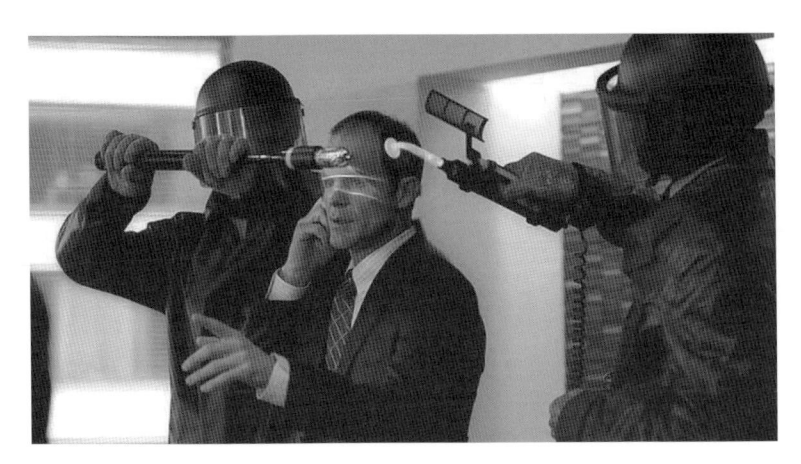

図 7.19 『アジャストメント』(2011 年)。

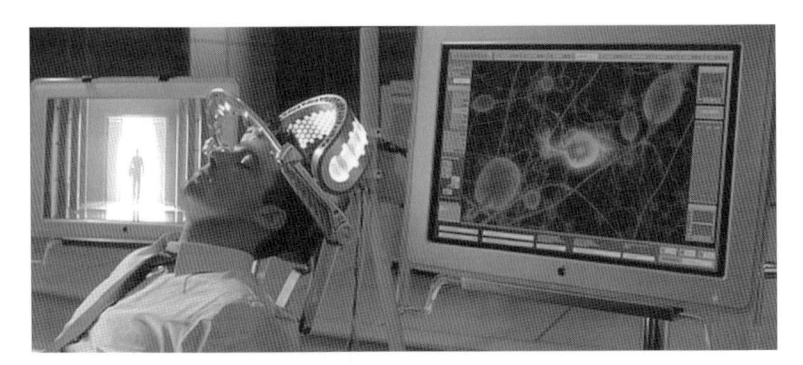

図 7.20 『ペイチェック 消された記憶』(2003 年)。

図 7.21 『エターナル・サンシャイン』(2004 年)。

『メトロポリス』では、科学者ロトワングがマリアの心をロボットにコピーします。心の抽出が始まると、マリアの部屋と球体との間に放電が起こり、フラスコの中には泡が発生します。マリアが被っているヘルメットが導管となっています。彼女の心がコピーされたことは、ロボットがマリアのような容姿と動きに変化したことでわかるのです（図7.22）。

『ナビゲイター』では、宇宙人の情報をもっているデビッドの脳から、星図や宇宙船の構造を読み取ろうとします。幸運にも、NASAの科学者はデビッドの

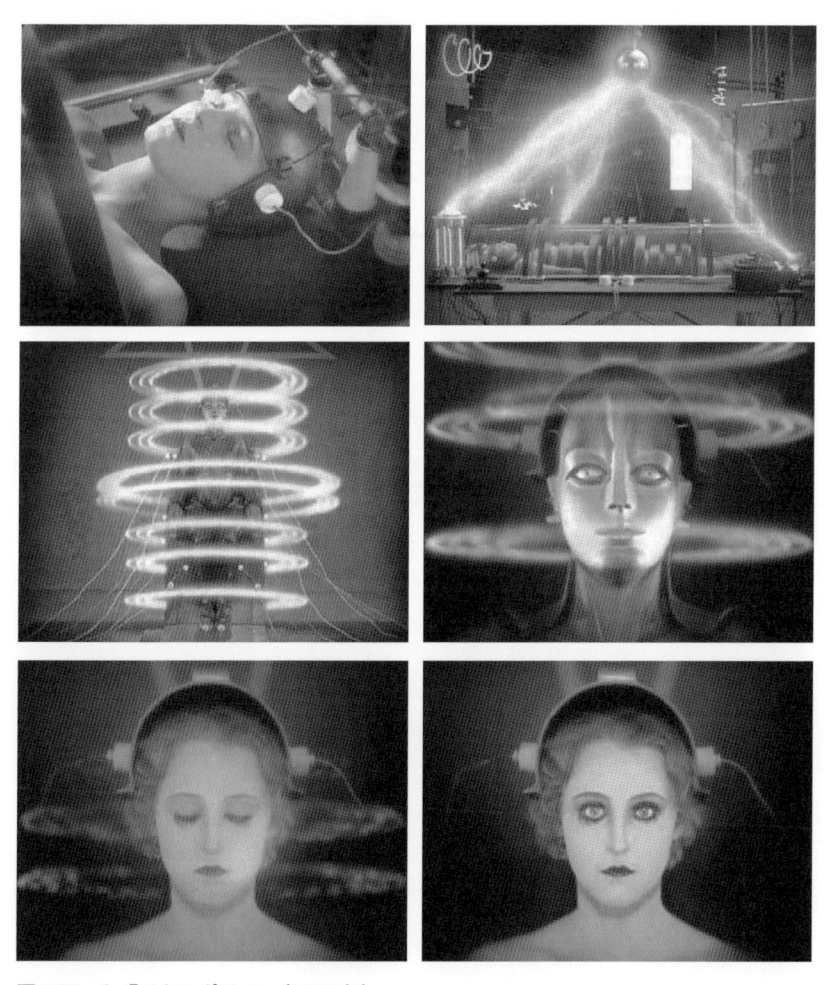

図 7.22a–f 『メトロポリス』（1927年）。

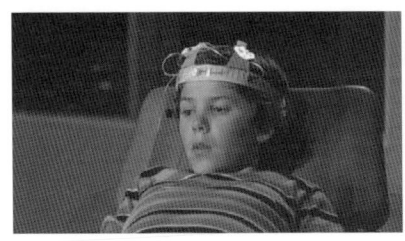

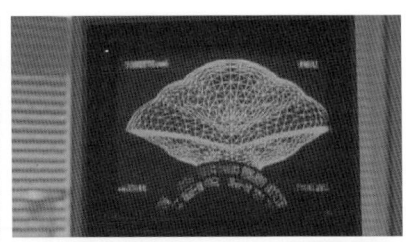

図 7.23a–c 『ナビゲイター』(1986 年)。

頭に装着した装置を通じてこのデータを取り出し、視覚化することに成功します（図 7.23）。

『マイノリティ・リポート』では精神的につながった予知能力者の三つ子がプールにたたずんでいて、その予知情報がビデオシステムに表示され、記録されます。周囲の人は、三つ子のヘッドギアが光り出し、天井に据えられた画面が作動することで、システムが動作していることを知るのです（図 7.24）。

『ドールハウス』では、人の心を読み取ってその情報を直接記録することができます。人は馬蹄形の装置をつけてリクライニングチェアに横たわります（図 7.12a 参照）。オペレーターが操作すると情報のコピーが始まります。最初に青い光が点灯し頭のまわりを巡ることで装置が動き出したことがわかり、光が弱まってリクライニングチェアが座位に戻ることで、完了したことがわかります。

ヴィム・ヴェンダースの『夢の涯てまでも』では、夢を他人と映像で共有できる遠隔体験技術を描いています。映画のなかの世界の技術は新しくかつ実験的で、複雑な電子装置に囲まれた発明者の研究所で展開されます。まず、特別な脳波読み取りカメラを通して見た出来事が映像として記憶され（図 7.25a,b）、その映像は人が記憶を想起することで再生され、出来事を記憶に留められるというものです（図 7.25c,d）。

再生の間、人の脳波から情報が伝送され、記録されます。人はこめかみに電極を装着し、伝送装置の付いたヘッドレストをつけて仰向けになります。視聴者は動画が集められていく様子を見て、装置が作動していることを知るのです。そして、身体状態と脳の活動状態を映し出す画面を通して、人のレム睡眠が終わった

脳インタフェース

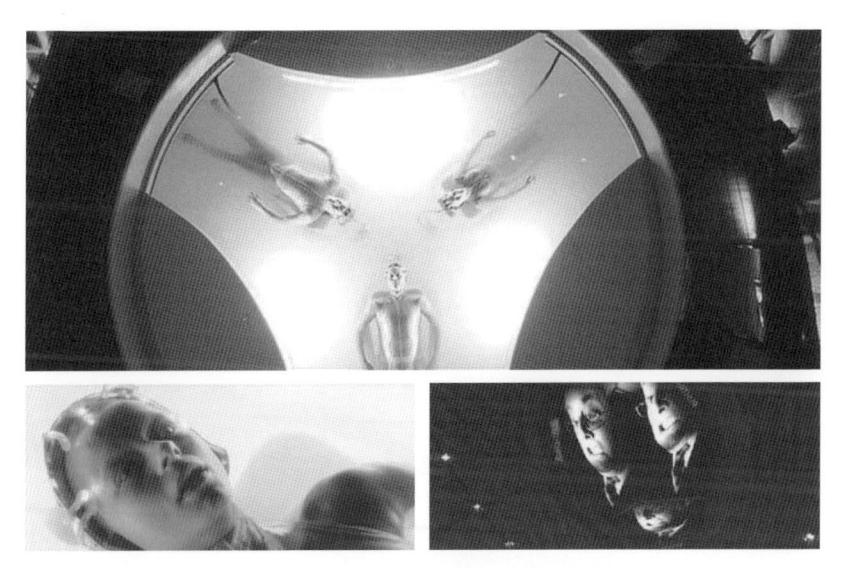

図 7.24a–c 『マイノリティ・リポート』(2002 年)。

図 7.25a–d 『夢の涯てまでも』(1991 年)。

ときに、装置の動作も終了します。

> **レッスン** 読み取り中であることがわかる表示とする

　　　読み取りに時間がかかるような場合のインタフェースでは、進行中や完了したことを示すシグナルを使います。SF映画では基本的に2つの手段でプロセスを視覚化します。1つは画面上に読み取り情報をリアルタイムで示す方法です。この方法だと、どんな内容が検出されているかを示すことができ、非常に長い読み取りの間でもその過程を示すことができます。もう1つは、コンテンツがあまりに複雑すぎて表示ができない場合です。この場合、人の頭の近くにある装置を照らしたり、動かしたりすることによって、進行中であることを示します。

　　　いずれの方法でも視聴者には、読み取り中であることがよくわかります。さまざまなOSで、長時間のコピー中に使われているアニメーションアイコンはその一例です。

脳波通信

　次に示す3つのSF映画では、感覚的経験を記録したり、あたかもそこにいるような経験をさせるべく、技術の人間的、文化的効果に取り組んでいます。この技術は、脳への読み取りと書き込みの間に位置づけられます。経験を脳に書き込むことと、その後再生することとは時間的に区別されるためです。

　『夢の涯てまでも』では、脳への書き込みの可能性に言及しています。再生プロセスはよりシンプルです。まず、青い光が明滅しているリングを頭にかぶせて横たわります。映画の後半で記録された夢を再生できるようになると、結果のイメージが映画のように画面に映し出されます（図7.26）。

　『ブレインストーム』では技術を不正に使おうとする個人と組織に焦点を当てて、装置が研究所の手づくりのプロトタイプから洗練された消費者向けの製品になるまで、技術の進歩が繰り返されています（図7.27）。

　『ストレンジ・デイズ／1999年12月31日』（「Strange Days」）では仮想現実ポルノの装置を売買する主人公が、他人の五感を体験できる技術であるこの装置を使って、殺人犯を捕まえようとします。物語のなかで、この装置は容疑者によって仲介され、裏社会の娯楽として扱われているため、装置に外部表示がなかったり、かつらの下に装着されたりしています（図7.28）。

脳インタフェース

図 7.26a–d 『夢の涯てまでも』（1991 年）。

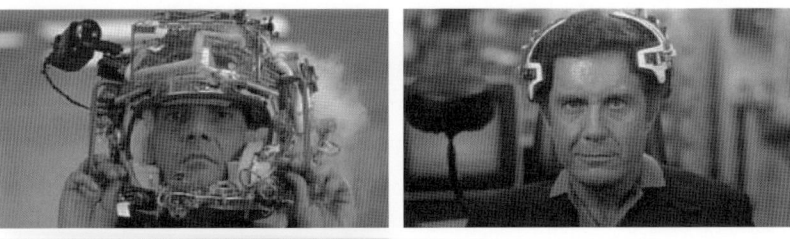

図 7.27a–c 『ブレインストーム』（1983 年）。

現在進行中の事柄

　ユーザーが自分の意思でシステムを制御するのも脳インタフェースの 1 つです。SF 映画というと、ほとんどがこういうものだと思われがちですが、実は比較的少ないのです。ここでは脳波通信技術とちょっとした独特の技術が使われています。

　ここでの脳波通信技術は、前述した受け身のものとは違って、自分の言動や経

図7.28 『ストレンジ・デイズ／1999年12月31日』(1995年)。

験を積極的に取り入れようとするものです。

仮想テレプレゼンス

仮想世界にユーザーを引き込んでいる技術が用いられている映画を2つ紹介しましょう。その1つが、『マトリックス』の3部作です。

後頭部にソケットをつなぐと、ネオの意識がマトリックスとよばれる仮想世界に侵入できる状態になります。ネオは、彼のアバターを通して、あたかも現実世界にいる感覚や触覚による反応を受けながら、マトリックスのなかで行動します（図7.29）。

仮想世界の反乱軍は、その世界のルールを曲げたり、マトリックスのなかに仕掛けられた超人的な技術を使い、またそれらを人々に気づかれないように取り入れることができます。マトリックスのなかにいるとき、ネオたちは現実世界では昏睡状態で、知覚もなく反応もしません（図7.30）。

反乱軍のメンバーは戦闘訓練やザイオン軍の街の警備のような特別任務のため、仮想空間をつくり出します。この環境における仮想インタフェースは現実世界のルールに従う必要はないのです（図5.8d参照）。

> **レッスン** 仮想世界は現実世界から慎重にそらすべき

仮想空間が現実世界から離れれば離れるほど、より多くの人がその存在を仮想として現実世界を感じ取ることができます。私たちの脳と身体は、現実世界の生活に適応できるよう、脳を助ける多くの能力が備わっています。たとえば顔認識、空間聴覚、単純な物理現象、話し言葉への適応などがこれにあたります。現実世界と極端な乖離がある

脳インタフェース

図 7.29a–d 『マトリックス』(1999 年)。

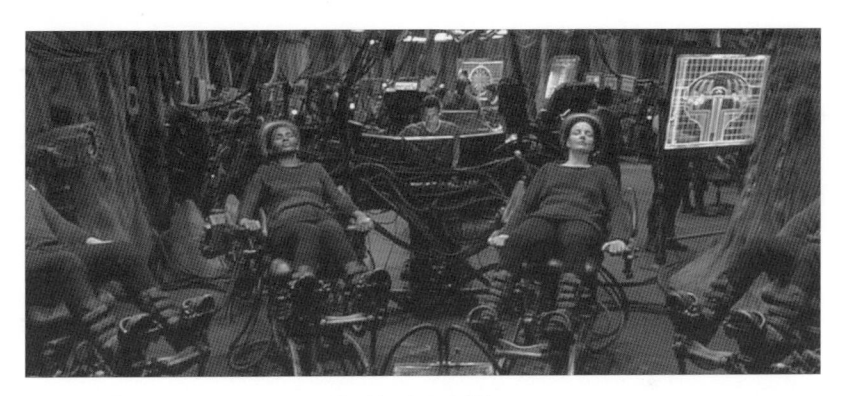

図 7.30 『マトリックス・リローデッド』(2003 年)。

と、上記のような備わっている能力を利用することができなくなるため、意味の理解や解釈に多くの認知的負荷をかけることになります。

すべてのメディアと同様に、機能性が調整できていないときに現実世界のメタファーに忠実であろうとすると、混乱を招くことになります。そこで、機能が現実のものと一致しないときは、現実からそらすことを恐れてはいけないのです。

『スター・トレック ディープ・スペース・ナイン』「心の決死圏」はベシアとオブライエンが精神探査を即興で行う様子を提示しています。2 人は宇宙船のなかで検査ファイルを探し回っているのですが、このとき、彼らは生体情報を探している敵の心を読み取ろうとしているのです (図 7.31)。彼らがファイルを見つ

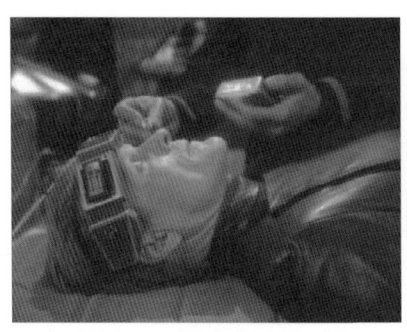

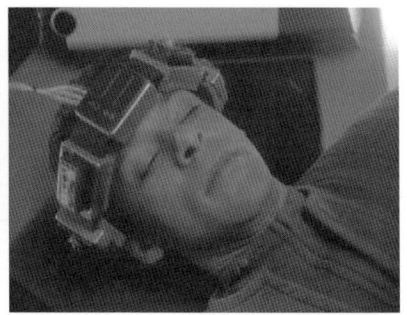

図7.31a,b 『スター・トレック ディープ・スペース・ナイン』「心の決死圏」(第7シーズン 第23話 1999年)。

けて現実世界に戻ってきたとき、タスクが終わったことがわかります。しかし、この場面では何回も起きているにもかかわらずスローンの心のなかにとどまっているので、今回は現実世界に戻ってきたように見せなければなりませんでした。これはSF映画における脳インタフェースの共通のテーマなのです。どうやって視聴者は、仮想世界から抜け出して現実世界に戻ってきたことを知るのでしょうか。

『イグジステンズ』(「eXistenZ」)では、仮想現実においてプレイヤーがゲームをすることで物語が展開されます。仮想現実のゲームは現実世界のシステムと酷似していますが、その表現は技術的というよりも生体的です(図7.32)。現実世界のシステムではヘッドギアを付け、コントローラーをプレイヤーの手にはめて使います(図7.33a)。ゲーム中のシステムも同じようなコントローラーをはめるのですが、片方は脊髄から出るへその緒のような生体コードにつながれています(図7.33b,c)。

この映画では電子的な技術と生体的な技術とを使い分けているのです。機能的には同じですが、侵襲的ではないコントローラーでさえ、生体的な感覚をもたせると気持ち悪いです。このような技術が当たりまえになっていいのでしょうか。生理的に受けつけません。この類のインタフェースがどうあるべきかデザイナーはよく考えるべきです。

脳インタフェース

図 7.32a,b 『イグジステンズ』（1999 年）。

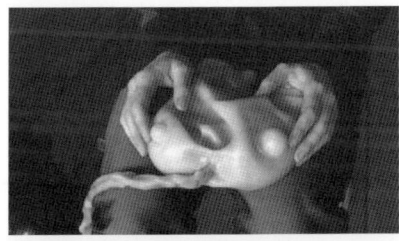

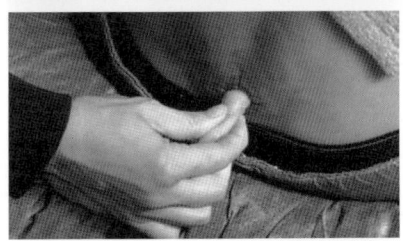

図 7.33a–c 『イグジステンズ』（1999 年）。

レッスン 生体工学的な技術に対する嫌悪感

動物の生体は、進化のルールによって獲得されてきたものであるため、人工的な技術とは見た目や動きで区別できます。生物の動きや美しさが、私たちが理解する生理的な美しさを逸脱した場合、ほぼ共通して嫌悪感を抱きます。この現象は、自然な素材が人工的に壊されたときに高まります。デザイナーは、この嫌悪感に注意しなければなりません。

実際のテレプレゼンス

『アバター』では人の意識をヒューマノイドに投影することを表現しています。このインタフェースでは、身体情報を観察するセンサーのある部屋にベッドが置かれています。頭に関連するセンサーは数インチの間隔で人の頭に装着され、薄

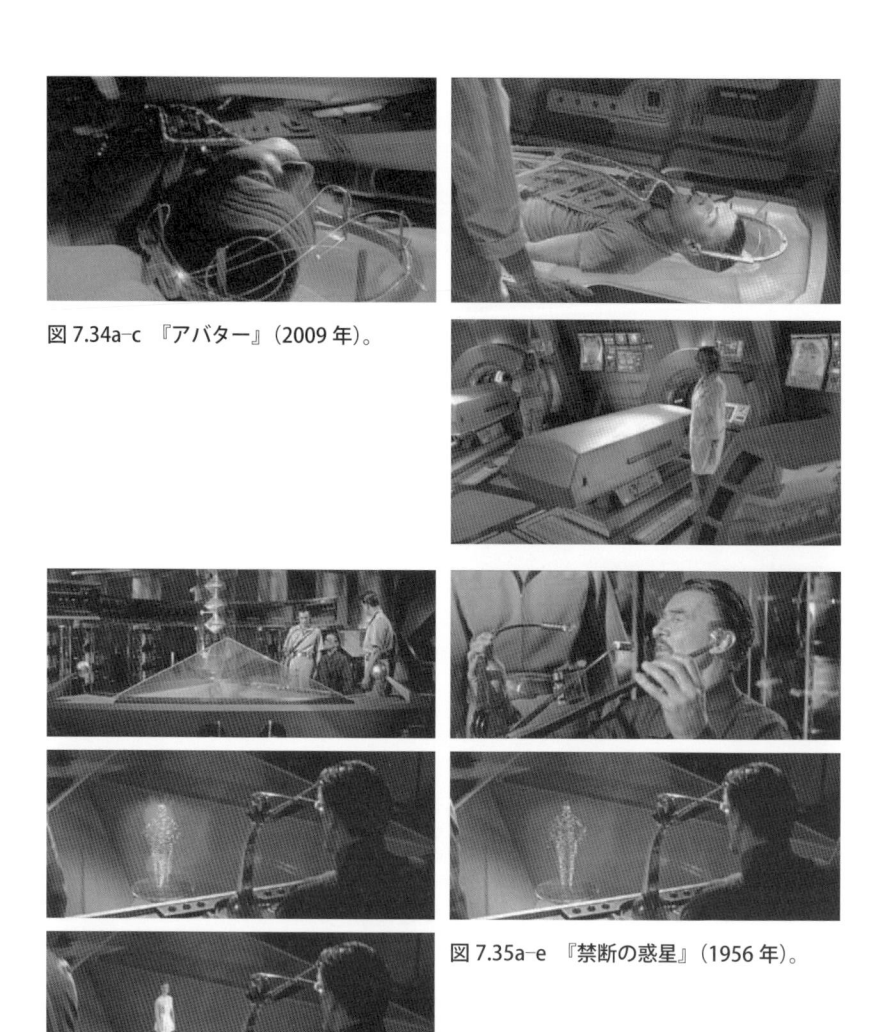

図 7.34a–c 『アバター』（2009 年）。

図 7.35a–e 『禁断の惑星』（1956 年）。

い透明の線のなかに光が流れています。心を読み取っているとき、人体はベッドに横たわって動かず、大きな金属製の CT スキャナーに入っていきます（図7.34）。

図 7.36a–c 『デモリションマン』(1993 年)。

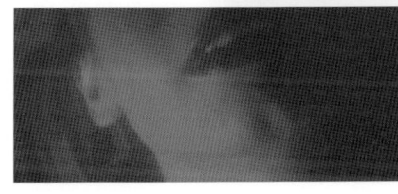

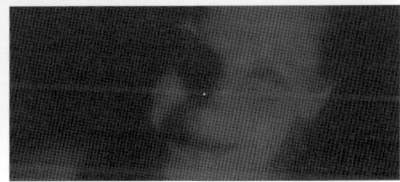

思考の明瞭化

『禁断の惑星』では、モービアス博士が「プラスチック・エデュケーター」という名前の装置を使います。これはユーザーが考えたことが直ちに実現されるというクレール人の装置です（実際に教育するところは表現されません）。この装置を使う際、博士は椅子に座り、3 つの棒を頭に接触させて集中します。考えがはっきりしてくると装置が動き出し、半透明の映像が浮かび上がります。博士が娘を思い浮かべると、微笑む娘が映し出されます（図 7.35）。思考を止めて、棒を元の位置に戻すことで装置は止まります。

バーチャルセックス体験

『デモリションマン』では、レニーナーはジョン・スパルタンとバーチャルセックスを行い、精神の快楽に到達することがわかります。この演技の際、彼らは数フィート離れたところに座り、ヘッドギアを身につけて目を閉じてリラックスします。ヘッドギアには小さく赤い光が点いています。感覚的イメージによって、お互いが悦楽を感じます（図 7.36）。スパルタンは、このような擬似世界での経験に違和感をもち、ヘッドギアを外してしまったため、絶頂に至る表示は示されませんでした（13 章を参照）。

脳波で宇宙船を操縦

『スター・トレック ヴォイジャー』「アリスの誘惑」では、トム・パリスが救

図 7.37 『スター・トレック ヴォイジャー』「アリスの誘惑」（第 6 シーズン 第 5 話 2000 年）。

世主となったエイリアンの宇宙船で、人工知能に操られます。幻覚のなかで女性のイメージが映し出され、彼女は彼に、目的地に向かって操縦するよう説得します。彼は操縦席に座り神経系のインタフェースを頭に装着します。このインタフェースを使って宇宙船を操縦するのです。視聴者は、そのインタフェースに緑色の光が点滅し、パイロットの前面に格納式の腕があらわれることで、それが作動したことを理解するのです。パリスは計器系のタッチ画面に触ります。脳インタフェースを通じた人工知能によって操縦に関するすべてのやりとりが行われます。しばらく操縦していると、椅子から別のワイヤーが伸びて彼の皮膚に刺さり、さらに人工知能の作用が増したことが表現されています（図 7.37）。

ゲームをする

『新スター・トレック』の「エイリアン・ゲーム」では、クタリア星の女性が薄く透明で目の前を取り囲む形をしたヘッドセットをライカーに装着します。耳の上あたりの操作ボタンを押すと、赤いビームが瞳に発せられ、網膜上にゲーム画面を映し出します（図 7.38）。この装置は脳波を読みとり、仮想ディスク上で3次元の調整を行っています。プレイヤーが煙突に入ると、レベルクリアとなり、脳の快楽中枢で小さなブザーが鳴ります。このゲームは病みつきとなりやすく、プレイヤーが他の人にも勧めるようプログラムされているため、感染するのです。

図7.38a,b 『新スター・トレック』「エイリアン・ゲーム」(第5シーズン 第6話 1991年)。

SF映画における2つの脳技術に関する通説

脳に作用するインタフェースは、でたらめな科学やインタフェースデザイナーが扱っている仕事とは違う技術で論じられるので、直接的な教訓が見当たりません。しかし問題のある2つのコンセプトについて、ここで明確にしましょう。

通説：脳関連のインタフェースには痛みを伴う

人の脳から情報を出し入れするとき、侵襲的でなくても痛みを伴うことになっています。衝撃や不快を少しでも和らげようと、人の頭部は固定されて安静状態になっていますが、これは映画の場面としての演出です。現実世界の技術でも最先端の技術でも、また将来的にもこんなことはあり得ません。

現実世界では、脳内に直接刺激を与える方法は経頭蓋磁気刺激（TMS：transcranial magnetic stimulation）治療法とよばれています。せいぜい被験者に警告と注意を与える程度であり、オーストラリア人のTMS研究者であるアラン・スナイダー氏は数学パズルのスコアが改善できる程度であると述べています。一方、筋肉の不随意な痙攣や視野の中に白い斑点が見えるような苦痛は少ないと考えられています。最悪の場合、このような発作が起こったとしても、たとえ人の脳に何か情報を埋め込んだりしても、SF映画で当たりまえのように起こる偏頭痛にはなりません（8章参照）。

現在、脳のデータを取り出す方法としては機能的核磁気共鳴画像法（fMRI：functional magnetic resonance imaging）があります。2008年時点では10×10ピクセルで画像化することができます。熟練も神経を集中させる必要もありません。痛みもありません。

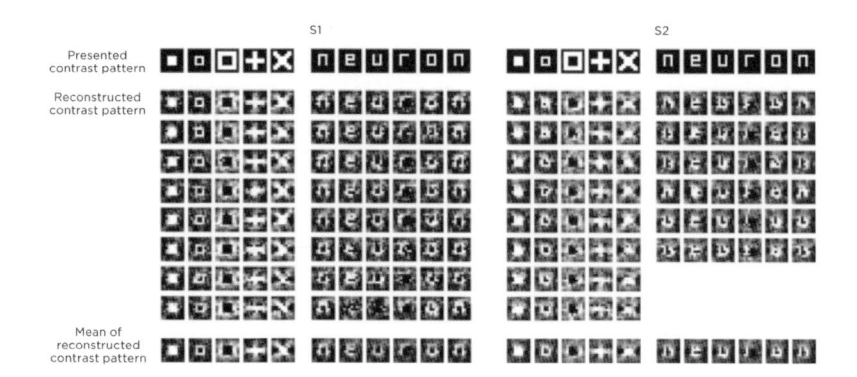

図 7.39　今のところ科学者は脳から fMRI 画像を通じておおよそ読み取ることができる。

図 7.39 は読み取りの結果を示したものです。一番上の列は実験協力者に提示されたものです。残りは科学者がさまざまな読み取りによって推論していったものです。最後の列は、これらの推論を平均化して原型と対応させたものです。

通説：知識はソフトウェアのようにインストール / アンインストールができる

いくつかの SF 映画では、脳に端子や目を通して接続し、情報を書き込んだり更新したりしています。

このメタファーは近代脳科学に逆行したまやかしです。脳の構造は、ハードディスクのようなものではなく、ビット単位の情報が思考に関連してはいるものの、ニューロンを通じて他の思考にも使用されています。情報の更新には 100 億もの神経細胞によるかなり正確な物理的再構築が求められます。網膜に光を当てたり、端子を使って電気的刺激を与えたりするようなものではないのです。

思考のインタフェースは実在するか？

私たちが脳の読み取り技術のうち、もっとも見落としているのは思考のインタフェースです。これをどう解釈すればよいのでしょうか。

機械に人の脳を接続するような物理的なインタフェースは結構ありますが、視覚的・聴覚的に表現したりシステムを制御したりするものはほとんどありません。ほとんどの場合、この技術は映画のなかのキャラクターを言語や肉体とともに他の世界へ移すときに使われる限定的なツールとなっています。たとえば、『マトリックス・リローデッド』のザイオン軍の作業者は身振りを使ったインタ

フェースを表現しています（図4.19a 参照）。

『スター・トレック ヴォイジャー』でトム・パリスは、彼自身の拡張としてアリスの飛行船を操縦しているように見えます。彼は情報を入手し、宇宙船の位置とシステムを把握していますが、私たちからは彼が操縦するインタフェースは見えません（図7.37）。

『禁断の惑星』で登場するプラスチック・エデュケーターは、心を読み取っていますが、思考は相互作用によるものです（図7.35）。機械が期待する方法で人を視覚化するとき、そのイメージを理解できるでしょう。それでいいのです。『新スター・トレック』の「エイリアン・ゲーム」の脳の読み取り技術は赤いパックを青い筒に動かすという基本的なものです。そのインタフェースは基本的ですが、タスクを達成し報酬を受け取るという見返りがあります。

チャンス 脳を読み取るインタフェースの可視化

思考の種類を考えると、脳を読み取る技術の対象として、物理的な位置はもっとも基本的なものの1つに見えます。宇宙船のなかで電力を管理したり、武器の照準を合わせたり、複雑な仮説をテストするための思考ツールはどこにあるのでしょうか？ 今はまだできていません。より複雑な脳インタフェースは、今回扱ってきたような単純なものではなく、複雑なものが要求されるのです。

なぜインタフェースが未成熟なのでしょうか？ 私たちは急速な技術革新に脳

図7.40a,b　フォーストレーナーとマインドフレックス。

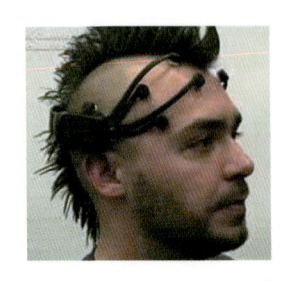

図 7.41a,b　エモーティブ社の EPOC システム。

インタフェース技術が追い付いていないのではないかと思っています。ここでは一般向け脳インタフェースのゲームを紹介します。このうちの1つは、脳波センサーによってベータ波を測定しボール遊びをする玩具です。集中力やリラックスによってファンが回り、ボールが浮き上がります（図 7.40）。

　エモーティブ（Emotiv）社の EPOC システムはもう少し高価な装置です。マウスのような一般的な入力装置としても使えます。14 個のジャイロセンサーが組み合わされており、ちょっとした訓練をすると、4つの精神状態と思考、表情、頭の動きを捕捉することができます（図 7.41）。

　一般向けの脳インタフェースとしてもっとも進歩したものでさえ、まだ認知されていません。ほとんどの人々は知らないのです。これは SF 映画の製作者にとっては、現実世界に確立された手本がないということを意味します。不確かなインタラクションを映画に登場させるメリットはほとんどないので、現実世界の方で脳インタフェースを確立する研究開発を加速しなければならないでしょう。

脳インタフェース：通説の地雷原

　思考を支援する新しいインタフェースを表現したり、想像したりすることはもちろん可能です。実際、ワープロや表計算のようにアイデアや複雑なモデルを整理するツール、記憶を支援するツール、プレジ（Prezi）のような思考を階層的にモデル化するプレゼンテーションツール、概念をマッピングするソフトウェア、オムニグラフ（OmniGraffle）のようなフローチャートのソフトウェアなど、日々生産的なツールが開発されています。私たちがこれらの支援技術を再考して、新しいインタフェースを探索する余地はたくさんあります。これを表現に活用していくことをもう少し考える必要があるのではないでしょうか。

CHAPTER 8

拡張現実

本章の論点	174
外観	176
センサー表示	177
位置認識	179
コンテクスト・アウェアネス	181
目標認識	188
現在は何が欠けている？	194
拡張現実の情報集約	194

CHAPTER 8

図8.1 『スター・ウォーズ エピソード 4/ 新たなる希望』(1977 年)。

　ルーク・スカイウォーカーは家を飛び出して丘の頂上へと駆け上がります。そして、買ったばかりのドロイド R2-D2 を探すため、ルークは双眼鏡を覗きこみ水平線を見渡します。「とんだ厄介者で、困ったもんです。」C-3PO が不平を漏らします。「あの手のアストロ・ドロイドは何を考えてるのやら、私でさえときどきわからなくなります。」双眼鏡のビューファインダーがルークの視界周辺部に表示した分析情報は、R2-D2 を探す手がかりにはなりません（図8.1）。「まずいぞ、どこにも居ないよ。参ったな。」とルークは弱音を吐きます。

　拡張現実（AR：Augument Reality）とは、有益な付加情報によって現実世界におけるユーザーの知覚を拡張する技術です。AR はあらゆる知覚を拡張することができます。しかしほとんどの場合では、AR は視覚情報です。私たちの調査では、SF 映画のなかにさまざまな AR が登場します。その一部を紹介すると、双眼鏡、武器、通信システム、パイロット用ヘッドアップ・ディスプレイ(HUD) や、サイバネティックスを応用した目のような技術までもあります。

本章の論点

　その名が示すとおり、AR とは現実世界を拡張することであり、置き換えることではありません。現実そのものを表示することは、AR といえません。たとえば、『インストーラー』のブリューゲン教授は、立体プロジェクターによって映し出された患者の映像と、はるか彼方に存在する実際の患者とを突き合わせることはできません（図8.2）。

　『インストーラー』は、AR の制約の 1 つを示しています。立体プロジェクターの映像は実際の患者を投影しているにすぎないため、ブリューゲン教授は映像のスケール、位置や状態を操作できません。AR モードと操作可能な映像を表示す

拡張現実

図 8.2 『インストーラー』(2007 年)。

るモードを切り替えることができるようなシステムも考えられますが、私たちの調査には登場しません。

　現実を拡張するためには、現実空間に存在する人やモノなどに拡張情報を重ねるべきです。『ファイヤーフライ 宇宙大戦争』に登場するホロイメージャーが表示するレントゲン映像は、目の前の患者の上に浮いています（図8.3a）。レントゲン映像と現実の患者を照合するためには、レントゲン映像の下に視線を落とす必要があります。この空想上のインタフェースは重ねて表示していませんので、私たちのAR定義の対象外とします。この例とは対照的に、『ロスト・イン・スペース』に登場する立体ディスプレイは、手術台に乗せられたジュディ・ロビンソンの身体にレントゲン映像を重ねています。これにより、ドクター・スミスは目の前に存在する患者の外的症状を検査すると同時に、また場所を移動することなく、レントゲン映像から内臓の状態を確認することができます。『ファイヤーフライ 宇宙大戦争』と『ロスト・イン・スペース』に登場する例はよく似ていますが、私たちが定義するARは情報を重ねて表示している後者のみです。

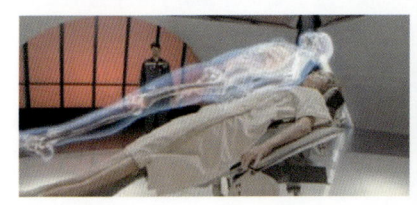

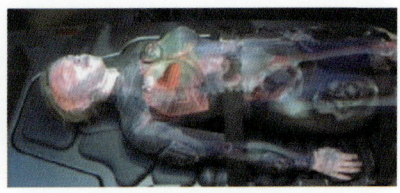

図 8.3a,b 『ファイヤーフライ 宇宙大戦争』「希望への挑戦」（エピソード 9「Ariel」2002 年）、『ロスト・イン・スペース』（1998 年）。

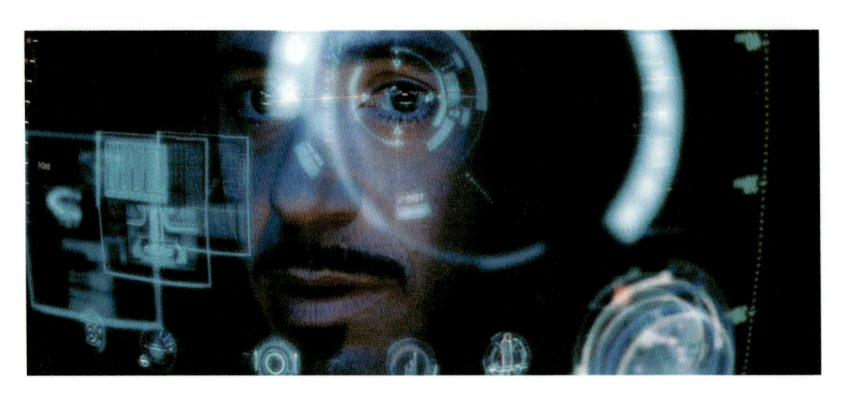

図 8.4 『アイアンマン』(2008 年)。

　仮想現実はユーザーが認知する現実世界を置き換えているに過ぎないため、私たちの定義では AR とはいえません。ユーザーの知覚を拡張することができる仮想現実も考えられますが、私たちの調査ではそのような例はありません。

　AR の基準として、現実の世界に関連する情報を重ねて表示することと定義します。私たちの調査によって集められた事例を自らの基準に照らし合わせ、センサー画面、位置認識、コンテクスト認識、目標認識の 4 つに分類しています。この 4 つの分類について詳しく説明していく前に、AR システムの外観について説明します。

外観

　極力視界を遮らずに現実世界を拡張することは、すべての AR システムに共通する課題です。SF 映画に登場するほぼすべての AR の例では、重なった表示を半透明にすることでこの問題を解決しています。こうすることで、現実の視界が遮られることはほとんどありません。さらに映画においては、出演者と画面のインタフェースを同時にカメラ映像のなかに収めることができます。半透明に重なった表示を用いた AR ディスプレイは現在まだ一般的ではないために、未来的な印象です（図 8.4）。

　視聴者に進化した技術を伝えるために、SF 映画に登場する多くの AR インタフェースは複雑な形状や動きを用いています。また、モーダルな情報を付加するような最新の例もあります。ここでのモーダルとは必要に応じて自動的に情報が表示されることを意味し、完全な非表示になることはめったにありません。表層的な美しさだけのインタフェースは、現実世界においては眼精疲労や注意散漫を

引き起こす問題があります。このような問題を視聴者が認識するようになるまでは、SF映画のインタフェースにおける、見た目を重視するという傾向は今後も続いていくでしょう。その理由は、映画のストーリーを語るうえでの要求に合致しているからです。

センサー表示

もっとも単純なARの例は、画面周辺にある基本的なセンサー情報を表示するものです。SF映画に登場するセンサー情報は、意味をもたない記号やアルファベットによる「ダミーデータ」であり、ストーリーに現実味を与えるためのものです。高度な技術を表現しているにすぎないため、視聴者は表示される情報の意味について気にする必要はありません。

『スター・ウォーズ エピソード 4/新たなる希望』で、基本的なセンサー情報を表示する双眼鏡が登場します（図8.1）。方向、距離や拡大倍率らしき情報が、双眼鏡の拡大映像に付加されています。

視聴者は映画の場面に登場する情報を常に解釈できるとは限りません。しかし、登場人物にとっては、その情報が役に立っているようです。『Mr. インクレディブル』に登場する世界制服を企む悪のロボット・オムニドロイドは数字とグラフィックを多数表示するARを備えていますが、その情報が何を意味しているかは不明です（図8.5a）。これと似たようなARが『トランスフォーマー』に登場しますが、表示される情報がエイリアンの言語になっているため、まったく意味がわかりません（図8.5b）。

『アイアンマン』のトニー・スタークのHUDはパワードスーツのパフォーマンスデータ、フライトコントロールや自身の周辺状況などの大量のセンサー情報を表示します。しかし、このHUDは視認性に関する良い手本とはいえません。情報量が多すぎるうえに、注意散漫の要因となる動きをしています（図8.6）。

図 8.5a,b 『Mr. インクレディブル』（2004年）、『トランスフォーマー』（2007年）。

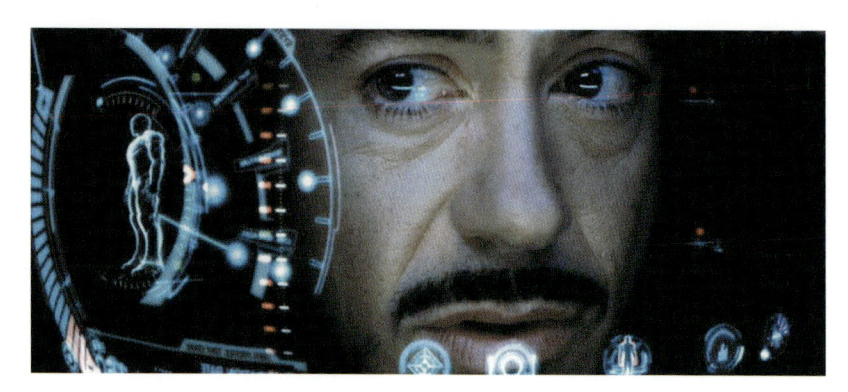

図 8.6 『アイアンマン』（2008 年）。

レッスン　視野周辺部に拡張情報を表示する

センサー情報を表示するインタフェースの例からわかるとおり、AR はユーザーの視界を過剰に遮る可能性があります。ユーザーの妨げにならないようにするために、AR の設計者は表示する情報の可読性を保持しつつ、透過性を最大限まで高めたビジュアルデザインを採用するべきです。ユーザーが情報を必要としていないときはユーザーの視界の端に表示情報を配置し、情報が必要な場合は視線の中心付近に表示しましょう。人間の脳は動きを検出するようになっているため、視界周辺部へと押しやられたデータが偽陽性（本来必要としていない情報の検出）を引き起こすきっかけとなる可能性があります。そのため、画面の端に表示する情報の動きは、最小限に留めるべきです。

レッスン　焦点距離の差をなくす

AR と HUD に共通する課題の 1 つは、視線の先にある現実世界と拡張情報の間で焦点距離の差が生じることです。ユーザーの視線は、拡張情報と現実の視界の間を頻繁かつすばやく移動するので、目に負荷がかかります。トニー・スタークは、目の前の画面と飛行経路上の物体との間で焦点移動を繰り返していたことでしょう。理想的な AR システムにするためには、焦点距離の差をなくす立体視できる機能を備えるべきです。そうすることで、ユーザーは焦点を移動することな

図 8.7 『スター・ウォーズ エピソード 4/ 新たなる希望』（1977 年）。

く、ひと目で情報が得られます。

　私たちのお気に入りであり、素晴らしい AR センサー画面の例が、『スター・ウォーズ』のミレニアム・ファルコン号の迎撃用シートとして登場します。すでに 6 章で簡単に紹介していますが、このインタフェースは宇宙空間での無音のドックファイトをドラマティックな音によって拡張し、射撃手の環境認識を増幅させています（図 8.7）。再び取り上げた理由は、視覚以外の知覚による拡張情報の可能性を私たちに再認識させてくれたからです。

> **レッスン** 作業中の知覚以外への拡張情報を検討する
>
> 　ある知覚を用いた作業をしているときは、それ以外の知覚を使用した拡張情報を検討をしましょう。作業に使用していない知覚は情報取得に適しています。また主に使用している知覚を邪魔することがないため、より効果的です。

位置認識

　センサー情報以外の AR の分類として、ユーザーの位置に関する地理的情報を表示するシステムがあります。『ロボコップ』（「Robocop」1987 年）に、初期の単純な AR の例が登場します。ロボコップは自分の過去を捜索するため、息子ジェームズ・マーフィーがかつて住んでいた家へ足を運びます。その途中に、視線の先にある通りの名前がロボコップの HUD に表示されます。さらに、その通りに足を踏み入れると表示モードが切り替わり、ロボコップが探している場所の詳細な住所が表示されます（図 8.8）。

図 8.8a,b 『ロボコップ』(1987 年)。

　位置情報を表示する進化型 AR の例が、『マイノリティ・リポート』に登場します。エバンナは、逃亡中のジョン・アンダートンを追う任務を与えられた将校です。エバンナは他の将校たちが探索のため建物内へ侵入していく間も、垂直離着陸機のパイロット席に残り、作戦全体の取りまとめを遂行しています。エバンナの HUD の右上の市街地図上に探索チームの現在位置が表示され、さらに垂直離着陸機の方位情報などがいくつも重なって表示されています。また、この地図の全体像が HUD の下半分に表示されることによって、現実世界の視界に情報が重なっています（図 8.9）。

　地形モデルを用いた位置の認識は、SF 映画における AR の典型的なタイプといえます。『エイリアン 2』や『アイアンマン』の登場人物は、見通しが悪い状況で複雑な地形のなかを航行しています。彼らがもつインタフェースは、地形に応じた鮮やかな青色をした等高線によって地形に関する拡張情報を表示します。そうすることで、登場人物たちは複雑な地形であっても航行でき、視聴者もまた自らが操縦しているような気分になります（図 8.10）。

　『エイリアン 2』と『アイアンマン』の双方の例において、システムが等高線を表示する方法はわかりません。レーダーもしくはセンサーから送られてくる

拡張現実

図8.9 『マイノリティ・リポート』(2002年)。

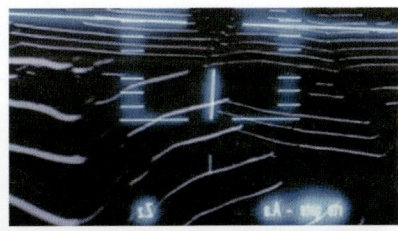

図8.10a–c 『エイリアン2』(1986年)、『エイリアン』(1986年)、『アイアンマン』(2008年)。

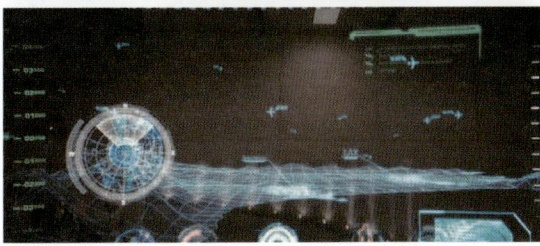

データをリアルタイムで表示していると思われ、センサー画面の進化型といえるでしょう。とくに、パワードスーツの例においては、スーツに備わるGPSや高度測定データに基づいた地形情報データベースにシステムがアクセスしている可能性が高いでしょう。ただし可能性は低いとはいえ、システム自体が人間のように機能し、視覚的に認識した地形情報を画面に表示している可能性もあります。このようなシステムは、高度な文脈認識の例として次節で取り上げます。

コンテクスト・アウェアネス

　コンテクスト・アウェアネス（前後の文脈認識）とは、人やモノが置かれた状況をシステムが認識することを意味します。人、モノ、それぞれのコンテクス

ト・アウェアネスの例を見ていきましょう。

モノの認識

　ユーザーの視界に存在する人やモノに関連する情報を AR として表示するシステムが存在します。表示される情報の種類として、人やモノ、ときにはコンテクストに関連づけされていることもあります。『アイアンマン』に登場するトニー・スタークの HUD は、拡大映像に映された子どもたちがサンタモニカのフェリス・ホイール（観覧車）に乗っていることを認識しています（図 8.11）。

　トニー・スタークが武器を備えたスーツを着用して初の音速での試験飛行をしている場面を思い出してみてください。飛行中のトニーに対してフェリス・ホイールについての百科事典情報を読ませようとするのは、無責任に注意を逸らせているようです。トニーの意識が「1893 年のシカゴ万博」の詳細情報に向いている間、仮にジャーヴィスという名のスーツに搭載された人工知能がトニーの代わりに飛行を制御できたとしましょう。もしそうだとしても、ジャーヴィスがするべきことはその名称や概略図のみを表示したうえで、トニーに追加情報の必要性を確認することでしょう。ジャーヴィスであればトニーが知りたい情報を声で伝えることが可能です。それと同時に、トニーに対して周囲に目を配らせたり、飛行状況をモニタリングさせることができます。

　レッスン　ユーザーの邪魔にならないように AR の情報を表示する

　　豊かで階層化されたあらゆる種類の情報表示によって現実を拡張することができますが、システムのユーザーはただ 1 点目先の作業に集中して焦点を合わせています。ユーザーが注意散漫になることを防

図 8.11　『アイアンマン』（2008 年）。

拡張現実

ぐには、必須情報もしくはユーザーから明確に求められている情報のどちらかに絞って表示し、追加の詳細情報を表示する際はその優先度をできるだけ低く設定しましょう。

『ファイヤーフライ 宇宙大戦争』の米国でのパイロット版エピソードにおいて、パトロール中の同盟軍の巡洋艦が1隻の宇宙船を発見し、違法救助の疑いをかけます。同盟軍の指揮官が不運な主人公たちの処分を議論している間、背景にあるブリッジの画面は発見した宇宙船を取り囲むように拡張情報を表示しています（図8.12）。

この場面での注目すべき点は拡張情報を表示するグラフィックです。このグラフィック情報は指揮官とその背後から撮影しているカメラに向けられています。ところで、ブリッジの左側にいる士官は何を見ているのでしょうか？ 指揮官と士官ではグラフィック情報に対する立ち位置が異なるため、士官からは本来情報が表示されるべき宇宙船とは別の場所にグラフィックが見えているはずです。事実、すべての重なった情報表示はユーザーの見え方に配慮するべきです。この例のような共有型のHUDは複数のユーザーが同時に見るため、すべてのユーザーに同じ見え方となるように調整することは不可能です。このドラマの脚本家兼監督であるジョス・ウィードンに謝っておくと、もしかしたらこの巡洋艦は超進化

図8.12 『ファイヤーフライ 宇宙大戦争』「セレニティー 前編」（エピソード1 2002年）。

型の技術を備えているのかもしれません。その技術によって、見ている人の目に個別のグラフィックをビームのように発したり、拡張対象となるモノが船外にあることを強調するために画面の表示領域内の情報をトリミングしているのかもしれません（同様の矛盾した例として医療用立体プロジェクター p.299 を参照）。

レッスン 拡張現実は個人的なもの

拡張情報を複数の AR ディスプレイ間で同期することで、すべてのユーザーがあたかも「現実」であるかのような同じモノを同時に見ることができるようなシステムも考えられます。しかし、このようなシステムは道路標識や注意喚起のような重要な情報もしくは公共性の高い情報に限定されるべきです。そうすることで、たとえば自分以外の人が行くことはない特定の場所に関する情報といった AR システムが個人的な情報を保護する余地を残すことができます。これを上記の同盟軍のブリッジの場面に置き換えると、それぞれの士官が異なる拡張情報を見ることを意味します。

通信士は通信チャネルが混信していないことを視覚的に確認することができるでしょう。兵器担当者は艦のシールドが正常に機能していることを確認できるはずです。また、科学分析官は船から排出される放射線や科学物質を解析できるでしょう。

人の認識

人というのは社会的な生き物であり、それゆえ AR は社会的な意思疎通を拡張することもあります。タイムトラベルをテーマにしたアドベンチャー SF 映画、『バック・トゥ・ザ・フューチャー PART2』では、未来のマーティが自宅のリビングの巨大なテレビ電話で、ダグラス・ニードルズと通話をしています。その最中に、テレビ電話は年齢や所属する会社名などのニードルズに関する重要度の低い情報を表示します（図 8.13）。

同様に『アイアンマン』では、トニー・スタークが友人のローディとの通話中に、トニーの HUD はローディの経歴情報にアクセスします（図 8.14）。この情報表示の妥当性を評価するのは難しいですが、『バック・トゥ・ザ・フューチャー PART2』と『アイアンマン』の両方の登場人物たちは、表示された拡張情報を活用していません。おそらく表示される情報は、ユーザーの好みに基づいていると思われます。未来の AR システムが関連情報を決定するために、システ

図 8.13a,b 　『バック・トゥ・ザ・フューチャー PART2』（1989 年）。

図 8.14a,b 　『アイアンマン』（2008 年）。

ム自身がもつデータベースとやりとりするようになると推測します。

　戦闘時に役に立つ拡張情報の 1 つとして、視界中の人物が敵か味方かを判別するものがあります。『ターミネーター 2』（「Terminator 2: Judgment Day」1991 年）に登場する T2 サイボーグは、視覚に組み込まれた AR を備えています。サイバーダイン社のロビーにおいて、警備員が脅威であるか否かを評価する際に、拡張情報として「全標的を選択せよ」と T2 に表示されます（図 8.15）。しかしこの一連の動作が完了する前に、T2 は一瞬にして全兵士の戦闘能力を奪っています。

> **レッスン**　拡張現実においてすべてというのは特別なことである
>
> 　『ターミネーター 2』の場面のように目の前に敵と味方が混在している状況を、私たちは実際に見ることはできません。そのため、T2 の AR システムが敵と味方を区別して表示する方法はわかりません。しかし T2 のシステムが高度な物体識別能力を備えていることはわかります。そこから、脅威となるモノを視覚的に区別していると推測します。また、この表示は目の前にいる全員が脅威である場合に対応した特別なモードと考えられます。明らかに必要のない情報をたくさん表示するより、助けを必要としている人と攻撃対象となる人をシステム自らが判断する方が優れています。加えて、すべてが攻撃対象であ

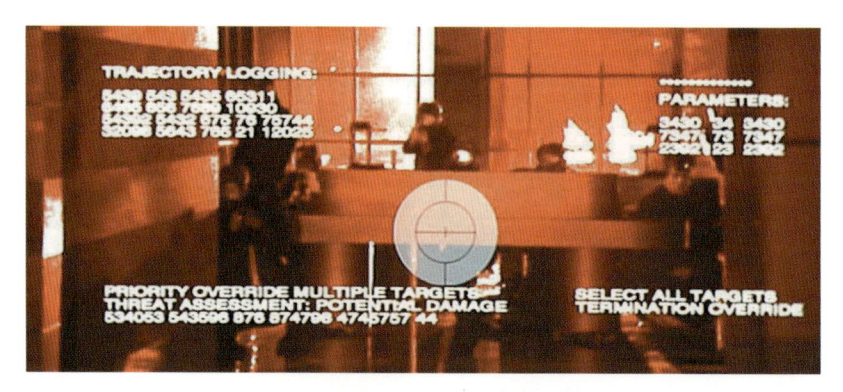

図 8.15 『ターミネーター 2』(1991 年)。

図 8.16a–c 『アイアンマン』(2008 年)。

ることを意味する特別なモードを表示することで、素早い攻撃行動が可能になります。AR の設計者は、この例と同様にユーザーが「すべて」か「ゼロ」かの状況を素早く認識できるようなシステムを設計するべきです。

システムが脅威を素早く見極めることができたとしても、T2 は手動で標的を

攻撃しなくてはいけません。これに対して、敵と味方を判別する最新システムには判別、照準、引き金を引くといった一連の作業が実装されています。『アイアンマン』のHUDは、目の前にいる敵と人質を判別する過程を見せます（図8.16）。アイアンマン・スーツは敵と人質を判別した後、自動的に多段ミニロケットを発射するにも関わらず、ミサイルを発射して敵を倒す前には各標的の上に赤く色づけされた照準器の拡張情報をわざわざ表示します。

アイアンマン・スーツは照準器を表示するよりもずっと早くに、敵と味方の判別をすることができるはずです。なぜ、システムは意図的に遅くする必要があるのでしょうか？

> **レッスン** 人がコンピュータ処理を監視できるようにする
>
> コンピュータ処理による結果には重要度が存在します。その重要度が高いほど、検出漏れと誤検出を防ぐために人による監視が必要となります。その際、介入や訂正が必要かどうかを人が判断できる程度まで処理速度を落とすことが最初の評価基準となります。

『第9地区』に登場するエイリアンの半自律型エグゾスーツに備わるHUDは個体認識をする際に青色の枠による照準器を表示します。さらにシルエットの色によって、DNA照合による属性を識別しています（図8.17）。エイリアンにとって敵である地球人は自動的に攻撃されます。この場面ではエグゾスーツが自動モードになっていますが、もし主人公のヴィーカスがこのエグゾスーツを着用し

図8.17 『第9地区』（2009年）。

たら、エイリアンと同じ画面を見ながらシステムに準拠した行動が可能であると推測できます。

レッスン　シンプルな拡張情報は素早く認識できる

人は表示された情報を解釈することよりも認識することに長けています。一刻を争う場面においてユーザーに行動を促すAR表示は、素早く確認、認識できるようなデザインにする必要があります。『アイアンマン』の照準器は置かれている状況を把握しやすいのですが、『第9地区』での色によって識別可能な表示に比べると視覚情報が複雑すぎます。『アイアンマン』の照準器は目標を定める助けにはなりますが、仮にシステム自身が目標を定めるのであれば、『第9地区』の照準器のようなシンプルな設計が求められます。

チャンス　二者択一に区別できない場合

SF映画において敵と味方を判別するARの例は、その状況において恵まれているといえます。それは、拡張の対象となる人たちを二者択一に区別できるからです。しかし、現実世界はSF映画より複雑です。弾を込めたライフルをあなたの頭に向けている人が敵であることや、お母さんの腕のなかですやすやと眠る赤ちゃんが脅威ではないことは明白です。では、あなたを直接狙っていない武装した人をどう判断したらよいでしょうか？　ARシステムは、このようなどっちつかずな状況をどのようにして扱うのでしょうか？　その手段においては、状況のニュアンスをもってユーザーに警告を出しつつ、その一方で緊急行動を素早く認識させるといった2つの観点が必要になるでしょう。

目標認識

もっとも高度なARシステムは、ユーザーが目標を達成するために含まれるさまざまな種類の認識機能（センサー、位置情報、オブジェクト認識）を兼ね備えています。システムが目標を理解することで、ユーザーに情報を知らせる優先順位、またタイミングや表示の仕方などの判断材料とします。このようにユーザーが目標を達成するために必要な情報は、『ロボコップ』の最重要命令のように広範囲にわたります（図8.18）。

一方で、航空機の操縦や標的設定のように、より具体的な目標も存在します。

図 8.18 『ロボコップ』(1987 年)。

図 8.19a–c 『エイリアン 2』(1986 年)、『インディペンデンス・デイ』(1996 年)、『X-メン』(2000 年)。

目標：飛行操縦の補助

　目標認識の AR は、一般的に航空機の操縦にも活用されています。操縦システムは、計器パネルから重要な情報を取り出して、パイロットの HUD 上に表示します。操縦用 AR システムのほとんどは高度計や速度計の情報が HUD に表示されるため、センサー画面として認識されています。しかし、擬似水平線は航空機の姿勢を保つというパイロットの目標のために最大限に活用される情報です。なお、以下に示す例はターゲティングのための AR も備えています（図 8.19）。

　『アイアンマン』で、米国空軍のパイロット用 HUD とパワードスーツに装備された HUD を比較できます。アイアンマンの HUD は、複雑なグラフィックを用いてより多くのデータを表示しています。加えて、目標認識と全体画面表示を

図 8.20 『アイアンマン』(2008 年)。

備えています。アイアンマンの HUD のインタフェースは素晴らしいモーダル性により、ユーザーが必要とするタイミングで情報を賢く表示します（図 8.20）。

目標：正確な標的設定

　今回の調査でもっとも多く目にした AR インタフェースは、標的設定として使用されるものです。標的設定用 AR の例では、アニメーション表示される照準器が射撃手の視線を標的へ導くのを助けたり、命中精度を高めるために標的の映像を拡大しています。また、命中するタイミングを射撃手に知らせるために状態遷移する照準器などもあります（図 8.21）。

　照準器とは、十字線と射撃手が標的を正確に捉えるための線で構成される表示物の正式名称です。SF 映画の小道具として、照準器は非常に多くの種類のデザインが登場します。狙いを定める際にユーザーが集中できるのはただ 1 点に限られるといったことはさておき、SF 映画に登場する照準器の色、形、複雑さ、動きなどは非常に多種多様です。（さらに照準器のブランドもさまざまです。もし間近で見たら、『ファイヤーフライ 宇宙大戦争』に登場するマルの AR に『エイリアン』シリーズのウェイランド・ユタニ社のロゴがあることに気づくかもしれません。『エイリアン』と『ブレードランナー』が同じ世界に存在することを証明するようなインタフェースがいくつか存在します。それは、エイリアンとレプリカント、そして人食い人種リーヴァーのすべてが存在する恐ろしい世界を意味します。）

　『スター・ウォーズ エピソード 2/ クローンの攻撃』で登場する暗殺者ザム・ウェセルの武器インタフェースは、形状変化を伴わないオブジェクトと動的に変

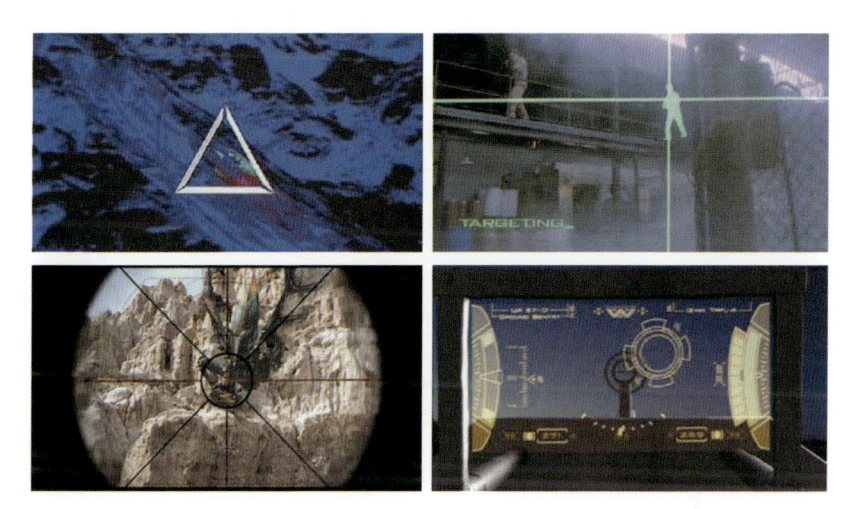

図 8.21a–d 『プレデター』(1987 年)、『ロボコップ』(1987 年)、『スターシップ・トゥルーパーズ』(1997 年)、『ファイヤーフライ 宇宙大戦争』「セレニティー 前編」(エピソード 1 2002 年)。

図 8.22 『スター・ウォーズ エピソード 2/ クローンの攻撃』(2002 年)。

化するオブジェクトをうまく掛け合わせた照準器になっています。そのインタフェースの特徴は、標的の動きにあわせて連続的な濃淡で表現された階層表示に対して、形状が変化しない括弧型の照準器を表示することです。この矢印の形状をもつトンネルのようなインタフェースが銃口を向けるべき正しい方向を示したうえで、引き金を引くタイミングを照準器上で強調表示してくれます(図 8.22)。この拡張情報は単に情報へ注意を向けさせるだけでなく、ザム・ウェセ

ルの目標達成を手助けします。

▎チャンス システムの照準器に発射を任せる

『アイアンマン』の高度な標的設定システムは、照準を合わせ、敵と味方を判別し、さらに引き金を引くところまで、すべて自動で行います。

この一連の作業は、人よりもコンピュータシステムが担う方が明らかに効率的です。なぜ、自動的に引き金を引くようなシステムをあまり目にしないのでしょうか？ SF映画の製作会社は生死に関わる判断をアルゴリズムに任せることを快く思っていないことが、その理由と考えます。白黒が明らかな状況では、判断をソフトウェアに委ねる方がユーザーの役に立ちます。その一方で判断が難しい局面においては、ユーザーに操作権を戻すようにしましょう。

▎チャンス 人が発射をする場合は視線に狙いを合わせる

武器を発射する際、まずは視覚によって目標を正確に捕らえます。時間や労力を要するのは、その標的に対して武器の狙いを定めることです。仮に、システムが射撃手の視線を監視できれば（今日のアイ・トラッキングシステムなら可能です）、自動的に武器の狙いを定めることが可能となり、より効果を発揮するでしょう。このようなシステムにすることで、誤射を防ぐための確認といった狙いを定める行為以外に集中することができます。

目標認識に関する好例が、『ターミネーター2』に登場します。未来から現代へとタイムスリップした後、T2は現在位置を認識しプールバーへと向かいます。その途中、T2のARは簡易的な方位情報を示します。さらに、システムはT2の近くにある乗り物が移動手段を見つけるという目標にとって適切な存在であることを指し示します（図8.23a,b）。ARシステムがT2の目標に対してシームレスにひもづけされていることをこの場面が証明しています。

『ターミネーター2』の後半で、ジョン・コナーがT2に対して人を殺さないように要求します。T2は要求に従うと同時に、この制約が自らの目標を妨げないようにします。このとき、T2のARはジョンの要求を遵守するという確認事項を表示します（図8.23c）。

人間の目標のほとんどは、T2とジョン・コナーの例に似ています。戦略は変

拡張現実

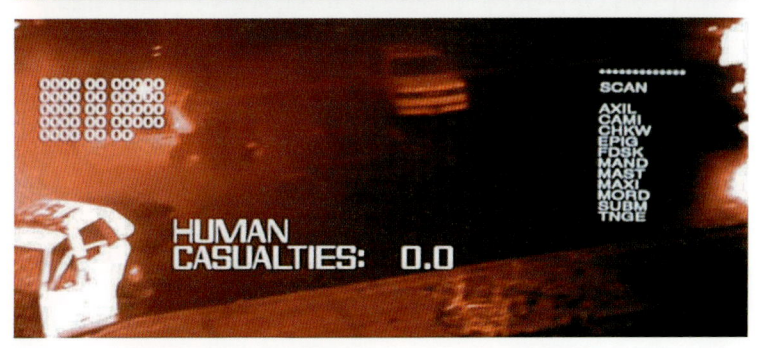

図 8.23a–c 『ターミネーター 2』（1991 年）。

化しない一方で、目標達成への手段は、その状況や追加情報、制約に適応されます。有益な目標認識能力を備えた AR システムにするには、さまざまな状況に応じた手段を提供するべきです。

現在は何が欠けている？

この章で数多くの事例を紹介してきましたが、私たちの調査では、AR システムとユーザーとのやりとりに関する例は見つかりませんでした。

『アイアンマン』でトニー・スタークは音声によってジャーヴィスとやりとりをします。このやりとりにおいては、最先端の人工知能技術による入力操作といったものが、ほとんど存在しません。映画に登場するこれ以外の AR も高度なシステムであり、適切なタイミングで関連情報を表示しています。私たちの調査では、システムが状況認識を誤った場合にユーザー自身が適切な拡張情報へと更新する必要がある例や、必要のない情報を消すような例も見つかっていません。ユーザーが作業に集中している場合に、拡張情報を更新するための AR システムとのやりとりは重要な意味をもちます。

拡張現実の情報集約

AR は SF 映画で用いられる技術としては比較的新しく、一般的に商業化されていないため、私たちにとっては今なお未来的な感じがします。このような AR 表示は SF 映画の場面上での見栄えが良く、エキサイティングです。こうした理由から、SF 映画の製作会社は今後も AR を作品中のさまざまな技術へ取り入れていくことでしょう。HUD、GPS、百科事典のようなオンラインデータ、リアルタイム画像処理システムが挙げられます。SF 映画に登場する AR は非常に複雑かつ高度な目標認識機能やインタラクションを用いることで限界にきています。しかし AR が広く普及する際は、現実世界に適したシステムになるでしょう。

CHAPTER 9

擬人化

非人的システムへ人間性を与えることは可能である	197
外観	204
声	204
声の表現力	208
ふるまい	208
擬人化：慎重に利用する必要がある強力な効果	217

CHAPTER 9

図 9.1a,b 『月に囚われた男』（2009 年）。

図 9.2a,b 『月に囚われた男』（2009 年）。

　サム・ベルは月の採掘基地を監督する労働者であり、ただ 1 人の人間です。サムの唯一の仲間であるガーティは、宿舎の天井に取り付けられた大型のロボットアームです。サムとの会話の際には、ガーティは音声とともにキャラクター映像を用いてサムに返事をします。このところ、サムは何か奇妙なことが起こっているのではないかと疑い始めています。

　「ねえ、ガーティ、ここへ来てからというもの、100 通以上もビデオメッセージをテスへ送ったんだけど。そのメッセージは、いったいどこへ行ってしまったの？　ちゃんとテスのところへ届いているのかな？」

　ガーティはこう答えます。「サム、私はこの基地で起こっていることしか把握できません。」その落ち着いた男性の声からは一切の感情は伝わってきませんが、感情を表す画面が曖昧な表情と不安げな表情を交互に見せます（図 9.1）。

　サムは尋ねます。「テスが僕宛に送ったメッセージはどうなの？」

　ガーティはこう繰り返すだけです。「サム、私はこの基地で起こっていることしか把握できません。」しかしこのとき、ガーティの感情を表す画面は笑顔へと変化します（図 9.2a）。

　ついにサムが恐れていたことが現実になったと確信したとき、こう尋ねます。「ガーティ、僕は本当はクローンなの？」ガーティの感情を表す画面は無表情になります（図 9.2b）。その表情から、サムにとって喜ばしい答えではないことがわかります。そこで、システムは最適な回答をはじき出します。ついにガーティがサムに真実を告げるとき、感情を表す画面は悲しみの表情となり、それはまる

図 9.3a,b 『月に囚われた男』（2009 年）。

でサム本人とサムが知ることとなる事実に対して、あたかも同情を示しているかのようです（図 9.3a）。

ガーティがサムにクローンであることを伝え、偽りの記憶を植え付けられたわけを説明しているとき、サムは静かにうなだれます。このとき、ガーティの感情を表す画面は泣いた表情で同情を示しています（図 9.3b）。

ガーティは人間ではありませんし、合成音声の他には人間らしい特性を一切もっていません。またガーティは人間のような見た目をしていませんし、ガーティが画面に見せる感情も教材用カードに比べればいくらかましな程度です。それにもかかわらず、ガーティはサムの置かれている立場に同情や理解を示し、あたかも人間の仲間であるかのように応えます。ガーティは単なるロボットアームですが、愛すべきキャラクターでもあります。なぜでしょうか？

非人的システムへ人間性を与えることは可能である

このことは、SF 映画とインタフェースデザインに共通して見られる現象です。今回調査した SF 映画やテレビドラマのなかで、擬人化された技術を多数見ることができました。

上の例では、サムはガーティが人間ではないことを知っています。もちろん、私たち視聴者も知っています。しかしながら、サムはガーティを単なるプログラムの一部としてではなく、人間の仲間のように扱います。同様に、R2-D2 は『スター・ウォーズ』作品のなかでもっとも愛すべきキャラクターの 1 つですが、この小さなドロイドの見た目や声は人間とかけ離れています。現実世界において私たちは、愛車のガソリンが底をつく前になんとかガソリンスタンドまでたどり着くよう、車を説得するかのように話しかけたりします。また、コンピュータが予期しない動作をしたり、プログラムが私たちに理解できなかったりすると、コンピュータを罵ります。サムと同じように、私たちは車やパソコンに命がないと、私たちのことを理解していないことを知っています。それでも私たちは身の

CHAPTER 9

まわりのさまざまなシステムに対して、あたかもそれらが生きているかのように接しています。

　擬人化について理解するうえでの第一歩として、以下のことを知っておきましょう。ハリケーン、テディベア、そしてペットから、家具や道具、そして機械に至るまでほとんどすべてのものを擬人化することができます。私たちは、ある特定の精神器官を進化させたと考えられます。それにより、身のまわりのあらゆるものとの関係性において影響を及ぼしている他人という存在を理解することができるのかもしれません。

　多くの文献に書かれているとおり、擬人化とは基本的な心理的バイアスです。私たちの目的は、この原則を技術に適用する手法を検討したいだけなのです。スタンフォード大学のクリフォード・ナス氏とバイロン・リーブス氏は、当の本人が意識しているかどうかは別として、車や電子レンジから会社に至るまで、人は進化した技術に対して擬人化する傾向が強いことを検証実験で証明しました。

　同じくスタンフォード大学のB.J. フォグ氏は、以下のことを証明したうえでクリフォードらの研究の裏づけをしています[1]。人は無意識のうちにコンピュータシステムに対してあらゆる社会的配慮をもち、人間的な動機づけを抱き、年齢や性別といった人口学的な属性を割り当て、そして、システムに対して説得やおだてといった社会的な接し方をします。よくできたシステムは人間的な社会規範に準拠していると、クリフォード氏をはじめとする研究者たちは説明しています。ユーザーが勝手にシステムを擬人化しているにすぎないため、デザイナーやエンジニアは、擬人化されたシステムに対する責任を負いません。その代わり彼らには、システムを社会規範に従わせる、ユーザーにとって煩わしい存在ではなく好ましいキャラクターとなるようにシステムを開発する責務があるのです。社会規範や関連する社会認知的バイアスに関する調査は本書の範疇ではありませんが、自身がデザインするインタフェースにおいて擬人化の効果を活用したいと考えているデザイナーは、それを深く掘り下げる必要があるでしょう[2]。

　その擬人的な感覚をよび起こすために特別に設計された技術がいくつか存在します。たとえば、ASIMO は、きわめて人間に近い見た目や動きをするように設計されています（図9.4a）。あまり人間の形をしていないシステムに対して、人は奇妙な反応を示すことがあります。一般的にはあまりしませんが、たとえばロ

---

[1] Reeves, B. & Nass, C. (1996). *The media equation: How people treat computers, television, and new media like real people and places.* New York: Cambridge University Press.

[2] As a plus, you'll be able to charm cocktail acquaintances with terms such as "outgroup homogeneity bias" and the damning "Dunning-Kruger effect." Begin your search with the phrase "social biases."

擬人化

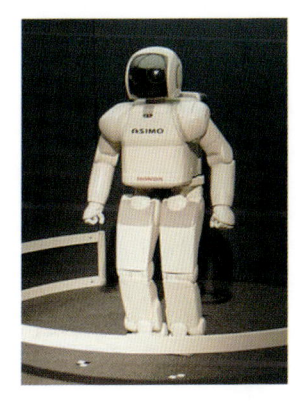

図 9.4a,b　ホンダ ASIMO（2000 年）、iRobot ロボット掃除機ルンバ（2000 年）。

ボット掃除機に名前をつけて、まるでペットのように話しかけたりする人もわずかですが存在します（図 9.4b）。

人間が唯一の可能性ではない

賢い読者のみなさんならお気づきでしょうが、SF 映画に登場する技術は必ずしも人間を模倣する必要がありません。たとえば地球外生物だったり、動物や植物をまねることさえも可能です。人間を模倣する場合とは要因と効果が若干異なるため、調査をしてみる価値があります。

たとえば、『宇宙空母ギャラクティカ』（「Battlestar Galactica」）のオリジナルシリーズに登場するロボティック・ダギットと、『夢の涯てまでも』に登場するバウンティベア検索プログラムなどは見た目が悪く、どこか胡散臭い感じがします（図 9.5）。それに比べ『A.I.』に登場するテディベアは見た目が良く、良き相棒となる

図 9.5a,b　『宇宙空母ギャラクティカ』（1978 年）、『夢の涯てまでも』（1991 年）。

ような気がします。この2つの例の違いは、描写の完成度にあります。さらには、人間の代わりに動物を用いることで、対等な存在ではなくペットや案内役としてみなすといった、ユーザーの期待値を低くする効果もあります。

レッスン システムに動物の外観を与える

たいていのシステムは、社会的背景を考慮した適切な相互関係に必要とされる人間的なふるまいを模倣することはできません。しかし、動物や植物、地球外生物を模倣することは可能です。そうすることで、システムの能力を越えるほどユーザーの期待値を上げることなく、ユーザーに感情的なつながりを形成することができます。その結果、多くの場合、うっとうしいものではなく、愛くるしいキャラクターや技術になります。

『夢の涯てまでも』に登場するバウンティベアと、今日のGoogleの検索システムを比べると、その違いは、完成度の低いアニメーション表現や音声をバウンティベアが備えているくらいです。もっとも、Googleの検索システムに対して愛くるしさを要求するユーザーなどいないでしょうけれど。

では、システムのどのような側面が擬人化を引き起こす要因となっているのでしょうか？ 人間は複雑で、あるシステムが模倣するにはあまりにも多くの特性をもっています。私たちの調査における擬人化の例を振り返ってみると、外観、音声および動作といった幅広い分野に渡っていることがわかりました。これらの各分野は、相互排他的ではありません。たとえば、『地球の静止する日』に登場するロボットであるゴートは、人間のような骨格をもちふるまいますが、人間の顔にあたる箇所は銀色のバイザーで覆われています（図6.1参照）。『マイノリティ・リポート』の網膜識別スキャンを備えた捜索用ロボットのスパイダーは、自ら捜索する意志や問題解決能力によって、人格のようなものを示しますが、人間の身体的な特徴はなに1つ見られません（図9.6a）。

『メトロポリス』（1927年）に登場するSF映画初のロボットから、よく知られた『スター・ウォーズ』のC-3POとR2-D2まで、SF映画に登場するロボットたちは擬人化の典型的な例といえます（図9.6b,c）。

『エイリアン』に登場する人造人間アッシュといったいくつかの例に見られるロボットは、人間とまったく見分けがつきません（図9.7a）。また、『新ス

擬人化

図 9.6a–c 『マイノリティ・リポート』（2002 年）、『メトロポリス』（1927 年）、『スター・ウォーズ エピソード 4/ 新たな希望』（1977 年）。

ター・トレック』に登場するデータ少佐のように、ほぼ人間そっくりなロボットではあるものの、明らかな違いがあるものもあります（図 9.7b）。その中間的な例として、『アイ・ロボット』（「I, Robot」）の 3 Laws Safe ロボット（図 9.7c）や、『禁断の惑星』のロビー・ロボットのような、単に人間っぽい感じがするだけのものもあります（図 9.7d）。

　たとえ、その見た目が人間そっくりであったとしても、そのふるまいも人間と同じになるというわけではありません。『ターミネーター』のオリジナル版に登場する T-800 ターミネーターの見た目は人間そのものですが、その口調と動きは単調でロボット的です（図 9.7e）。同様に、マダム・タッソーの蝋人形の外観は人間そっくりですが、見た目以外の面においては人間らしさの欠片もありません。ほぼ人間そっくりではありますが、かといって完璧とはいえない人間描写に対して、ほとんどの人は不気味な感情を抱きます。それは、人類は病気にかかったもしくはその兆候を示している、ということも含め「標準からはずれている」人に対して深い感受性をもつように進化してきたためです。この不快な感覚を引

図 9.7a–e 『エイリアン』(1979 年)、『新スター・トレック』(1994年)、『アイ，ロボット』(2004 年)、『禁断の惑星』(1956 年)、『ターミネーター』(1984 年)。

き起こす動作や外観は、「不気味の谷」によるものとされています。この不気味の谷とは、ロボット工学の研究者である森政弘氏が「the revulsion many people often feel for human facsimiles」のなかで述べた言い回しです（図9.8）。

　人間の外観をもったり人間の動作を身につけたりしたシステムというのは、人間に近い能力をもっているということを暗に示すことになります。それは、普段私たちが他人に向けてとっている社会的慣習さえも引き起こします。人とシステムの間に私たちが互いに使っているような簡略化した作法が使われ始めると、私たちは、愛車をおだてたり、コンピュータに名前をつけたり、ショッピング用エージェントが実際に何をしているのかをあたかも知っているかのように扱ったりし始めます。技術において擬人化が生じるような類いのものを見ていくことで、システムを人間としてみなすことの効果をより明らかにすることができます。

擬人化

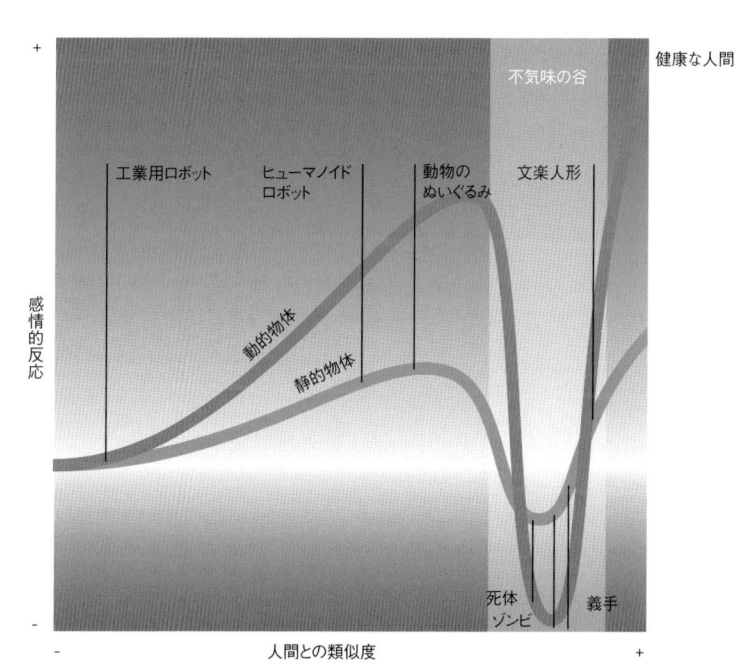

図9.8 不気味の谷

| レッスン | 不気味の谷に気をつける

　人は人間を模したものに対して親近感を抱きます。しかし、あまりに人間に似すぎていると、人間を模したものであるという認識を止め、何かがおかしい人間だという認識になってしまいます。不気味の谷に至るまでは、私たちはあらゆる擬人化表現に対して好意的ですが、その完成度に応じた期待値を設けているにすぎません。システムの機能性や適切なふるまいに合わせる能力に対して、人間的表現の方が上回った場合には問題が生じます。この問題は極めて実質的な影響があり、音声、画像、ジェスチャー、プロポーションといった、あらゆる種類の擬人化表現に関係します。デザイナーにとって、自身の創造物が不気味の谷に近づくことの影響を理解することは、非常に重要です。つまり、あまりにも人間に似すぎていると不快なものとなり、逆にあまりに人間からかけ離れていると、ユーザーは人間を模したシステムであることに気づきません。

> **レッスン** システムが人間ではないことを明確に示す
>
> ユーザーがシステムの能力を過大評価しないように、システムが人間ではないことを明確に示すようにしましょう。高度な人間的表現を伴う技術については、たとえばロボットの目のようなインタラクション上の重要な部分を人間とは違うものに変更します。もしインタフェースがユーザーと会話をする場合は、慎重に、堅苦しい言葉でシステムに会話させましょう。さらに、もしシステムが人間的な動作をする場合は、十分にぎこちなく、ロボットであることを示すよう考慮しましょう。こうしたサインがユーザーの期待値を下げ、ひいては不気味の谷を回避します。

外観

　もっとも人間らしさがわかる特徴は、外観です。いうならば、まさにその身体、顔、そして目ということになります。人間的な外観とは、なんとなく人間っぽいものから人間そっくりなものまで、さまざまなものがあります。『マトリックス』では、仮想現実内のプログラムが、完全な人間のキャラクターとして描かれています。他の表現と比べて、映画の視聴者に対してより強いインパクトや深い感情、危険な雰囲気を与えています。エージェント・スミスとよばれる追跡・破壊プログラムを人間として描くことで、単なるプログラムと比べて、より危険で高い能力があるように感じさせています（図9.9a）。また、オラクルとよばれる予測プログラムは、クッキーを焼いているおばさんとして描かれており、単なるコードの羅列よりも、賢く信頼感が高いように感じます（図9.9a）。

　エージェント・スミスと預言者オラクルは、人間のように思考し、反応し、また自発性を示す、まるで生きているかのようなキャラクターとして表現されたプログラムで、ときにはマトリックス内の本物の人間と同様に感情を示すことさえあります。映画に登場する他の人物キャラクターや私たち視聴者には当たりまえのように存在するモチベーションや意志、人としての限界といったものが時として障害となりうるという考えが、この2人の存在によって思い起こされます。

声

　SF映画に登場する人間性を感じさせるインタフェースの多くは、人間のような声を出します。これは、言語の使用を通して「声をもつ」という感覚です。また、形式言語をもたない音声表現の可能性を意味するともいえます。

擬人化

図 9.9a,b　『マトリックス』(1999 年)。

　しかし、擬人化というものを一般化し過ぎないように注意する必要があります。サイン、書籍、Web サイトは言語を使用していますが、それらは擬人化ではありません。擬人化とは、人間らしく反応する知性を示す、双方向のやりとりのある会話でなければいけません。

　人間と言語を用いたやりとりができるシステムは、『エイリアン』に登場するマザーとよばれる人工知能のように、声をもたないテキストによって実現することができます (図 3.3 参照)。『エイリアン』のマザーは、質問に答えたり、大雑把な意思を示します。

　実際の人間の声による言語を用いたシステムが、SF 作品のなかで数多く見られます。声をもつシステムはより人間性を強調することができ、単なる言語の使用という範疇を越えています。テレビドラマ『ナイトライダー』に登場する K.I.T.T. は、車に搭載された人工知能アシスタントです。K.I.T.T. は自立した人格をもったキャラクターとして描かれています。ドラマシリーズのほぼすべてのストーリー展開が、彼の声によって成立しています。最小限のテキストインタフェースや、ほとんど使われない彼の声と連動して光るボイス・ボックス・ライト、そして車の正面に取り付けられた走査線状の赤いライトなどが備わっています。また、K.I.T.T. は、自らを制御することもありますが、この機能もまた K.I.T.T. のふるまいの一部です (図 9.10)。K.I.T.T. は、イントネーションや洗練された言葉遣い、違和感のないリズム、ありがちなロボット音声ではなく非常に人間らしい声色をもっていることが、私たちが彼を自立したキャラクターとして受け入れる理由です。

> **レッスン**　会話がシステムにキャラクター性を与える
> 　擬人化は必ずしもすべてのユーザーに対して一貫して効果があるわけではないため、言語の使用をシステムの一部として捉える人がいる

図9.10a,b 『ナイトライダー』(1982年)。

一方で、システムそのものと捉える人もいます。
　たとえば、車のなかで録音された声を聞いた運転手は、その声を車の機能の一部(安全装置のようなもの)と捉えるかもしれませんし、K.I.T.T.のように車自体が話していると感じる場合もあるでしょう。さらには、電話での通話のように、実際の人が話していると思う人もいるかもしれません。これらの声はそれぞれ異なった役割をもっており、間違った使い方をするといらいらの原因になります。よって、その声が表現していることをユーザーに対して明確にしなければなりません。

　『2001年宇宙の旅』に登場するHAL-9000コンピュータは、イントネーションも含め、人間に近い声をもっています。その声質や話口調がとても自然であるのに対して、感情表現は乏しく、表現していることを抑えているかのようにさえ感じます。その違和感のある声は、映画の後半で宇宙船の乗組員を犠牲にしようとするHALの企みを、よりいっそう不気味に感じる理由の1つになっています。HALの声は、目には見えない人柄や人間性をほのめかしています。乗組員を目的遂行に対する敵とみなした途端、それまでの優等生のような冷静さや論理的な行動といったものすべてが、脅威と狂気へと変貌します。その両面においても、HALは感情が存在しない単なる人工知能に変わりありません。
　宇宙船から発射されるミサイル(自動誘導式であればなおさら)は賢いかもしれませんが、知覚をもっているとは考えられないし、もちろん人格なども存在しません。しかし声を発するとしたら、突然、自我をもっているように見えますし、人格が存在しているかのようになります。

擬人化

　カルト映画『ダーク・スター』(「Dark Star」)において、1人の乗組員が誤ってカウントダウンを開始した人工知能を備えた弾道ミサイルを説得しようとします。爆発の直前、最後を待たずに会話は終了します(図9.11)。同じような場面が、『スター・トレック ヴォイジャー』の「惑星破壊ミサイル」というエピソードに登場します。ベラナ・トレスは、極めて困難な作戦を中止するために再プログラムしたミサイルを説得しようとします。

　ベラナの名誉のためにいっておくと、『ダーク・スター』の乗組員が説得に失敗したのに対して、彼女は成功しました。どちらの場合も、爆弾の声と言語の使用が擬人化を引き起こしています。

　機械化された声が人間らしさに欠ける場合は、人工的なシステムとして認識されるでしょう。しかし、機械化されたシステムが自然な人間の声による表現をしたら、予期せぬ混乱が生じる可能性があります。このような例を紹介しましょう。アトランタ空港のエアポート・トレイン(現在はプレーン・トレインとよばれています)が1980年に開業した際、その列車は無人運行で、乗車案内や停車駅のアナウンスには実際の人間によって録音された声が使用されていました。この列車の設計者が予見できなかったことは、その声の主を、列車の運行管理をする実際の車掌によるものと認識する乗客がいたことです。そのような乗客は、駆け込み乗車のような危険な賭けをするかもしれません。なぜなら、車掌が自分たちの行動を見ていて、待ってくれるはずと期待するからです。人間そっくりな声は、そのシステムの実際のふるまいに関して、非現実的な期待を引き起こしました。この問題を解決するために、実際の人間の声から機械化された声に変更されました(ちょうどその声は、『宇宙空母ギャラクティカ』に登場するサイロンのようです)。こうした声の変更は、乗客にしてみれば違和感があり心地よいもの

図9.11 『ダーク・スター』(1974年)。

ではありませんが、システムに対して適切な期待を抱くことになります。(これは20年以上前のホット・トピックの1つです。1992年、著者の1人はカンファレンスにおけるこの重要なテーマのパネルディスカッションに参加していました！)

声の表現力

ここまで紹介してきたすべての事例は言語を扱っていましたが、感情的な音声もまた、擬人化された表現が可能です。『スター・ウォーズ』において、R2-D2はシリーズきっての愛すべきキャラクターで、人間の言葉を話せませんし、まったく人間には見えない外観をしています。それでも、R2-D2が発するビープ音をはじめとするさまざまな音は、彼の恐怖や興奮や失望といった感情を十分に表しているので、映画の視聴者は彼の感情を理解することができます。こうした感情表現は、R2-D2に感性が備わっている、つまりは人格をもった存在であることを私たちに伝える要因となっています。

> **レッスン** 感情表現のある音声による擬人化表現
>
> ユーザーの共感を得ようとして選ぶ音の効果は、システムに人格を与える可能性を秘めています。ユーザーの心に響くキャラクターを設定できると効果音がより有効に働きます。たとえば、「エラー404ページが見つかりません」に付与する悲しいサウンドなどは、ユーザーの苛立ちに対する同情を表現できるかもしれません。より愛くるしいキャラクターをシステムに与えることはできますが、他の擬人化表現のように、ユーザーに対して実際のシステムの能力を上回る期待を抱かせる可能性があります。

ふるまい

本質的には、擬人化の中心となるのは人間のようなふるまいです。人はほぼ何事においても顔を見ていますので、外観を人間に似せるのは簡単ですが、システムの動作を人間に似せることで、擬人化の感覚を飛躍的に向上させることができます。人間のようなふるまいによって、どんなに機械的なシステムであっても人間性を得たかのように見えます。こうした例として、有名なピクサーの短編映画『ルクソーJr.』(「Luxo Jr.」)を紹介します。2台のランプはその動きだけで、元気あふれる子ども時代の愛くるしいストーリーを語っています。この2台のラ

ンプは人間性などまったくありません。しかしその動きから、頭、顔、お尻を暗に示し、2台のランプたちのやりとりは人間であることを私たちに深く印象付けます（図9.12）。

ふるまいに関して、SF映画に登場するもう1つの例を紹介します。『アイアンマン』に登場するダミーとよばれるトニー・スタークのロボット助手は、信頼のある愛くるしいキャラクターになっています。ダミーは、声や音すらもたない実用的な産業用ロボットのような外観をしているにも関わらず、トニー・スタークのよびかけに対して生きているかのような反応をするからです（図9.13）。

レッスン　ふるまいによる擬人化表現

もし、デザインしているインタフェースが動く機能を備えているのなら、意識的にユーザーにとって快適で、システムの機能や性能、状態をユーザーに伝えるような動きを設計するよう考えてください。特別の反応を必要とするかもしれませんが、そうした動きをするモノを理解し、共感する能力をユーザーは元来もっているはずです。

文章に対する反応やボタン・クリックといった限定したふるまいでさえも、擬人化は生じます。たとえば1966年を振り返ってみると、イライザという名のコンピュータプログラムが、単純に直前の回答に基づいた質問をする心理学者ロジャースの精神療法を模倣することで話題（論争の対象）になりました。このプログラムは非常に単純なプログラムと事前に用意された質問をもつだけものでしたが、人々との会話に目を見張る柔軟性を示しました。実際に、高度な技術をもった精神分析プログラムを扱っていると完全に信じ込まされたユーザーもいま

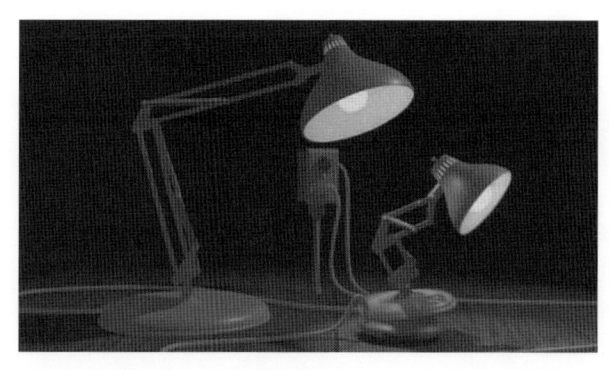

図9.12　『ルクソー Jr.』（1986年）。

図 9.13 『アイアンマン』（2008 年）。

した。さらに注目すべきことは、このプログラムは単に数行のトリック・コードであることを知っていたにも関わらず、個人的な洞察力を報じたものまでいたことです。私たちは、システムが単に見かけ騙しであることを知っていてもなお、擬人化体験を想像することが可能です。システムの目的や制限が適切に絞り込まれていればの場合ですが。

エージェントと自律性

SF 映画において、擬人化が生じるもう 1 つの動作のきっかけは、エージェントと自律性です。ここでのエージェントとは、事前に定義づけされたパラメーターに対する規定の行動を実行するためのシステムの能力を指しています。また自律性とは、目標を達成するために新たな行動を開始することを決定するシステムの能力を指します。

このエージェントと自律性の例が SF 映画に多く登場します。R2-D2 と C-3PO のようにほとんどのロボットはエージェントと自律性を兼ね備えており、また『ナイトライダー』の K.I.T.T. のようなシステムも同様です。『スター・トレック』シリーズのホロデッキ内のキャラクターたちは、エージェントに加えて限定的な自律性をもっていますが、そのキャラクターが完全な意識と自律性をもったとき、いつも乗組員に大きな問題が発生する様子が描かれています。この例は、自律性を擬人化に関連づけるとより効果が増幅され、リスクが大きいために、自律性と擬人化を区別することの重要性を示しています。

あらかじめ設定した金額に達するまで自動で取引きを続けるようなシステムや、さらには私たちの操作をまったく必要としない取引きシステムの例として、

イーベイのオークションシステムや株取引きサービスを考えてみてください。それらはまさにエージェントといえます。私たちの代理として投資するにあたって十分信頼のおけるシステムなのです。イーベイのシステムは擬人化されていませんが、もしも擬人化されていたとしたら、人々の使い方や使用頻度に対して影響を及ぼすでしょう。

システムの自律性について、ここで考えてみましょう。自律性のあるシステムは、単に私たちの代理人を演じるのではなく、私たちの代わりにシステム自身が決定権をもっているのです。システムがもし自律性を備えていたらと想定しましょう。この場合、システムはユーザーのために稼動するだけでなく、ユーザーのために決断します。欲しいと思っていたにもかかわらず（イーベイのオークションで）入札に負けた前回の本棚と同じような別の本棚がまた出品された場合、システムはユーザーのために先んじてその本棚に入札を行います。

私たちが操作しなくても、自律性を備えたシステムは、勝手に商品を見つけ出してそれを購入し、さらには売却さえもするかもしれません。それは株式の売買管理システムも同様で、私たちが売買の決断どころか、検討すらしていないような株式の売買を勝手に判断する可能性があります。こうした自律的なシステムの本質として、信頼性が必要不可欠です。以下のうち、どちらがより信頼に値するシステムでしょうか？ 1つは、人間のように演じるだけ、あるいは見た目上の擬人化されたシステム。もう1つは、擬人化されていないシステム。その答えは、表現方法や真実味の度合いによって異なりますが、すべて同等と仮定すると人間の特性を備えたシステムの方を、そうではないシステムよりも多くの人が信頼する傾向があると研究によって証明されています[3,4]。

誰かを援助するというのは、擬人化されたエージェントシステムが最低限必要な要素です。質問に答えたり、タスクを実行することでユーザーを支援する目的で設計されたエージェントをガイドとよびます。ガイドは、あなたが何かを見つける手助けをしてくれますが、ガイド自身が何かを見つけることはありません。たとえば、手紙の書き方を教えてくれるかもしれませんが、あなたの代わりにガイド自身が手紙を作成することはしません。

SF映画には、ガイドの例がわずかしか登場しません。その1つが、『タイムマシン』（2002年）に登場する図書館インタフェースのボックスです。ボックス

---

3 Lee, J. L., Nass, C., & Brave, S. (2000). *CHI '00: Extended abstracts on human factors in computing systems.* New York: ACM.

4 King, W. J., & Ohya, J. (n.d.). The representation of agents: Anthropomorphism, agency, and intelligence. Retrieved from www.sigchi.org/chi96/proceedings/shortpap/King/kw_txt.htm

は、タイムトラベラーのアレキサンダー・ハーデゲンが2030年のニューヨーク公立図書館を利用するのを手助けする、垂直に設置されたガラス板に投影された仮想の図書館員です。ハーデゲンは未来の図書館に足を踏み入れ、図書館ホールを2つに分断するかのように垂直に設置されたガラス板を目にします（図9.14a）。ハーデゲンがガラス板内の本棚に近づくと、半透明の人間の姿が現れ、それはあたかもハーデゲンがいるのとガラスをはさんで反対側に存在しているかのようです。そして、その人物は自己紹介をします。「ようこそボックス・システムへ。ご質問は？」ハーデゲンはしばし考えたのち、「立体幻灯機の類か。」と話しかけると、そのボックスはこう答えます。「幻灯機？ 違います。全世界のデータとリンクして映像と音声による情報をお届けする原子力フォトニックです。」さらにボックスはこう続けます、「人類のすべての知識が詰まっています。ご質問の分野は？」画面に映っているボックスはユーザーを認識するだけでなく、視線を合わせることもできます（図9.14b）。

　ボックスにすっかり魅了されたハーデゲンは尋ねます。「物理学はある？」ボックスは「ええ、物理学にアクセス…」と答え、そしてガラス板面に手を上げると、「物理学」と書かれた長方形の情報ブラウザ上にさまざまな図表を次々と表示します。ハーデゲンはボックスに次々と要求します。「機械工学。次元工学。時間記録。時間の因果関係と逆説。」ボックスが要求されたトピックごとに次々とブラウザ画面を表示していく様を見て、ハーデゲンは驚きます。当初、ボックスはハーデゲンの科学技術に対するあまりの関心の高さに興奮していましたが、ハーデゲンが次から次へとトピックを要求し続けたため、ボックスは不安気な表情になり、すべてのブラウザを閉じた後、こうつぶやきます。「タイムトラベル？ ではSFですね。」（図9.14c）。

レッスン　学習システムの態度を適切に考慮する

　なぜ学習システムは、ユーザーが要求したトピックに対して、積極的あるいは消極的といった態度を示すのでしょうか？ 特定のトピックに対するそのような否定的な態度は、実用的な科学など一部の学習分野を奨励する目的を果たす一方で、創造的表現といった別の分野を、完全に禁じることはないものの、妨げることになりかねません。こうした社会的圧力は、擬人化されたインタフェースによって効果を助長しているという事実に基づいています。設計者は、ユーザーに対する学習システムの態度に関して、いつ、どのように、といった観点において注意する必要があります。もしそうでなければ、社会的行

図 9.14a–c 『タイムマシン』（2002 年）。

動様式に沿った学習上の意見をシステムに与えるようにすべきです。

現実の世界において、完全なる自律性を備えたエージェントを創出するのに十分な人工知能はまだ存在しません。現時点で正確にいえば、自律性のあるエージェントとは SF 作品における産物です。素晴らしいエージェントの例は、わずかながら存在します。SF 世界以外でも、エージェントの事例は数多く存在し、そのなかでも実現された製品やプロトタイプとして以下のような例があります。たとえば、アップル社のプロトタイプであるナレッジ・ナビゲーターやガイド 3.0 やマイクロソフト社のマイクロソフト・ボブやオフィスのクリッピー、さらには「ウィザード」形式のさまざまなインタフェースなどです。SF 世界を抜け出して実現化の道へと踏み出していますが、真の意味でのインタラクティブな擬人化されたシステムを手にするためには、もう少しの進化が必要です。

エージェントの失敗作として、マイクロソフト社の 2 つの有名な実例を紹介しましょう。これらは良いエージェントの製作がいかに難しいことかを強烈に示したものです。マイクロソフト・ボブ（個人情報管理ツール）とマイクロソフト・オフィス中のアシスタントであるクリッピーの背景にある研究の多くの部分は、ナス氏とリーブズ氏の有益な研究（p.198 参照）に基づいているのにもかか

わらず、これらの製品により表現されるふるまいは、ほとんどのユーザーから例外なく迷惑なものと受け取られました（図9.15）。ふるまいという点から見ると、使い手の期待と実際の動作との間に明らかに違いがありました。とくに、クリッピーはしばしば作業を中断させ、ヘルプに出しゃばったところがあり、偉そうなことをいうわりに期待外れのものでした。さらに、画面から消しておくことも難しかったのです。ソフトウェアはしばしば一般常識を逸脱するものですが、クリッピーは物知りな社会的存在の象徴であるだけに、なおさら感じの悪いものでした。人間のように眼が2つあり、操作に反応して人間と同じ会話形式の言葉を使用しました。クリッピーはまるで実在の人物、それも実に迷惑な人物のようにふるまったのです。

レッスン 擬人化インタフェースをうまくつくることは難しい

これはとくにシステムの作用、自律性、権限および協力など、いずれの面でも当てはまります。このため、すべてのシステムの動作順序に関係なく、人間性におけるいずれかの外観や表現の流動性、便利さに適切に対応するためには、ユーザーが属する文化への適切な社会的ルールに準拠している必要があります。これは容易なことではなく、簡単にルールにはできません。設計者は、適切であるもの、適切ではないものに関して、役に立つノウハウを知っておく必要があります。

けれども、ガイドやエージェントが正当な扱いを得ることは可能です。ある現実世界における一例がアップル社から発表されています。アップル社が、これからの構想のなかで将来的に可能な技術を示すため、1987年に作成されたイメージ映像「ナレッジ・ナビゲーター」です。ナレッジ・ナビゲーターでは、肩から上の体の一部分だけリアルにアニメーションで表現された秘書エージェントであるフィルが、このあと始まる講義を前にして、さまざまな仕事を抱える大学教授を支援します（図9.16a）。人間は秘書エージェントの一連の動作に簡単に割り込むことが可能で、あまりたくさんの知識をもっていることを仮定せず、やりすぎにならない程度の外観なので、デジタル秘書としてのフィルは成り立つのです。このことは、フィルは高度な技術であるけれども、有能な人間のアシスタントほどには有能ではない、という印象を与えます。フィルは、その能力に相応しい印象となります。

別の例として学習のための実用的かつ実験的なガイドシステム「ガイド3.0」を紹介します。このシステムは一般には発売されませんでした。新しいデータ

擬人化

図 9.15a–c　マイクロソフト・ボブとホーム画面（1995 年）、マイクロソフト・オフィスのクリッピー（1997 年、日本ではイルカのキャラクターを使用している）。

ベース技術を実証するために、アップル社の応用技術グループにおいて開発されたものです。このガイド 3.0 には 4 つのガイドが備わっており、全部にその動作を操作する個別のアルゴリズムが備わり、全部が人として特徴づけられていました。3 つが当時の衣装を身につけたコンテンツガイドで、1 つがブレンダという名のシステムガイドでした（図 9.16b）。コンテンツガイドは米国の歴史的データベースの調査対象に対してそれぞれの観点と追加資料を提供していました。彼らはデータベース内のコンテンツに関して、それぞれ別の異なる観点を代表すべく選ばれました。また、彼らの動作は、特定の調査対象に対してどれだけ追加すべきものをもっているか、またはもっていないかを反映するように設計されていました。その目的は、歴史はさまざまな解釈が可能であることを明確にし、いくつかの観点を提供することでした。このような状況において、歴史を教えることは生徒に対して自分の観点を形成し、受け入れ、認めることを教えることでもありました。それは、『タイムマシン』のハーデゲン博士が、単に情報を見つけるだけではなく、異なる観点から情報を解釈するのに役立てられるガイドをボックス・システムの他に 3 つもっていたかのようなものでした。

CHAPTER 9

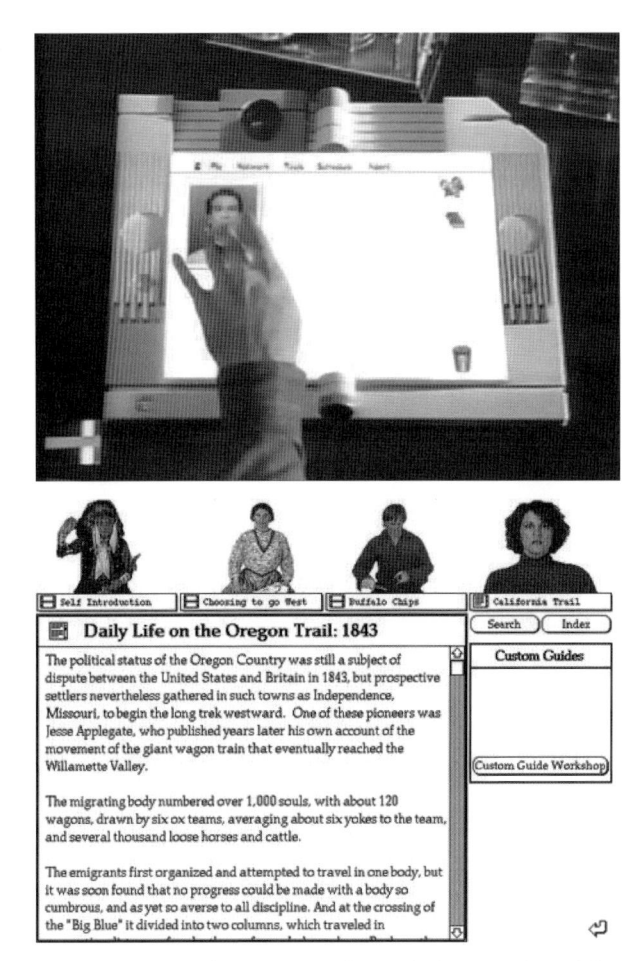

図 9.16a,b　アップルのナレッジ・ナビゲーター（1987年）、アップルのガイド 3.0（1990 年）。

チャンス　ユーザーにさまざまな観点を提供する

　人によって学習の強みや理解の方法は異なります。1 つの評価基準をユーザーに提供すると、あるユーザーには自信を与えられるかもしれませんが、他の有益な観点を排除してしまいます。ユーザーは、システムや他ユーザーから複数の観点を得ることで、複雑な素材や状況を最適な方法で理解することができます。

この説明方法は、異常事態や自由な解釈が不可能な情報には適していません。しかし、情報が確実でない場合や明確に応用できない場合、さまざまな観点をユーザーに提供することは有益です。そうすることで、1つの正しい方法が存在するのではなく、経験豊かな他のユーザーからのアドバイスを検討する仕組みをユーザーは獲得できます。

擬人化：慎重に利用する必要がある強力な効果

　「人の外見」は他の人と相互にやりとりするために利用されています。このことはSF映画と現実世界の両方における私たちの技術体験に関わってきます。SF映画において、ソフトウェア、ロボット、自動車、そして検索エンジンは人間的な特徴をもっていて、登場人物にとって、そして視聴者にとって自分とつながりをもてると、理解することが容易になります。こうした例を調べれば、人間らしい外観は人に安心感を与え、インタフェースが表現豊かにコミュニケーションをとれる助けとなることがわかります。人間らしい態度は、システムを瞬時に話し合えるものだと理解してもらい、ユーザーが課題をやり遂げて目標を達成することを支援するのに適しています。

　しかし、擬人化を盛り込みたいのであればデザイナーは細心の注意を払って正しく理解しなければなりません。擬人化はユーザーを誤った方向に導き、手の届かない期待をもたせてしまう可能性があります。擬人化の要素は、その効果と使いやすさがともに必ずしも優れているわけではありません。私たちの考えや感じ方にしっくり馴染む社会的行動はとれるかもしれませんが、ユーザーにとっては、認識能力、社会生活、感情などの面でより多くの負担を伴うインタフェースとなってしまいます。しかも、擬人化システムは構築するのが大変難しいものです。最後のアドバイスとしては、デザイナー自身が社会的な生きものなので、自分の文化的偏見を創作物にもちこまない配慮も必要です。これらの警告は私たちを本章の主要なレッスンへと導きます。

■■■ **レッスン** **システムを人間らしく表現すればするほど期待は高まる**

　私たちが擬人化して技術を設計した場合、知能、言語、判断、自主性、社会規範の能力の広がりについてユーザの期待が高まります。もしあなたの技術がこれらの期待に確実に応えることができなければ、ユーザーを苛立たせる危険があります。期待と現実がうまく合うように、「システムは人間ではない」とはっきりと伝えるサインを見た目、

言語、動作のなかに設計しましょう。

　擬人化に関して取れる一石二鳥の作戦の1つは、一歩後退して動物の形を用いることです。人は動物に対して低い期待しかもちませんが、それでも動物との間に社会的・感情的なつながりを築いていることに気づくものです。自分のペットの場合はとくにそうです。システムを人間ではなく動物として表現すれば、厄介な「不気味の谷」に滑り落ちる危険を冒すことなく、好ましい特徴を与えられるでしょう。動物を用いる作戦は、社会的慣習から受け入れられにくい行動を取り去ると同時に、ユーザーが期待する知的態度を示すシステムの開発を目指すときに、非常に有効な手段かもしれません。

CHAPTER 10

通信

同期対非同期通信	221
受信者の指定	225
よび出しを受信する	231
音声	239
映像	242
さらなる 2 つの要素	243
通信：次世代の話し方はどうなるのか？	247

CHAPTER 10

図 10.1a–c 『メトロポリス』(1927 年)。

ジョー・フレーダーセンが、壁にかかった大きな装置に向かって歩いています。電信用の細長いテープに印字されたメッセージを見ながら（図10.1a）、地下都市にいるグロットがジョーからの連絡を待っていることを知ります。右側のダイヤルに手を伸ばし、反時計方向に 10 から 6 に針を回し、続いて左側のダイヤルを 4 に回すと、画面が起動されます。そこには、いくつかのカメラ画像が組み合わさって 1 つになったカメラ映像「HM2」が表示されています。ジョーはその映像をクリアにするために、いくつかのボタンをいじります（図 10.1b）。

グロットの姿を確認すると、ジョーはその装置から受話器を取り、グロットに合図を送るためにボタンに手を伸ばして、カチカチと信号を送ります。すると、グロットのテレビ電話の電球が光って音が鳴り始めます。グロットは装置に駆け寄って画面をのぞき込み、受話器を持ち上げます。グロットの画面にジョーが映

ると、2人は会話を始めます（図10.1c）。

　通信技術は本書の調査で取り上げている技術のなかで、もっとも大きな割合を占めています。（映画のなかに描かれているものを含む）通信技術が、私たちの空間や時間の感覚、そして個人および文化としての私たち自身へのもっとも急進的な変化のなかにあるということからすると、このことは驚くに値しません。通信技術には、本章だけで参照しきれないほど数多くの例があります。しかし、調べた例だけで本章を構成するのに十分に明解なパターンを提供してくれています。

同期対非同期通信

　通信技術は、いくつかの方法で分類することができます。もっとも有効な分類は、通信が同期か非同期かです。同期型の通信技術ではリアルタイムな通信者同士のやりとりがあり、電話での通話のように双方が同時に通信に参加します。この調査における通信のほとんどの例が同期型です。非同期通信では、手紙やビデオ、音声録音のようにある媒体に発信者側の情報をコード化して記録し、それを受信者に送ります。同期や非同期という言葉はとてもよく目にしますが、より親しみやすくするためにこれらをそれぞれ「通話」と「メッセージ」とよぶことにします。この2つにはかなり重なる部分がありますが、重ならない部分のほとんどは、構成、編集、そしてメッセージ送信です。

構成

　メッセージを構成するには、前もってメッセージを記録しておく必要があります。それによって、記録したものを見返し、必要なら変更する時間ができます。テキストメッセージを記録するには、手書きのツールやキーボード、もしくは何らかの転写ツールが必要となりますが、音声やビデオといったメディアへの記録にはそういったものはほとんど見られません。『地球の静止する日』（1951年）のなかで見られる、クラトゥがジェスチャー制御を使って音声レポートを準備する、といったような解釈が難しい異質なメッセージ構成制御もあります（図5.1参照）。

　その他では、音声メッセージはビデオメッセージほど多くは目にしません。これらのインタフェースの制御は、デジタルビデオカメラに見られるような基本的なものです。標準的な一例として、映画『サンシャイン2057』（「Sunshine」2007年）のなかで、ロバート・キャパが家族に向けた最期のビデオメッセージを準備するという場面が見られます。このとき、画面上でメッセージを「再生」、

図 10.2a–c 『サンシャイン』(2007 年)、『ロスト・イン・スペース』(1998 年)、『アバター』(2009 年)。

「消去」、「送信」、そして記録する操作を見ることができます(図 10.2a)。しかし、映画のなかではこれらに対応する物理的な操作は描かれていません。

こういったツールの他の例として、『ロスト・イン・スペース』のなかのペニーのビデオログや『アバター』のなかのジェイク・サリーのビデオログ(図 10.2b,c)があります。どちらのインタフェースも、画面上に記録操作を表示していないということには触れておく価値があります。それはあたかも、視聴者が記録装置についてすでによく知っていて操作を見せる必要がないと映画製作者が信じているかのようです。『アバター』では、メインカメラ、過去の履歴、送信、タスクという少しわかりにくいシンプルなボタンが 4 つ見られます。

これらのインタフェースには、重要な特徴が 1 つあります。すべてにシステムが記録中であることを示すための目立つ表示があります。『サンシャイン』と『アバター』では、点滅するよく見慣れた赤い点の表示が描かれています。記録装置において考え得るすべての合図のうち、これはインタフェースにほとんど普遍的に共通しているものです。

レッスン 記録中であることの表示

記録用のインタフェースがあまりにも煩雑だと、メッセージに集中する必要がある視聴者や送信者の気をそらし、いらだたせてしまうことになります。記録中に必要とされるインタフェースを最小限にすることは、送信者がメッセージに集中するのを助けます。そして、システムが実際に記録中であることを示す表示は他にもいくつかあります。こうした表示は記録する人を助けるだけでなく、SF 映画では、

登場人物が何をしているかを視聴者が理解するのを助けてくれます。この表現としてもっとも一般的な視覚的なアイコンは、点滅する赤いドットです。この表現があまりにも一般的なので、別の視覚的な合図を使うと、かえってユーザーと視聴者を混乱させてしまうことになるかもしれません。

記録時間、残り時間、またはこれまでおおむねどれくらい記録されたかといった記録中の情報は、この調査で見てきたインタフェースには見られませんでした。同様に、登場人物がメッセージをレビューし編集できるような編集インタフェースも見られませんでした。

再生

受信者には、記録されたメッセージを再生する手段が必要です。さらに、『スター・ウォーズ エピソード 4/ 新たなる希望』や『Mr. インクレディブル』で見られるような、受信者の識別を求めるようなものもあります（図 10.3）。前者の『スター・ウォーズ』では、その識別を R2-D2 が行っています。後者の『Mr. インクレディブル』では、Mr. インクレディブルであることが識別されたうえでメッセージが自動的に再生されます。いずれのケースにおいても、受信者は手動で再生する必要はありません。

たいていの場合、受信者には再生用の機能が用意されています。一般的には、「再生」と「停止」の操作だけが見られます。これらは、トグルスイッチ、ボタン、タッチスクリーンといった、その時代の主たる技術パラダイムに則っています。このような操作盤がないような時代でも、通常は「電源」と「再生」の機能だけは使われています（図 10.4）。

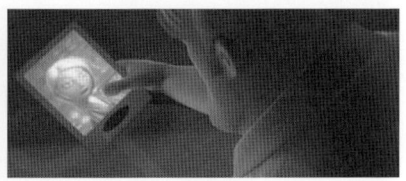

図 10.3a,b 『スター・ウォーズ エピソード 4 / 新たなる希望』（1977 年）、『Mr. インクレディブル』（2004 年）。

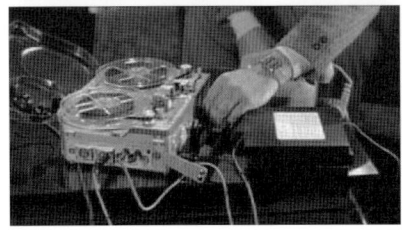

図10.4a–c 『2001年宇宙の旅』(1968年)、『ブレインストーム』(1983年)、『スターシップ・トゥルーパーズ』(1997年)。

システムの起動

通信技術には、プライバシー、静寂、そして電力節約のために「停止できる」機能が必要です。『宇宙大作戦』に出てくる通信機のヒンジ式カバー（図10.5a）のように、オンとオフの機能はたいてい単一の装置に組み入れられ、ほとんどは物理的なトグルスイッチが用いられます。『新スター・トレック』で最初に見られるタッチ起動式のコムバッジ（図10.5b）のように、革新的な装置もあります。

レッスン 起動は簡便さと制御をバランスよく

ユーザーは簡易な操作を高く評価します。『スター・トレック』の通信機は、起動と停止に単純な動作を用います。コムバッジは手で触れやすい位置にあります。単に通信機に触れるという簡易な方法でこういった通信システムを起動できることが想像できます。しかし、起動があまりにも容易になると、誤操作しやすいということにもなりえます。デザイナーは、操作しやすく設計しなくてはなりませんが、偶発的に起動しないようにもしなければなりません。

図 10.5a,b　『宇宙大作戦』(1968 年)、『新スター・トレック』(1987 年)。

> **レッスン**　状態変化を伝達するだけでは不十分
>
> 　携帯型の発信機がコムバッジよりも優れている点の 1 つは、通信チャネルが開いているか閉まっているかを、誰もが一目でわかるということです。コムバッジでは、接続中か非接続中かは音声信号によってわかりますが、誰かがコムバッジを着けて部屋に入ってきたときには、その状態を判別することはできません。こっそりと会話を記録しようとするなら、コムバッジを使えば簡単でしょう。よりよいシステムは、その状態が変わるときと同じように、その時点の状態をはっきり示しているものです。これは通信だけでなく、ほとんどすべてのシステムに当てはまります。

受信者の指定

　メッセージでも通話でも、送信者は受信者を指定する必要があります。この行為はさまざまな方法で行われます。たとえば、固定接続を経由して自動的に行われたり、システムオペレーターの補助によって行われたり、受信者の電話番号のような固有の ID を指定することによって、もしくは受信者の氏名のような登録された属性などによって行われます。

固定接続

　通信装置には、特定の装置と直結され、他の装置とは通信できないものがあります。『エイリアン 2』に登場するヘッドセットのように、起動している間は連続的に送信するものもあり、それにはオンにするスイッチだけが必要となりま

す。

多くの人々に送信するために設計されている技術であれば、送信者は、話を開始するためのスイッチを起動するだけでよいのです。『禁断の惑星』のなかのアダムス機長が使う宇宙船内指令システムで見られるような、マイク上のスイッチ、もしくはマイクを使っていないときにかけられるフックがそれに相当します（図10.6）。

インターホンのような半公共的なインタフェースは、ある受信者に固定されていますが、その受信者の気づきを求める必要があります（「通知」p.231 参照）。『エイリアン2』では、企業の手先であるバークがリプリーのアパートを訪ねたときに、彼女に気づいてもらうためにインターホンのボタンを押します（図10.7a）。その後、受信側は連続的な通信を始めるためにスイッチをオンにするか、トランシーバーのやりとりのようなプッシュ・トゥ・トークのスイッチを入れます（「音声」p.239 参照）。『インストーラー』のなかで、オフマンがクララを家に入れる場面に見られるように、こうしたやりとりはスムーズに行われま

図 10.6a,b 『禁断の惑星』（1956 年）。

図 10.7a,b 『エイリアン』（1986 年）、『インストーラー』（2007 年）。

す。クララがベルを鳴らすと、オフマンがその映像をチラッと見ます。覚悟を決めてクララを入れるために、インターホンのタッチスクリーン上のロック・アイコンを押します（図 10.7b）。

レッスン　操作の数は最小限に

操作性とわかりやすさのバランスはインタラクションデザインにおいて、長年の課題です。インタフェースにより多くの操作性を与えることは、学習すること、識別することがより多くなることを意味します。そして、あまりにも多くの操作性を与えることは、不必要な視覚的雑音をインタフェースに詰めこむことになります。一般的に、操作性の高さは、専門家には効果的に働き、わかりやすさは初心者のために最良に働きます。しかしながら、経験からいって、起動と接続といったような密接に関連する機能は、単独の使いやすい操作に組み合わせられることが多いといえます。

オペレーター

ある装置がネットワーク上の他の装置に接続する際には、目的とする相手に接続するための手段が必要になります。その 1 つの方法は、たとえ人であれ、異星人であれ、人工知能であれ、オペレーターを使うことです。重要なことは、そのオペレーターが発信者の要求を理解し、システムに何かしらの問題が生じたときにそれを解決し、システムの状態を維持できることです。SF 映画においては、しばしばこういった要求が挙げられますが、これらが、書面やジェスチャーといった他の入力形式になることは十分に考えられます。

レッスン 人間はときに理想的なインタフェース

　新しい技術はユーザーが訓練しなければならないくらい複雑であったり、まったく未知なものになったりすることがありますが、それは非実用的だったり不十分な完成度だったりするかもしれません。そのため1つの選択肢としては、ユーザーに代わりオペレーターとして働くように、ある人々を訓練することです。この方法は、自動応答システムでは困難なことに対して、多くの利点をもたらしてくれます。言語の壁はさておき、人々はオペレーターと通信するための訓練を必要とされません。オペレーターはユーザーの意図や感情を解釈し、それに応じて対処することができます。オペレーターはシステム、とりわけシステムの設計者が予期しないような問題にも対処することができます。これまで進められてきた職務の専門化は、技術（オペレーター）、生物学（医師）、法律、政治および宗教（聖職者）といった複雑さへのインタフェースと考えることができます。アンドロイドが出現し人工知能が完成するまで、よく訓練された人間が欠点があるにもかかわらず、もっとも有用なインタフェースであり続けるのかもしれません。

固有の識別子

　オペレーターは、その利点をもっているにも関わらず、多数のユーザーを扱えるレベルになっていません。通信者が互いをシステムを横断して見つけることができればこの負担は軽減できますが、システムは発信者とネットワークの両方のために動作するように努めることになります。この問題を解決するために、多くのネットワークが固有の識別子（Unique ID：UID）を用いています。これはUIDとして電話番号を用いている近代の電話システムの方策です。電話システムは一般的な一人称の通信技術であり、SF映画のなかでも一般的なパラダイムです。これらのインタフェースは、たいていの場合、アナログか画面上の数字キーを使っています（図10.8a,b）。SF映画のなかでのキーパッドの起動はその時代の慣習にならっており、ボタンの押下や画面タッチが組み込まれています。映画『JM』のなかでは、選んだ数字とボタンの操作にレーザーポインターを使用した遠隔操作が用いられています（図10.8c）。これらのシステムのほとんどは直接入力ですが、こういったよく知られているシステムは、ユーザーが誤操作する機会を増加させているという点で、インタフェースの問題を突きつけること

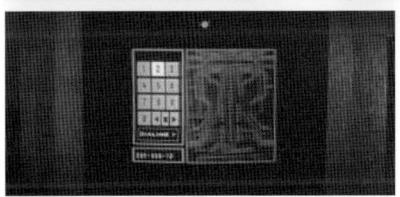

図 10.8a–c 『ブレードランナー』（1982年）、『2001年宇宙の旅』（1968年）、『JM』（1995年）。

になります。

レッスン　すべてを入力してから送信

　『2001年宇宙の旅』のなかで見られるタッチシステムのような電話番号入力システムは直接入力であり、意図するそれぞれの番号は、ボタンが押されるか番号がダイヤルされる仕組みによって入力されます（図10.8b）。このインタフェースの課題は、間違いを取り消すことができず、最初から打ち直さなければならないことです。この影響は、番号が長くなるほど大きくなります。この問題に対するより良い解決方法は、近代的な携帯電話に見られ、『JM』のなかにその例があります（図10.8c）。これらのシステムにおいては、ユーザーは、システムに番号を正しく入力し、すべての数字が入力されてから、Enterもしくは Call コマンドを押します。このことによって、発信者は発信する前に見直し、エラーを修正する機会を得ることができます。ユーザーに一連の入力を求める際のエラーを回避するためには、最初にすべての情報を入力させ、それから見直し修正した後に送信させるようにしましょう。

保存された連絡先

　UIDを用いた方策に関しては問題が1つあります。人々に多くの長い数字列を覚えさせることです。一般的には、私たちはそれがあまり得意ではありません。SF映画の登場人物は、これらの数を覚えることをほとんど苦にしていませんが、実世界で通信技術を使う人にとっては重大な懸念事項です。結果として、

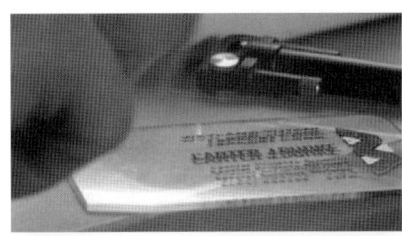

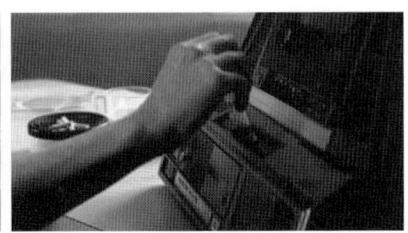

図 10.9a–c 『エイリアン 2』（1986 年）。

　短縮ダイヤル、音声ダイヤル、コンタクトリストのような登録システムが、ユーザーの記憶の負担を軽減してくれます。装置の持ち主はしばしば、これらのショートカットの入力や管理をしなければなりませんが、興味深い反例を『エイリアン 2』のなかに見ることができます。

　バークはリプリーと会ったときに、彼女に通話カードを託します。リプリーがようやくバークと連絡をとる決心をしたとき、彼の電話番号どころか名前さえ思い出さずに、単にテレビ電話に透明なカードを滑り込ませることで、システムが自動的に彼に接続してくれます。ここで気をつけなくてはいけないのは、その名刺がウェイランド湯谷社のものであるにもかかわらず、システムが自宅にいるバークのテレビ電話に接続していることです。おそらくシステムは、リプリーがそれを使うとき、バークが自宅にいることを把握していたと思われます（図 10.9）。このやりとりは、多くの高度な技術を物語っています。

レッスン　目的は人と連絡をとること

　技術がより一層ネットワーク化され、ユビキタス化されるにつれて、人の居場所はより確信をもって特定されることになります。プライバシーと曖昧性解消の問題が対処されると、発信者はある特定の装置と接続するための UID を管理する必要性から解放されるという、素晴らしい状況となります。発信者は自身が受信者を特定するだけでよく、受信者がどこにいてどんな装置をもっているかということは、

システムが把握しています。もしかしたら将来は、あなたのそばにある電話が鳴ったときには、あなたがそれをとるべきなのかもしれません。なぜなら、それはあなたへの電話なのでしょうから。

チャンス 属性によって人を見つける

もし、UIDの代わりにシステムがより曖昧なデータを使って私たちが探している人を見つけてくれるとしたらどうでしょう？ それはそれほど突飛な話ではありません。アップル社のシリ（Siri）のような仮想アシスタントソフトウェアは、すでに入手可能な位置情報を使ってそれに近いことを行っています。シリは、尋ねられたことを解釈し、あなたが求めていることに関連する予測のなかで、入手可能な位置関連情報に対する確認を自動的に行っています。将来、ユーザーは電話に向かってこう尋ねるのかもしれません。「ジョーとつないでくれ、もしかしたらそれはジョセフだったかもしれない…、シカゴ地区で2005年に開かれた会議で会った奴なんだけど。」もしくは、「ジェニーのパーティーで会った財政顧問だと言っていたのは誰だった？」結局、人は単に受信者のことを考えるだけで、コンピュータシステムがそこから解釈するのでしょうか。

よび出しを受信する

通信は、メッセージを送ったり、電話をかけたりするだけではありません。受信する必要があります。ここでは受信する側の観点からこのことを見ていきます。

通知

発信者やメッセージはネットワークを伝っていって、次に受信者に気づいてもらう必要があります。私たちはこれらの例を見るとき、注意が必要です。SF映画のストーリーが、その筋書きのなかに意図的にメッセージを含んでいる場合、それは重要です。実世界のあらゆるタイプのメッセージや発信にはありえないような重みをこれらの信号に与えてしまうことになります。

映画『2300年未来への旅』のなかで、ローガンがカルーセルの儀式を観ているとき、彼は中央司令室から近くにいる逃亡者を捕らえる命令を知らせるテキス

図 10.10 『2300年未来への旅』(1976年)。

トメッセージを受け取ります。その音量が十分なので、カルーセルの儀式がとても賑やかであるにもかかわらず、彼を気づかせることができます（図 10.10）。

レッスン 緊急を知らせるときは音を使う

ユーザーは、緊急の電話やメッセージには注意を向けます。ユーザーの注意を引くために、インタフェースは視覚に頼らない方法で信号を送るべきです。なぜなら、ユーザーの目は、ある瞬間の知覚には限界があるからです。聴覚は音響信号を利用して、全方向から意識を向けさせるのに最適な感覚の1つです。理想的には、音声警報はより聞き取りやすいように、環境雑音を越えた音量に設定され、かつ環境雑音と対照をなす音が選ばれるように設計するべきです。振動のような接触信号は、周囲に気づかれにくくするために装置との肉体的な接触が必要になります。SF映画の技術では、姿勢、圧力、温度、または臭いのような他の全方位的な感覚を利用する方法をとっているかもしれませんが、それらは音のように微妙で、かつ識別可能なものとしてその意味を伝えることはできません。よって、現実世界のデザイナーはめったにこれらに影響を与える装置を利用しません。

レッスン 即座に気づかせるときには他の感覚も刺激する

もちろん、誰もが耳が聞こえるわけではありませんし、警報が聞こえないような環境にいるときもあります。振動や視覚的な警報もしくは他の感覚を刺激するような何かとともに用いる音は、その警報が本当に重要である場合に効果的なものとなります。

『バック・トゥ・ザ・フューチャー PART2』のなかで、家族が夕食のテーブル

通信

図 10.11 『バック・トゥ・ザ・フューチャー PART2』(1989 年)。

に着いているそのとき、マーリーンは装着したゴーグルで電話を取ります。電話が鳴ると、ゴーグルの外側にある赤い LED によって「PHONE」という文字が点滅します (図 10.11)。マーティ Jr. のゴーグルはすでにオンの状態で、マーティ Jr. はマーティ・シニアにその電話がマーティ・シニア宛であること、そして発信者番号通知サービスによって、上司のニードルスからの電話であることを伝えています。このサービスは、この映画の公開前年に米国で商業利用が開始されていました。

マーティ・シニアは書斎にある大きな画面で電話をとります。マーティ・シニアが画面に近づくと、画面にはルノワールの絵『ムーラン・ド・ラ・ギャレット』の一部が表示されている画面の下の部分に、「INCOMING CALL (着信中)」という文字が点滅しています (図 10.12a)。マーティ・シニアが電話に出ると、ルノワールの絵は小さくなって画面の角へと移動し、実際のテレビ電話画面が現れます (図 10.12b)。会話中はルノワールの絵は消えていて、話し手に関する情報が画面の下部に文字で表示されています。この文字列はマーティ・シニアから促されることなく、自動的に現われます (図 10.12c)。

『アイアンマン』では、トニーは秘書のペッパー宛に音声メッセージを送りますが、このとき彼は広大な自宅の下階の作業場に居ます。システムは居間にいるペッパーを見つけて、彼女の注意を引くために着メロとしてメッセージを流します。同時に、彼女の近くにある画面がトニーの顔写真と受信接続を知らせる案内が表示されます。この音声は、メイン画面で表示されているテレビ番組『マッド・マネー』から彼女の注意を引くためのものです (図 10.13)。このインタフェースには、いくつかの注目すべきものがあり、私たちは以下でそれを見てい

CHAPTER 10

図 10.12a–c 『バック・トゥ・ザ・フューチャー PART2』（1989 年）。

図 10.13 『アイアンマン』（2008 年）。

きます。

レッスン 視覚的な信号はユーザーが見つけられるところに設ける

　　　　ユーザーが注意の届かないくらい遠くにいる場合、視覚信号はほとんど見落とされることになります。信号が確実に認識されるようにするためには、ユーザーが必ず見つけられるところに信号を提示することが最適です。システムが視線追跡制御をもっていれば、ユーザーが見ようとしている場所を正確に知ることができます。もう1つの方法として、広く普及しているマウスのような入力装置を使用している場合、ポインターやカーソルのような画面上の明示は優れた代替手段

となります。そうでなければ、ユーザーがもっとも注意を向ける可能性がありそうなインタフェース上の重要地点に信号を置くことが大切でしょう。

私たちの知らない事柄

　この調査では、視覚的なインタフェースを通した受信拒否や経路再選択などは見られませんでしたが、現実世界においてはこのような仕組みは、いずれもありえるでしょう。ピカード艦長が、かかってきた通話に対して口頭で「艦長室で受ける」と応答する場合のような人間のオペレーターとのやりとりの例はありますが、会話インタフェース以外にこれらの機能は例がありません。

受入れ

　受信者は、通話かメッセージの通知を受けたら、その通話に応答するか、メッセージを見る必要があります。もしその技術が、現実世界にあるありふれたものであるなら、SF映画はそのパラダイムを踏襲します。たとえば、ほとんどの電話の通話は受話器を上げて受けますし、ほとんどのモバイル機器向けのテキストメッセージは機器のボタンを押すことで受け取ります。もし、こうした通信技術が一般的でないなら、メッセージを受け取る何らかの新しい方法が開発されなければなりません。その数少ない例を以下で見ていきます。

　すでに見たように、『新スター・トレック』の登場人物は、宇宙艦のコンピュータから転送されてきた通話をコムバッジに触れることで受けます。

　コムバッジが録音状態を表示しないことはすでに触れましたが、通話を受け入れる行為は単純で、利用しやすいものです。コムバッジは左胸に装着され、十分な音量で通知された後に、受信者はコムバッジを一度軽くたたくだけで受け入れることができます。その動作は、実行するのは簡単で、偶然に行われることはなさそうです。乗組員の手が塞がった状態で通話を受ける必要があるという状況は確認できていませんが、普遍的な翻訳能力が与えられれば、受け入れを音声対応で行うことも可能になるでしょう。

　『アイアンマン』で、トニーからの通話を受けるためにペッパーは手を伸ばして、タブレットの画面上の通知メッセージをタップします。これで2人の間の音声通信が開通します。続いて、登録されているトニーの写真が表示され、ペッパーが見ていた『マッド・マネー』のビデオ画像の表示領域を小さくするようにレイアウトが調整されます（図10.14）。

図 10.14 『アイアンマン』(2008 年)。

レッスン　受信のためのタップ

社会的な要請として、通話の受け入れは迅速であることが求められ、自身のプライバシーを確保したいという要求から、分離していて誤操作しないようになっている必要があります。動作による操作がよりユビキタス（またはより環境と一体化した類似の通信技術）になるまでは、タップという操作で速さや慎重さについてのユーザーの要求が満たされます。

接続状態の監視

録音と同様に、発信者はいつ接続されたかを知る必要があります。これはリンクが切断されたことを示す信号にもなり得ますし、接続中であることを示す手掛かりにもなります。

メディアが混合した通話システムでは、両方の方法が使われることがあります。『アイアンマン』でこの一例が示されています。ペッパーはジャーヴィスの画面上で、トニーとの音声が接続中であることを確認する表示を見ることができます（図 10.15）。さらに通話終了時には、画面上の通話パネルが消えることで、『マッド・マネー』の映像が再び大きく表示されるように画面を調節しているように、切断を視覚的に確認できるようにしています。

レッスン　接続は視覚で、切断は音声で伝える

テレビ電話では、画面を通じて連続的に状況を確認できるので、たとえば通話相手が消えたり画像が固まったりすれば、切断は目に見えてわかります。音声通話では、交互に話をすることから、一方が無音

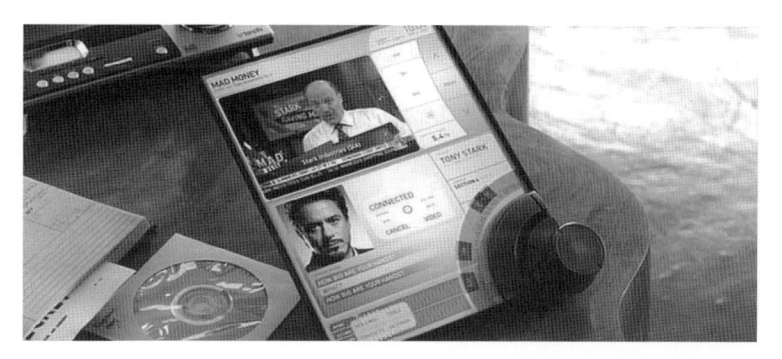

図 10.15 『アイアンマン』（2008 年）。

状態の場合、それは聞いているか、それとも切れているという異なる状況を意味することになります。接続を確認する役目となる音の信号には必ず雑音を加えることが必要です。そのようなシステムの場合、通話が切れたときツーツーという信号音しかしなくなります。

通話の終了

　一般的に、通話の発信側、着信側のどちらの側でも、通話を終了したいときに終了させることができます。SF 映画のなかでは多くの方法が見られます。もちろん、受話器を電話機に戻すような、旧来の電話の作法にならった現実世界のシステムの模倣例を見ることができます。通話の始めに小銭を入れる公衆電話の場合は、残りの小銭が戻ってくることで、通話が終了したことがわかります。たとえば『エイリアン 2』のなかで、リプリーはバークとの不愉快な通話をさっさと終わらせるために、テレビ電話からカードを抜きとります（図 10.16）。通話者が接続を切るために、受話器を置いたり、折りたたみ式携帯電話を閉じるといった旧来の作法を取り入れた例もいくつかあります。最近では、通話を終了するために、ボタンを押したり、画面をタップしたりといったコンピュータやテレビのメタファーが見られるようになってきています。

　この調査では、オペレーターや音声制御システムへつなぐといった、音声操作で通話を終わらせる方法は見られませんでした。しかし、トニーがアイアンマンスーツを着て飛んでいるときは両手が完全に塞がっているとすれば（視線による制御をしているように見えないので）、ブロディとの通話は音声操作で終わらせていることになります（図 10.17）。

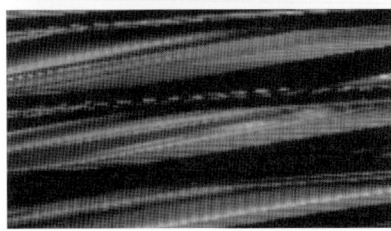

図 10.16a–c 『エイリアン 2』（1986 年）。

図 10.17a,b 『アイアンマン』（2008 年）。

『JM』では、タカハシが逆手の平手打ちのように空中で手を水平に強く振って、苛立たしいテレビ電話を終わらせる、という普通ではない手段で通話を終了させているのが見られます。さらには、通話の終了だけでなく、画面が机のなかに格納されます（図 10.18）。

レッスン 感情の入力を認識する

タカハシの通話の終了時に、手を大きく振ることをシステムは要求していないと仮定しなければなりません。システムは、決算発表を終わらせる形式的な手振りも、叱責する話者を静かにさせる怒りの平手打ちも認識することができます。技術がある範囲の入力を許容する場合、ユーザーはその入力を操作ということだけでなく、入力に感情を込めることができます。もし、感情の程度がシステム応答の程度に影響すれば、すべてがうまくいくでしょう。これは、技術が正確性より

図 10.18a–c 『JM』(1995 年)。

人との手軽なコミュニケーションに適合していることを意味します。

音声

　通信技術のもう 1 つの見方は、通信の媒体やチャネルに特有な制御の仕方を通してみる見方です。たとえば、通話中、話し手が音声上のプライバシーを求めたり、あるいは聞いてほしがっているとき、それをどのように制御しているでしょうか？

　SF 映画にはそのような制御方法がなく、単に連続的に信号を送っているだけのものもあります。音声をミュートする方法は、マイクを覆ってしまうか、システムをオフしてしまうことぐらいしかありません。これらは多くの場合、軍事利用か航空宇宙利用です。

　より一般的には、音声インタフェースは、送受信兼用の無線機かページャーのようなプッシュ・トゥ・トークのパラダイムを採用しています。これらのインタフェースでは、話し手が通話ボタンを押し続けているときに限って声が送られます。これらのボタンはたいてい、他の部分を隠さないよう、届きやすく制御しやすいようにインタフェースの下部にあります（図 10.19）。

　その逆は、ミュート機能です。近づけることによって作動するマイクがあります。ショーン・コネリー主演の映画『未来惑星ザルドス』にその一例を見ることができます。エターナルは左手に装着された透明の指輪を通して、タバナクルとよばれる中枢の人工知能と交信します（図 10.20a）。その指輪は口が近づいたことを感知し、そのときにだけ装着者の声を送ります。『マイノリティ・リポート』の袖マイクもこれと同じ方法で作動します（図 10.20b）。

　テレビ電話を使う通話者も同じようにミュートボタンを必要とすると考えますが、この調査ではそのような操作は見られませんでした。

図 10.19a–d 『原子未来戦』（1939 年）、『スペース』（1975 年）、『スター・ウォーズ エピソード 4/ 新たなる希望』（1977 年）、『ファイヤーフライ』「魔女狩り」（エピソード 5 2002 年）。

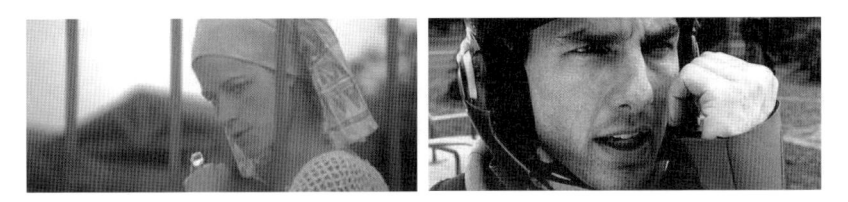

図 10.20a,b 『未来惑星ザルドス』（1974 年）、『マイノリティ・リポート』（2002 年）。

音声の可視化

　SF 映画ではとりわけ、受信者の顔を映さないで、その間カメラが通信技術を見せている場合、しばしば音声のみの通話に視覚的な表示を加えることがあります。

| レッスン | 音声通話を視覚的に見せる

　　SF 映画では、通信中の相手の映像がない場合、音声を流している

間中視聴者が静止画をじっと観ているということがないように、映像を流します。ペッパーがトニーと話しているときに見られるメーターのような基本的なものもあります（図10.21a）。まれに、『バーバレラ』の船上のコンピュータ・アルフィーの小さなシャッターの壁のように、芸術的で一種独特なものがあります（図10.21b）。しかし、一貫性を保っていることが1つあります。それは、より大きな音になると、システムはより明るく表示する、ということです。逆の関係も可能ではありますし、音と光以外の他の測定可能な性質の関係もありますが、SF映画では、より大きな音はより明るくする、というのが一般的です。

私たちの知らない事柄

上で述べたようにSF映画中のインタフェースには、物理的なミュート制御がないことに加えて、音量制御も見当たりません。音のレベルは、他の音のなかに

図10.21a,b 『アイアンマン』（2008年）、『バーバレラ』（1968年）。

あっても十分聞こえる程度に大きく、しかし十分快適なほどに静かに、といった具合に、その状況に合わせていつも完璧です。これはストーリーを語るうえで必要なことで、音響技術者はさまざまな音声チャネルを注意深く適度なバランスにしていますが、SF映画の通信システムは、登場人物の距離に応じて同じような調整を巧みに行うことができます。

映像

　同じように、映像特有の問題がいくつかあります。初期に見られた1つは、目に見えないカメラの問題です。テレビ電話は話者の画像を捕らえるためにカメラを必要としますが、ほとんどの場合外観からはその存在を見ることはありません。これは立体投影と同様に、『スター・トレック』の宇宙艦のブリッジ上に見られるような、大きな平面のスクリーンにも当てはまります。確かに、私たちはSF映画のなかでカメラを見ることがありますが、そのほとんどは監視用で、テレビ電話のような通信システムのためのカメラは見当たりません。1つの可能性は、カメラがスクリーン内部に隠されていて、画像を通して、あるいは画像の間から焦点を合わせている、というものです。もう1つの可能性は、スクリーンにそれ自体を録画するような見る機能がある、というものです。

　1つの例外は『2001年宇宙の旅』で、レンズは付帯的な技術として現れるのではなく、非人間的なHALという人工知能の、恐ろしく遍在で、瞬きしないインタフェースとして映画の中心にもなっています（図10.22）。

　目に見えないカメラが、（4章で議論されている）視線一致の問題を巧みに避けている一方で、プライバシーに関する重要な問題がもち上がってきます。すなわち、あなたが記録されているときに、カメラレンズすらないとしたら、あなたはどのようにして記録されていることを知るのでしょうか？

レッスン　媒体ではなく人に焦点をあてる

　　製作者も視聴者もインタフェースのことを考えたくないので、SF映画のインタフェースにはカメラは見当たりません。彼らは、会話中にほのめかされる意味や話し手の顔に表れる感情に集中しています。いいかえれば、カメラの位置のことなどまったく気にしていません。インタフェースの意味が薄まるとき、人々は、彼らが気にかけていること、すなわち社会的な関係に集中します。

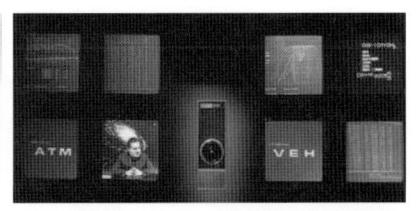

図10.22a,b 『2001年宇宙の旅』(1968年)。

私たちの知らない事柄

上で議論された音量制御の欠如に加えて、通信を終了すること以外のプライバシー制御は見られませんでした。

さらなる2つの要素

先に挙げられた基本的な通信の論点に加えて、SF映画の通信技術には特筆すべき2つの機能として「言語変換」と「偽装」があります。

言語変換

SF映画のなかで、多文化(そして多人種)な集団が設定されていた場合、視聴者が自然に理解できるように、すべての登場人物が1つの言語を話していることのからくりを指摘するSF映画製作者もいます。単一言語の自然言語処理は現代のコンピュータ処理のなかでもっとも難しい問題のうちの1つであり、まして異なる音声器官や脳、文化のために発展した、まったく異なる言語にまたがって変換することなどありえません。『スター・ファイター』に出てくる翻訳チップ、『スター・トレック』シリーズの宇宙翻訳機、そして『銀河ヒッチハイク・ガイド』に出てくるバベル魚(図10.23)といった、その問題に向き合っているテレビドラマや映画は信用を得ることができます。悲しいことに、多くの場合はそれらの使用の複雑さを説明するために、上記のレッスン(「媒体ではなく人に焦点をあてる」)を補強する以外ほとんど何も行わない、使い捨ての技術なのです。もし、現実の世界がこれらの問題に取り組むときには、これらのSF映画のインタフェースは『メトロポリス』のなかのジョーが使用する壁電話と同様に風変わりに見えるでしょう。

『スター・トレック』に登場する一風変わったインタフェースの1つが、コンピュータ通信に組み込まれた宇宙翻訳機です。このシステムは、既知の言語間に

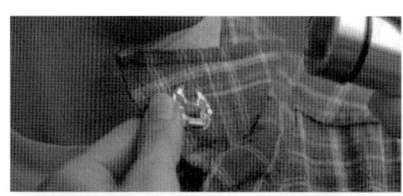

図 10.23a–c 『スター・ファイター』（1984 年）、『スター・トレック IV 故郷への長い道』（1986 年）、『銀河ヒッチハイク・ガイド』（2005 年）。

おいては任意の数の話者間での、簡単にできるコミュニケーションを実現していて、シームレスな同時翻訳を実現しています。それはとても精巧にできていて、素早く構文解析し、瞬時に新しい言語を解読します。『新スター・トレック』シリーズ以降では宇宙船間通信に用いられ、ユニフォーム上に小さな通信システムとして組み込まれています。

技術面で一風変わったこととしては、翻訳された吹替えや字幕を使いながらそれぞれの話し手は彼ら自身の言語で話すというのではなく、彼らの声で私たちの言語を話すということも挙げられます。もちろんそれは単にテレビ製作者側の都合と考えられますが、弁証学で考える機会を提供してくれています。万が一、これが実際に宇宙船間通信システムの特徴だとしたらどうでしょうか。また、同時に言語を処理し、話者の音声器官を処理し、口の動きを翻訳と一致して動作させているとしたらどうでしょうか（シリーズ中にはその証拠は見当たりませんが）。これは、ひどく劣悪な拡張現実技術を使わない、対面の宇宙翻訳機としては機能しませんでした。しかし、宇宙船間翻訳にとって、有用なレッスンを提供しています。

レッスン 会話と身体の動きの両方を翻訳する

翻訳したテキストと、会話の音声と身体的な動きとを一致させる翻訳システムが可能なら、聞き手側の認知的不調和を低減できるでしょう。思慮深い読者であれば、これが p.96 のレッスン「目と目が合うように立体投影を配置する」と似ていることに気づくことでしょう。しかし、会話の場合、頭と目の位置よりもはるかに多くのことに手を

加える必要があります。

　音声については、タイミング、言葉遣い、イントネーション、アクセント、そしてもちろん話された内容がこれに含まれます。このことは、異なる言語で話すのに多かれ少なかれ時間を要するように、文法や単語の差によって複雑になります。同期装置であっても、元の話し手の口調でスピーチと意味を同じ時間内に収めるために、速度を著しく上げるもしくは下げる必要があるかもしれません。さらに、ピッチ、気息音が混じること、そして音色のような話し手の声の特質をすべて含みます。話し手の口、目、顔の表情を変えることを含めて分析した後、彼らが流暢に別の言語を話しているように見せるためにすべてが統合されます。

　とある大使がいっているように、別の言語を学ぶという行為は、その言語を話す人々への関心を好意的に含むことになります。そうするために時間をかけた人々は、その事実が認識されることを求めるでしょう。加えて、翻訳ソフトウェアが絶対的に完全でないのであれば、見かけからかけ離れた発言がなされた場合、システムが嘘を言っていることを聞き手は知ることになるのです。これらの理由から、このような翻訳システムは、誰の言葉が翻訳されていて、誰のが翻訳されていないのかを区別できるような、控えめな合図を提供すべきです。

偽装

　考えようによっては、もし通信技術が仲介していると仮定するならば、この調査で極めてまれに見られる偽装の場面があります。ここで、再び『JM』のなかのタカハシの人の目を欺く通話システムに立ち返ってみましょう。危険なビジネスマンであるタカハシは、ジョニーの信頼する友達のビデオアバターを制御するためにジェスチャーインタフェースを使っています。通話の終わりに、タカハシがスキャナの上で操り人形のように手を動かすと、アバターはあらかじめ定められた台本の一部を話します（図10.24a）。その後、彼はアバターの頭の動きを見て、ビデオ画面に話しかけます（図10.24b）。ジェスチャーインタフェースとして、最初にこの例を5章で取り上げ、感情的な通話の終わり方として、この章で述べています。ここでは、コミュニケーションの一部として完璧に近い偽装をユーザーに与える能力に着目します。

　それは単に完璧に近いというだけで、アバターが堅苦しく、形式張った話し方をすることからわかるように、入力方法に関するいくつかの問題を提起していま

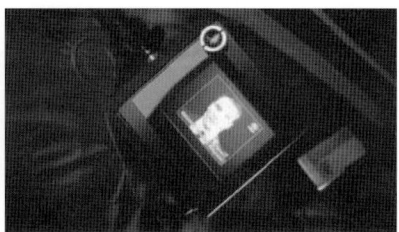

図 10.24a,b 『JM』（1995 年）。

す。システムがアバターを動かすために肉体的な操作を必要とするなら、彼の手よりもはるかに操作が容易なタカハシ自身の顔による入力が、真に迫るような表現にならないでしょうか？ この映画上のトリックは、何が起こっているのかを視聴者が理解するのを助けますが、インタフェースとしては、単に場面を描くことよって私たちの役に立っているだけです。

チャンス ユーザーの状況を微妙に変える

テレビ電話を採用する状況の1つとして、彼らが社会的に人前に出られる状態にはない、と感じていることが挙げられます。とりわけ家にいるときがそうです。技術が進歩し、人々が不気味の谷（p.203参照）から逃れられるような表情をリアルタイムに生成できるようになったら、ほんの少し表情を変更させてみてはどうでしょうか（この擬人化原理については9章参照）。デジタル処理で逆毛を固定したり、あるいは汚されたシャツを清潔でアイロンのかかったシャツにしたり、筋肉の緊張状態をほぐし皺をいくらか伸ばせるかもしれません。実物からかけ離れた完璧なアバターを使うことで、虚栄心から私たちが素早く、より良くなれるかもしれないということを簡単に確認することができます。しかし、多くのSF作家たちは、これが仲介されたアイデンティティーの自然な発展であることを示唆しており、私たちがポストヒューマン自体を経験する最初の機会となります。おそらく、真に迫ることが必ずしも正しいゴールとは限らないでしょう。

この例が示しているように、もちろん偽装は無節操な理由で、とりわけ「なりすまし」によって利用されかねません。このことは、通信者の身元を確認するようなSF技術とは対称をなす課題を提起しています。

通信：次世代の話し方はどうなるのか？

　印を付けること、書くこと、印刷機、写真、ラジオ、テレビ、そしてインターネットといった通信技術におけるあらゆる進歩は、私たちが時空を越えて経験できる領域を拡大してきました。今日、その可能性は、評価するのが困難なほど非常に広大で当たりまえのものになっています。私たちは、世界の別の地域で太陽が昇るのをリアルタイムに見ることができます。はるか昔に死んだ人の声を、深海で互いに鳴いている鯨の異質なうめき声を、深宇宙の神秘的な音を聞くことができます。全世界の何千マイルも離れた人々と、あっという間にメッセージをやりとりできます。私たちは、画面上の世界に存在する人々の幻想的に実現された生活に酔いしれます。通信におけるこれらの進歩は加速しており、とどまるところを知りません。SF映画は、私たちが来たるべき将来を描くためにこれらの技術を使うことで、私たちの感覚を広大に拡張することの意味を、また私たちが次に誰とどのように話しているのかを理解することを助けてくれるでしょう。

CHAPTER 11

学び

直接ダウンロード	251
サイコモーター・プラクティス	254
プレゼンテーションツール	259
リファレンスツール	263
ともに考えるための機械	270
試験用インタフェース	272
ケーススタディ：ホロデッキ	276
学び：ホロデッキを目指して	285

CHAPTER 11

図 11.1 『スター・トレック ヴォイジャー』「火山惑星からの帰還」
　　　（第 5 シーズン　第 5 話　1999 年）。

　宇宙船の料理担当のニーリックスが部屋に入ります。そこでは少女ナオミがコンピュータの前に座って熱心に勉強しています。彼女はこのところ元気がありません。ホロデッキでの友達、水でできているフロッターが消えてしまってからずっと悲しそうにしているのです。ホロデッキでの永遠の森という物語の大火事で消えてしまったのです。「何をしているんだい？」とニーリックスはたずねます。

　彼女は振り返って説明します。「水の蒸発について検索していたの。」
　「どうして？」
　「ええと、私はこう考えているの。水は温まっても単に消えるのではなく、見えないガスになっているだけだって。だから、もし森を冷やすことができたらフロッターをまた液体にすることができると思うの。」

　ニーリックスは話を続ける前に少し間を空けていいます、「頭のいい子だ。」彼はナオミが科学を学んだと知ります。その科学は彼女の友達を助けることになるでしょう（図 11.1）。

　学びは SF 映画の出来事のなかでも重要な位置を占めます。現実世界と同様に学びは重要なのです。作家がキャラクター・アーク（物語のなかでの登場人物の浮き沈み）とよぶものに関係しますし、登場人物の物語のなかでの変化に関与します。そして、登場人物が新しいインタフェースや技術について学んだとき、視聴者もそれを知ることになります。視聴者向けに情報を追加しなくとも理解することができるのです。そのため、学びのためのインタフェースを SF 映画の調査

のなかで見つけたときにも不自然に感じることはありませんでした。学びのためのインタフェースは6つのカテゴリーに分けられます。

1. **直接ダウンロード**：知識を脳に直接ダウンロードする
2. **サイコモーター・プラクティス**：運動能力を高める練習を補助する
3. **プレゼンテーションツール**：教師が授業中に使う
4. **リファレンスツール**：簡単な情報検索に使う
5. **ともに考えるための機械**：考えを整理して認知的能力の向上を促す
6. **試験用インタフェース**：知識や知能を測る

直接ダウンロード

　これはしばしばインチキとして使われます。登場人物が時間をかけずに何か重要なことを学ぶときや、ストーリーを素早く進めるために使うことがあります。SF以外の映画では、映画作家はモンタージュを使ってしばしば時間のかかる学習過程を短い時間で見せます。ですが、SFの世界では、技術を使って知識の伝達をものの数秒で行ってしまうことがいとも簡単にできるのです。時折、監督や脚本家は、登場人物がそれまで知らなかった知識を、まさに今知ったという状況に置かれることを望みます。視聴者を喜ばせるためにそういう状況をつくるのです。こういった、直接的に脳に知識を転送するインタフェースには多くの種類があります。現実社会にアナロジーとなるようなものがないためでしょう。そして、これらの技術のほとんどは映画のなかで説明されていません。

　最初にこの調査でとりあげる直接ダウンロードのインタフェースは『宇宙大作戦』のものです。「盗まれたスポックの頭脳」というエピソードでは、エイリアンがエンタープライズ号に忍び込んで、スポックの脳を頭蓋骨から手術で取りだしてしまいます。遠く離れた惑星で、コンピュータで制御された市民のインフラにスポックの脳がインストールされたことを調査班は確認します。ところが、その惑星の市民は高度な手術を行えるほど文明が発達していません。エンタープライズ号のドクター・マッコイにすら劣るほどです。

　彼らは教師とよばれる学習装置を見つけます。それは洗練された古代の知識を素早く転送する装置です。しかし、そのプロセスは苦痛に満ちたもので、転送された知識は数時間しか保持されません。ドクター・マッコイはその装置を使ってスポックの脳を元に戻す方法を学びます。情報を吸収するために、彼は外側に光線を出す無数のアンテナがついた透明なドームのなかに立ちます（図11.2a）。ドクター・マッコイがどうやって学びたい教材を選んでいるかは示唆されていません。単純に頭で念じているのでしょう。愉快な効果音が鳴って、ドクター・

CHAPTER 11

図 11.2a–c 『宇宙大作戦』「盗まれたスポックの頭脳」（第3シーズン 第5話 1968年）。

マッコイは頭が割れそうな痛みに苦しんだ後で、目を見開いてするべきことを理解し、複雑な脳手術の準備をはじめます（図 11.2b）。その知識は短い時間しか保持できないものでしたが、彼がスポックの脳を元に戻してすべての神経を接続するには十分な時間でした（図 11.2c）。

この調査では、私たちは意図的にアニメーション作品を避けていますが、『ファンタスティック・プラネット』（「Fantastic Planet」）では、ある興味深い装置が物語の大きな部分を占めています。その装置はビデオクリップを直接に装着者の脳に転送します。それらの情報は、ナレーターがいうには、「記憶に永遠に埋め込まれる」のです。コンテンツ自体はリファレンス資料にも似ていますが（p.263のリファレンスツールを参照）、この技術は直接ダウンロードの装置だといえます。それは、永続的な情報を受動的に書き込むものであるためです。だらだらとした話し方ではあるのですが、直接ダウンロードの1つとして考えてよいでしょう。

この装置を使うために、巨人エイリアンであるドラーグ族の少女ティバは小さな球体のついた薄い馬蹄のようなものをヘアバンドのようして頭に装着します。その装置は点滅し、何度か電子音が鳴ります。そして情報が彼女の心の眼のなかに表れます。視聴者に学んだものを示すために、装着者の額に情報のビデオが投影されます。彼女がどんな題材を選んだかは示唆されていません。ですので、それは長い一連の話なのだと考えられます（図 11.3）。

この装置は小人のオム族にも使われます。オム族はヘアバンドのなかに集まって多くの情報を同時に見ることができるのです。このヘアバンドは無線か共感的な技術によって動くので、学習者の近くにいる必要があります。

原始的なオム族は、新しく得た情報を彼らの文化や技術を大きく発展させるために使います。最終的には、ロケットをつくりドラーグ族に支配された惑星から逃げ出すことが目的です。（図 11.4）

図 11.3a–c 『ファンタスティック・プラネット』(1973 年)。

図 11.4a,b 『ファンタスティック・プラネット』(1973 年)。

　おそらく、知識を直接ダウンロードするインタフェースのなかでもっとも有名なものは『マトリックス』に登場するインタフェースでしょう。マトリックスから解放された後、ネオはコンストラクトとよばれる小さな仮想現実の空間で訓練を行います。あらゆる格闘技の知識が彼の頭の後ろのジャックから脳に直接書き込まれます。タンクという名のパイロットはタッチスクリーンとキーボードで操作する特別なソフトウェアを使って情報の更新をはじめます。情報の更新が進むにつれて、タンクのスクリーンには次々に現在更新している格闘技の画像が表示されます。インタフェースの下部には大きな進捗表示計が置かれ、3 次元で表現された脳が塗りつぶされていきます（図 11.5）。

　情報の更新が終わると、コンストラクトのなかでネオはモーフィアスを見上げて驚いた表情でこう言います。「カンフーを知っている。」モーフィアスはこう答えます。「見せてみろ。」そして彼らは戦います（さらに多くの直接ダウンロードのインタフェースと、脳インタフェースについての誤解については 7 章を参照）。

図 11.5a,b 『マトリックス』(1999 年)。

CHAPTER 11

サイコモーター・プラクティス

　いくつかのシステムは肉体的な技能の訓練に使われます。それらは学習理論の分野で「サイコモーター・ラーニング」とよばれます。サイコモーター・ラーニングは脳と身体の協調を含みます。

　『デューン / 砂の惑星』に登場する例では、若き王子ポール・アトレイデスがファイターと格闘訓練にのぞみます。その訓練を通じて不思議な技「ウィアーディングモジュール」とよばれる奇妙な武器の使い方を習得していきます（この奇妙な武器の音声インタフェースについては6章参照。）。ファイターとは機械式の装置で、訓練場の天井にある穴から降りてきます。ファイターは積み上げられた多くのリングをもっています。それぞれのリングはなんらかの武器をもっています。たとえば剣、穴、鉄の矢、鉄のような銃剣、そして剃刀のように尖った先端をもつ槍などです。ファイターはそれぞれの武器の輪を回転させ、恐ろしい殺人機械となります（図11.6）。

　ポールの従者、スフィル・ハワトはファイターに声で命令を出します。そしてファイターが戦い始める直前に「2メートル離れろ」と声で操作します。その後、ファイターが内蔵されたプログラムに従って格闘をくりひろげます。ポールは不思議な技の熟練者ですので、ファイターの武器を一つひとつ破壊していきます。

　『スター・ウォーズ エピソード4 / 新たなる希望』ではルーク・スカイウォーカーは、惑星タトゥイーンからオルデラーンに向かう旅の間、オビ＝ワンの指導のもとでライトセイバーの訓練に励みます。ルークは、頭の高さにある野球ボールくらいの大きさの球体に向き合って立ちます。球体の表面にあるいくつかの小

図11.6a–c　『デューン / 砂の惑星』（1984年）。

図 11.7 『スター・ウォーズ エピソード 4/ 新たなる希望』（1977 年）。

さな突起からは、怪我をさせることはないものの苦痛をともなう光線がルークに向けて発射されます。球体は回転しながらふわふわと空中に浮かび、次から次に光線を発射します。ルークは光線をライトセイバーで受け止めようとします。そして、ほとんどの光線を受け止めることに成功します。

オルデラーンが破壊されたとき、オビ＝ワンはフォースに大きな乱れを感じ、一瞬意識が遠のきました。ルークはライトセイバーでの訓練の手を止めてしまいます。球体はライトセイバーが機能していないときは、活動を停止し光線を打ってこないようです。そのときだけオビ＝ワンはフォースを使い、ルークを次の訓練へと導きます。目隠しのついたヘルメットを身につけて、光線を避ける訓練を続けます。すると再び球体は訓練の相手として動き出します。その他にはその球体に対して、停止や再開を指示するようなやりとりは行われません。

▮▮▮ レッスン　教師をデザインする

　　良い教師と学ぶことは楽しいものです。とく社会的な環境においてはそうでしょう。学びのインタフェースをデザインするときには、たとえほとんどの状況では 1 人で学習することが想定される場合でも、システムは教師が一緒に参加できるようにしましょう。教師が観察し、モデル化し、コメントし、学習者の成長にあわせて難易度を上げられるようにしましょう。

『スター・ファイター』では、主人公のアレックスは夏休みのほとんどの時間を「スター・ファイター」というゲーム（図 11.8a-c）をして過ごします。単純におもしろいからプレイしていただけなのですが、最終レベルをクリアしたとき

CHAPTER 11

に彼は秘密に気づきます。「スター・ファイター」が本当は訓練プログラムで、ゲームの真の目的はライラン惑星同盟で戦う優秀な操縦士を見つけることだったのです。アレックスのゲームテクニックは、宇宙船ガンスターのエース砲撃者となるのに十分なものです。ガンスターは悪玉コダン艦隊の襲来から正義の力を守るための船です。「スター・ファイター」のコントローラーとヘッドアップ・ディスプレイは、当然ながらガンスターのそれに極めて似ています（図11.8d–f）。この例では、インタフェースはゲームとしての安全な学習環境と、現実における恐ろしく重要な状況との橋渡しになっています。

レッスン　**学習体験を現実に近づける**

もし現実世界での技術を学ぶことが目的であるならば、学習のためのインタフェースが現実のものに近ければ近いほど、学習者は学んだことを応用させやすいでしょう。定義上、学習インタフェースは実際のものではありませんが、直接的に応用可能な技術の習得を促すことはできます。

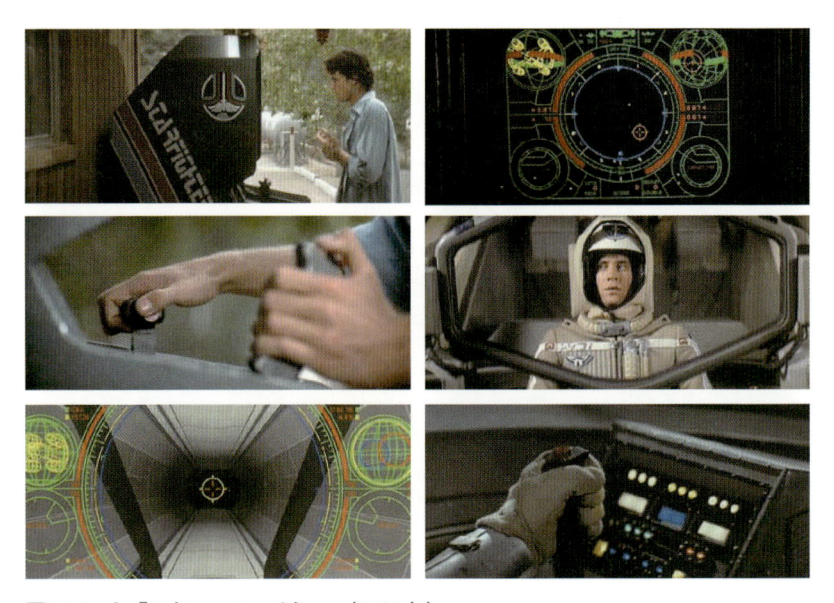

図 11.8a–f 『スター・ファイター』（1984年）。

学び

レッスン 学びをゲームにする

ゲームの考え方がすべての学習の場面で有効であるとはいえませんが、よくできたゲームの仕組みは学習を退屈な作業から楽しく没頭できるものに変えることができます。進捗にあわせた課題設定や、総合的な技術の習得、ロールプレイングなどの考え方は学習にも当てはめることができるでしょう。（もし、このトピックについてさらに知りたい場合は、『Playful Design』[1] の 12 章を読んでみてください。学習のためのゲームについて取り上げています。）

『スターシップ・トゥルーパーズ』での見習い兵士はチームに分かれて仮想的な戦闘にのぞみます。現実世界のサバイバルゲームに近いものです。このシナリオにおいて彼らが使う武器は無害なレーザー光線を発射します。しかし、敵の装着具を撃ち抜いたときは、装着具は装着者にひどいショックを与えます。それ以降の訓練ができなくなってしまうほどのショックです（図 11.9）。

レッスン 習熟度にあわせて危険度を上げる

『スターシップ・トゥルーパーズ』では兵士に武器の扱い方などの基本的な技術を学ばせるときに、ショックを与えて怯えさせながら行っていますが、それは生産的とは思えません。彼らが基礎となる技術を習得した後でショックを加えるべきです。習熟度にあわせて危険度を上げることで、システムは学習者をバランスのとれた集中状態に保つことができます。退屈すぎても、圧倒されても、よい集中状態にはなりません。

調査のなかで見つけた、戦闘型ではないサイコモータープラクティスの 1 つが『トータル・リコール』（「Total Recall」）に出てくるテニスコーチです。自宅で、主人公の妻ローリーは装置のスイッチを入れます。すると、等身大で存在感のあるテニスコーチが彼女のリビングルームに表れます。そしてサーブを繰り返し練習するのです（図 11.10a）。

描画にあわせて、映像としては投影されていない女性の声が繰り返されます「反転…サーブ…シフト…ストローク」。ローリーはコーチの後ろに立って、コーチの動きを真似ます（図 11.10b）。何度か繰り返した後で、コーチは効果音に

---

[1] John Ferrara, *Playful design: Creating game experiences in everyday interfaces*, Rosenfeld Media, 2012.

図 11.9a,b　『スターシップ・トゥルーパーズ』（1997 年）。

図 11.10a–c　『トータル・リコール』（1990 年）。

あわせて2回ほど赤く点滅します（図11.10c）。そして音声がローリーを誉め称えます。「最高！ 完璧なフォームよ。」このシステムは単にコーチを投影しているだけではなく、ローリーの動きを分析して理想の形と比較します。

これらのサイコモーター・プラクティスのインタフェースは現実世界の状況を複製することで技術を教えます。理想のフォームの仮想モデルや、安全に飛行できる宇宙空間や、敵の代役のような形をとります。

プレゼンテーションツール

学習対象を学習者に届けるのが現実的でないときや、逆に学習者を学習対象に触れさせるのが難しいときなどに、プレゼンテーションのための技術を使って現実のものの代わりにモデル化したものを見せることができます。ほとんどの初期のSF作品におけるプレゼンテーションの場面では、登場人物が画面も何ももたずに立って聴衆に語りかけています。先進的な映画であった『2001年宇宙の旅』でも、プレゼンテーションを視覚的に拡張するようなことは行われていませんでした。

例外としては『宇宙大作戦』の場面があげられます。スポックがカーク船長に新しい作戦を報告するときに天井に設置された画面に映し出された画像を使っています（図11.11）。

1970年代の中期から後期にかけて、画面表示などの技術が現実世界で可能になるにつれて、SF映画で描かれるプレゼンテーションでも映像を伴うようになっ

図11.11　『宇宙大作戦』「コンピュータ人間」（第1シーズン　第4話　1966年）。

CHAPTER 11

図11.12a–c 『スター・ウォーズ エピソード4/新たなる希望』（1977年）。

図11.13a–c 『スター・ウォーズ エピソード6/ジェダイの帰還』（1983年）。

てきました。それらは視覚的に物語を理解する助けになります。同時に次の場面の重要さを伝えます。ストーリーを伝える戦略は、この調査では『スター・ウォーズ エピソード 4 / 新たなる希望』で最初に見つけることができました。ドドンナ将軍がデススターの攻撃計画を発表する場面です（図 11.12）。次の 10 年にわたって、これらのプレゼンテーションはより精細で立体的なものになっていきます（図 11.13）。

> **レッスン** 時間軸に沿ってタスクを表現する
>
> タスクを提示するときは、時間的な遷移を視覚的に表現すると理解しやすいでしょう。そうすることで、どのように進行するか、何を必ずしなければいけないのか、そしてどのようにシステムが反応するのか、などを素早く理解することができます。プレゼンテーションを行う者がインタフェースを操作する権限をもつことで、何を選ぶべきなのか、どのようにジェスチャーをするべきなのかを、ユーザーから求められる前に示すことができます。

1990 年代の後半には、映画製作者たちは立体的なプレゼンテーションをより一般的な学習環境でも使うようになってきました。たとえば『スターシップ・トゥルーパーズ』に出てくる生物の授業では回転する虫の立体投影を利用しています（図 11.14）。

『スター・ウォーズ エピソード 2 / クローンの攻撃』ではオビ＝ワンはジェダイの記録書庫から消えた惑星の位置をつきとめるためにヨーダの助けを求めます。ジェダイ訓練学校にいたヨーダは子どもたちにライトセイバーの練習をつけていました。オビ＝ワンは問題を説明するために小さな球体を細い杖の上に置き

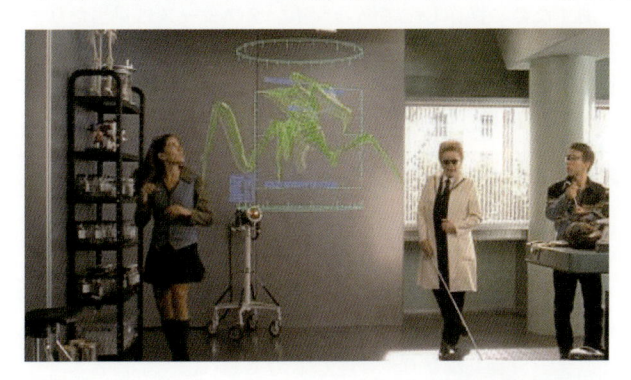

図 11.14 『スターシップ・トゥルーパーズ』（1997 年）。

図 11.15a–c 『スター・ウォーズ エピソード 2/ クローンの攻撃』（2002年）。

ます（図 11.15a）。球体はたちまち大きくなって、ゆっくりと動く銀河系の立体投影を映し出します（図 11.15b）。オビ＝ワンはその惑星があるはずの場所を指差します（図 11.15c）。1 人の若い生徒が謎を解くと、オビ＝ワンは球体が戻るように念じ投影を止めます。この場面は正確には学習行為とはいえませんが、教室でのこの技術の使われ方を見ると日ごろから指導のために用いられていたことがわかります。球体はそれぞれ別々の映像素材を保持しているのです。

『セレニティー』の美しいオープニングに、リバーの子ども時代の学校の場面があります（どこまでが幻想でどこまでが本当のことなのかは曖昧なのですが）。授業では太古の地球からの脱出についてアニメーションを使って説明されます。ナレーションは教師が担当しています（図 11.16）。教室を囲む壁が画面となっていて、アニメーションはそこに映し出されます。プレゼンテーションを終え教師が生徒と話す番になると、画面は視界から消え、窓の向こうに緑の風景が広がります。教師が画面を消すために操作したであろうインタフェースは見当たりません。ということは、たぶん彼女は音声の入っていないビデオにあわせて話していて、ビデオは終了時に消えるようにプログラムされていたということでしょう。

レッスン 複数のメディアを使い感覚を刺激する

音声やビデオ、アニメーション、テキスト、その他のメディアをうまくつながるようにあわせて使うと学習者が集中力を保ちやすくなります。複数のメディアが使えれば、デザイナーは内容をもっとも適切な形にまとめることができるでしょう。もしそのメディアを使うことで教師のプレゼンテーションがやりやすくなるのであれば、学習者と

図 11.16a–c 『セレニティー』（2005 年）。

教師の両方にとって助けになるでしょう。

　教室のなかで、集中力を切らさずに見つづけられるようなプレゼンテーションができれば、新しい題材や課題について生徒が興味をもつ最初の一歩になるでしょう。映画のように大きく精細な画面に動画を映すことはいくつかの用途に使えます。まず学習者がある題材を学ぶときに使えるでしょう。映画作家が題材を視聴者に説明するときにも使えます。そして視聴者にその題材を初めて見せるためにも使えるでしょう。それに加えて、これらのプレゼンテーションは、視聴者と学習者にとって視覚的にも聴覚的にも刺激的であり、斬新な技術のヒントともなるのです。

リファレンスツール

　察しのとおり、SF 映画ではリファレンスも映像的です。登場人物が事実を調べたり質問をしたりするとき、多くの場合は映像や音声で表現されます。

　この調査で見つけた最初のリファレンスのためのインタフェースは映画『来るべき世界』のなかで登場します。科学都市のリーダー、ジョン・キャベルが孫娘に彼らの偉大な文明について説明するとき、音声なしのビデオを使って彼の物語

CHAPTER 11

を話していきます。その装置のコントローラーは画面の左にある一組のダイヤルだけです（図 11.17）。このシンプルなダイヤルを使ってどのようにリファレンス映像を操作するかは明らかにはされません。

　もう1つ、『デューン/砂の惑星』に登場する例も注目に値します。ポール・アトレイデスは学習用にダブレット型の端末を使っています。その端末は机の上にある場合はスタンドに立てられていますが、膝の上でも快適に操作できます（図 11.18）。上部にある小さな円形の画面に映し出されるコンテンツは下部にある4つの大きなボタンで操作します。ポールは何度かボタンを押して見たい映像をよびだします。コンテンツは百科事典のような構成になっていて、星の地図や原生植物、カースト的な社会制度、スパイスを採取する星の巨大な毛虫の行動、そしてスパイス鉱山の採掘プロセスなどを学ぶことができます。

　この場面が歴史的に見て興味深いのは、その端末の設計思想が不必要なほどに紙の本のルールを守っていることです。つまり、ポールが天気のコンテンツをよびだそうとすると、画面には白い文字で「天気（嵐を参照）」と表示され、ポールは相互リファレンスである「嵐」に移動し映像を見始めます。ウィキペディアに慣れた現代の視聴者からすると、入力したキーワードにテキストを自動で捕捉して目的のコンテンツに移動させてしまえばよいだろう、と感じることでしょう。

図 11.17　『来るべき世界』（1936年、カラー版）。

学び

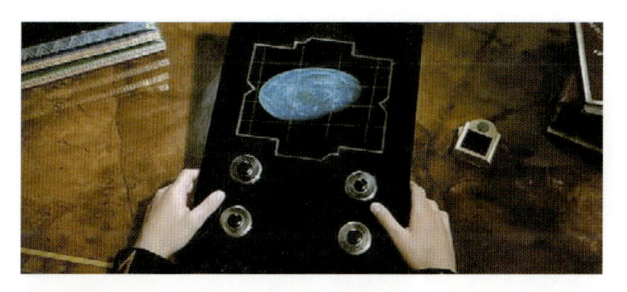

図 11.18 『デューン / 砂の惑星』(1984 年)。

> **レッスン** 新しいメディアをデザインするときは古いものから置き換えない

新しいメディアに取り組むときには、古いメディアを単純に置き換えることは避けましょう。とくに印刷物からインタラクティブなメディアに移し替えるときは気をつけてください。紙が受動的なメディアであるがゆえに、必要になっている手順は省略してユーザーの役に立つものになるようにしてください。

『スーパーマン』(「Superman」) と『スーパーマン・リターンズ』(「Superman Returns」) は漫画「スーパーマン」に登場するリファレンス技術を忠実に再現しています。どういうものかというと、スーパーマンの水晶の基地のなかにたくさんの水晶を備えたプラットフォームがあります (図 11.19a)。水晶をスロットに入れるとクリプトン人の知恵を集めたデータベースが起動します (図 11.19b)。映像のなかに現れるスーパーマンの実父ジョー゠エルがデータベースについて説明します。「おまえの目の前にある水晶には、28 の銀河にまたがるあらゆる国々のすべての文学と科学的発見が埋め込まれている。」(図 11.19c)

題材を選ぶために、スーパーマンは水晶の壁に命令や質問を声で投げかけます。するとジョー゠エルが現れ、立体投影にあわせて説明します (図 11.19d)。このインタフェースは完全な人工知能のように見えますが、その後の展開で、それは単にクリプトン人があらゆる質問を想定して自動解答システムを巨大なデータベースの上に組み上げただけのものであると明らかになります。(これと『タイムマシン』に登場するリファレンス技術を比べてみるのもおもしろいでしょう。『タイムマシン』に登場する擬人化技術については 9 章参照。)

『フィフス・エレメント』には画面を使って同様のことを実現したインタフェースが登場します。エイリアンの DNA をもとによみがえった主人公のリー

図 11.19a–d 『スーパーマン』(1978 年)。

ルーは人類を救うために彼女ができることについてすべて学ばなければなりません。そのためのツールが画面を使ったリファレンスです。このツールについては映画を通じて名前がありません。このツールはさまざまな場所で利用可能です。たとえば、コーネリアスの家や、フロギストン・パラダイス・トランスポートや、ゾーグの宇宙船のなかなどです（図 11.20）。

リールーは、画面上のメニューを使ってアルファベット順の索引から題材を選びます。また、キーボードに直接打ち込んでよびだすこともできます。それぞれの題材について写真や映像を見ることができます。「戦争」の項目で、彼女はその概念を説明したとても早く表示される画像集を見ます。映画作家はこの場面でリールーがいかに素早く学習することができるかを強調したかったのでしょう。ただし、視聴者にはとくにその根拠は示されません。

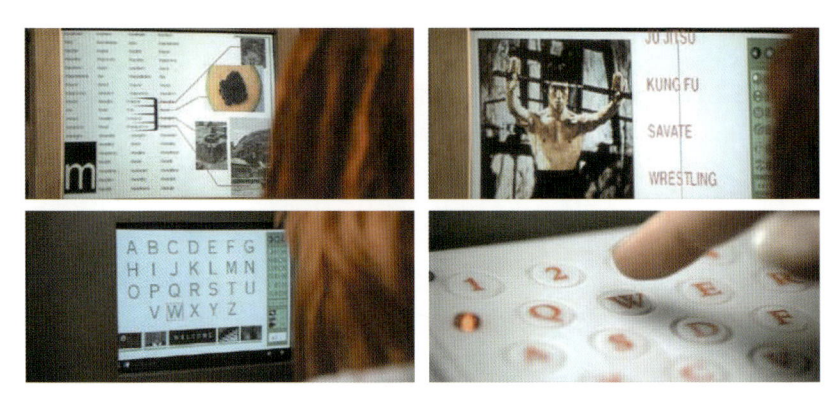

図 11.20a–d 『フィフス・エレメント』(1997 年)。

これらの2つのインタフェースにはコマンドラインインタフェースとWIMPインタフェースの間にあるバランスが表れています（どちらも3章で解説しています）。クリプトンのデータベースは非常に使いやすく、スーパーマンは質問を声に出すだけで操作することができます。彼の質問のいくつかはデータベース内にありませんが、それは足りない質問を知るための試行錯誤のプロセスなのです。もし、彼の質問の聞き方が間違っているのではなく、本当に答えがデータベース内になかった場合、それを確かめるためには何度も質問をしなおすことになり、彼は時間を無駄にしてしまうかもしれません。対照的に、リールーのインタフェースはすこし難しく見えます。長いメニューを読んで理解して、そのなかから選択しなければなりません。彼女は優秀なタイピストなので、彼女がインタフェースを理解するための時間は、そこにない題材を要求するときに無駄にするかもしれない時間を考えるならば、それほど無駄でもないといえるでしょう。インタフェースはそれぞれバランスの一方を表現しています。スーパーマンのものには使いやすさがあり、リールーのものにはエラー回避という特徴があります。

レッスン 使いやすさとエラー回避のバランス

ユーザーに選択肢の候補から選んでもらうようにすれば、入力エラーを避け、何が可能なのかを伝えることができます。ですが、大量のコンテンツに対しては、逆に面倒なものになりえます。自由入力形式だと、ユーザーは表現しやすいかもしれませんが、想定外の入力をどうやって解決するかという問題にぶちあたります。検索キーワードを曖昧さのないものにするか、見つかるまで入力を変えて繰り返す方法をとるか、などが考えられます。膨大なコンテンツや選択肢を取り扱う場合には、デザイナーは検索と誘導の間の最適なバランスを見つけ出さなければいけません。どのような情報が得られるのかの基本的な期待値を設定し、自由入力の検索を用意し、もっとも近しいコンテンツを文脈から判断し、指摘する必要があるのです。もしユーザーがそこにないコンテンツを要求しているときには、他のコンテンツや行き先を示してユーザーを導いてあげましょう。

リールーのインタフェースから読み取れる注意点はもう1つあります。それぞれの題材が他のものとつながってかたまりとなっておらず、単純にアルファベット順に並んでいることです。アルファベット順は一般的ではありますが、意味をなさない並び順です。リールーの使っているソフトウェアは、一気に人類に

ついて学ぶためのものではなく、リファレンスとして使うためのものであることは明らかなので、情報取得の手段を複数用意しておくとよりよいものになるでしょう。たとえば、情報の階層構造を利用することなどです。

レッスン　情報の組織体系に意味をもたせる

情報デザイナーのリチャード・ソウル・ワーマンは情報を組織化するときに5つの指針を定義しました。カテゴリー、時間、場所、つながり、アルファベット順です。前から4つは情報に一定の意味を与え、学習者が比較して理解することに役立ちます。最後のものは無作為な順序となります。アルファベット順は、英語話者のほぼ全員が順序を覚えているために非常に一般的に使われています。しかし、現代的な検索技術が使えれば、そういった手作業での検索手法は不要になるでしょう。ですので、もちろん学習者が理解するにしたがって系統立てていくことが最善ではあるのですが、ほとんどの場合は適切な基本方針はアルファベット順ではなく、他の基準で並べられている状態でしょう。

他の例、そしてもっと可愛らしい例は『銀河ヒッチハイク・ガイド』に出てく

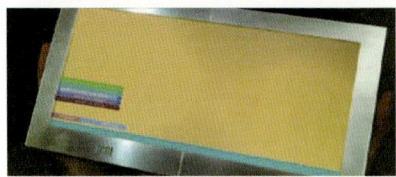

図 11.21a–c　『銀河ヒッチハイク・ガイド』（2005 年）。

る小さな端末です（図 11.21）。それは横に長い画面をもち、本のように2つに折り畳むことができます。使い方は、その端末を開いて言葉で話しかけます。回答として、その題材に対応した音声つきの映像が画面に流れます。登場人物は、映画を通じてそのガイドを使ってさまざまなことを調べます。たとえば、エイリアンの種族ヴォゴンの情報や、言葉を翻訳するバベル魚や、官僚的という点で悪名高いヴォゴン人の書式にどのように記入するかという実用的なトピックまで含まれます。

アップル社の企業ビデオ「プロジェクト 2000」に登場する端末も私たちに気づきを与えてくれます。どのように空想上のインタフェースが実際のリファレンスとして機能するかを描かれています。ある場面では、ある男が端末を手に読み方を学んでいます。端末は彼の言葉を聞きとり、彼が話すのにあわせて単語をマーカーで塗っていきます。彼が正しく読めないときには正確な発音を流します（図 11.22）。

このプロトタイプについてもう1つ注目しておきたい点があります。レッスンの間、男は指定された教科書に飽きています。教科書の代わりに、彼は新聞のスポーツ欄を丸で囲み端末に読みたい部分を伝えます。そして指定された記事が画面に映し出されます。端末は自動的に記事をスキャンしテキストに変換します。そうするとそのまま読むことができるようになります。確かなことは、彼自身で選んだ素材だということです。

レッスン　学習者にコンテンツを最適化する

学習者が技術習得に集中しているとき、彼らは同時にタスク自体にも集中して取り組んでいます。たとえば、歌の歌い方を学ぶことは、歌われる歌そのものに対する愛着によって動機づけされます。単にそれぞれの音階を正しく発声することではないのです。学習者に多くの選択肢を与えましょう。もし可能ならば、彼らが自分でコンテンツを

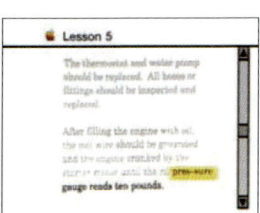

図 11.22a–c　アップル社「プロジェクト 2000」（1988 年）。

選べるようにすると興味をもって取り組み続けることができるでしょう（図 11.22）。

ともに考えるための機械[2]

情報は知識となる前に学習者のなかで自分のものとならなければなりません。そういった内化のプロセスは簡単なものではありません。学習者は新しい情報を違った角度から見るためのツールを必要とします。すでに知っていることと比べて、新しい見方を確立し、新しい仮説を考えることで自分のものとしていくのです。技術を学ぶためには、ここまで見てきた練習用のインタフェースでも十分だといえます。しかし、もっと抽象的で概念的な情報の場合、学習者は概念や記号を自分のものとして取り込むための時間を必要とします。システムも学習する内容に相応しいものが必要です。

抽象的学習のためのツールとプロセスは、決まった結論のない無制限なもので、さまざまな状況に適用可能なものである必要があります。紙と鉛筆、粘度、ドローイングボード、そしてレゴなどがよい例です。この調査のなかで、そういったツールがあまり使われていなかったり、意図と違う形で使われていたり、状況の背景としてのみ使われたりしている例を見つけました。

『宇宙大作戦』のエピソード「イオン嵐の恐怖」のなかで、カーク船長はコンピュータを使って未解決のアクシデントが意図的に起こされたものかどうか調べています（図 11.23）。

カーク：コンピュータ。
コンピュータ：回転。
カーク：船長だ。機密部に記録し、私とスコットの声紋は秘密にしてくれ。
コンピュータ：記録。
カーク：今度のイオン嵐に関連して、次の仮説に答えてもらいたい。イオン嵐のなかで転送を行った場合に、パワーが急激に増大し故障をして、宇宙間に入れ違いが起きることはあり得るか？
コンピュータ：肯定。
カーク：このようなときに、各宇宙の間で交換される人物はまったく同じ形をした人間に限られる。そういうことは？

---

[2] この節のタイトルはハワード・ラインゴールド著、日暮雅通訳、新・思考のための道具、パーソナルメディア、2006。から引用。

コンピュータ：肯定。
カーク：では人工的に船内のパワーを使い、これを故意に起こすことは可能なことか？
コンピュータ：肯定。

　注目しておきたいのは、この会話中にカーク船長はアイデアを考えているわけではないことです。彼は単純にイエス・ノーで答えられる質問をしているだけです。彼が質問しているのは頭がおかしいと思われそうなこと（それは『スター・トレック』シリーズを『タイムマシーンにお願い』と同じように見せてしまいそうなこと）であるにも関わらず、彼はコンピュータをリファレンスとしてのみ使っています。それでも、この場面を見ると、これは彼がこれまでに１度もやっていないことであることが読み取れます。コンピュータと選択肢を考えだし、いくつかの候補をテストしています。ここでコンピュータは、考えるためのツールとなっているのです。

　『スターシップ・トゥルーパーズ』の例では、学校でリコが自分とカルメンがキスをするアニメーションを描いている場面があります。彼はペンとタブレット端末を使って描いています。まず彼は横顔を白い線で描きます。そして、色を平面的に塗って、顔が近づくようにアニメーションをつくります。そして、キスをするために口が開きます。そのとき、彼はそのアニメーションをクラス内のネットを通じて彼女に送りつけます。彼女がそれを送り返すと、愉快な風船ガムが描

図 11.23　『宇宙大作戦』「イオン嵐の恐怖」（第２シーズン　第 11 話　1967 年）。

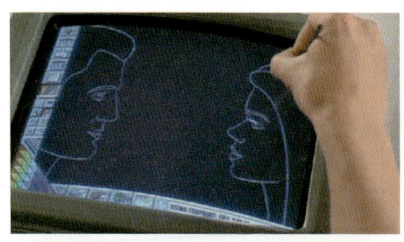

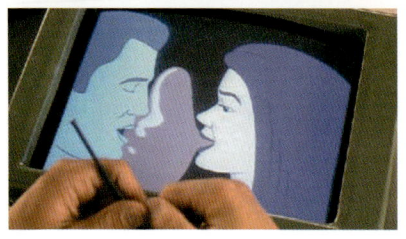

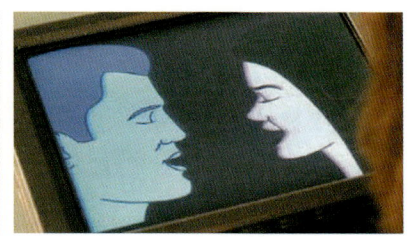

図 11.24a–c 『スターシップ・トゥルーパーズ』(1997 年)。

き加えられ、キスができないようになっていました（図 11.24）。

　社会的な形で使われていますが、このフェドペイントとよばれるツールは学校から支給され、授業のなかで図や絵を描き、出来事をモデル化するためにつくられているように見えます。ナンパ目的ではありません。

　なぜ私たちはそういった重要なツールを映画のなかではあまり見かけないのでしょうか？ たぶん、ストーリーを進めるというニーズが、新しいアイデアを生み出すニーズを上回っているのでしょう。映画やテレビには時間的制約がつきものですので、脚本家は登場人物が突然ひらめきを得ることや、新しい発見をする瞬間を描くことを好みます。それに比べると、本当の学習プロセスは時間がかかり、脈絡のないものです。加えて、会話は教師と生徒の自然な関係ですので、学習の場面をつくるときに技術を通じて会話を行う形式に偏りが生じるのです。

試験用インタフェース

　調査のあいだ、いくつか試験の場面を見つけました。すべて『スター・トレック』の映画でした。『スター・トレック IV 故郷への長い道』では、生き返ったスポックが彼の感覚と世界に対する知識を取り戻す場面でそういったシステムを目にすることができます。

　試験用の小部屋のなかで、彼は 3 つの透明な画面に手を伸ばします。彼が「コンピュータ、試験を再開」というと、金属的な音声が流れ多岐にわたる難解な質問を彼に投げかけます。たとえば「次の言葉は誰の言葉か？『論理とは文明

図 11.25a–c 『スター・トレック IV 故郷への長い道』(1986 年)。

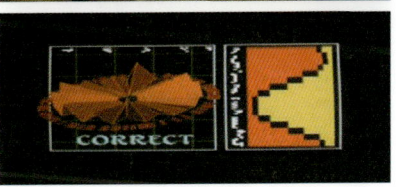

のセメントであり、我々は理性をガイドとして混沌を脱する。』[3]」のような質問や、「この磁界のサイン波を調整し、反中性子が通過するようにせよ。ただし反重力子は通過しないこと。」のような挑戦的な問題もあります。スポックが正しく答えると、コンピュータは「正解」と返し、次の問題に進みます（図 11.25）。

それぞれの質問では、テキストや図解された問題が画面に現れ、スポックが答えるまで映し出されています。彼はある問題は声で解答し、また別の問題は画面を操作して答えます。彼の視線からのみ、彼が同時に出される 3 つの質問のどれを答えているかを読み取ることができます。彼は解答の速度をだんだんと上げていきます。最後には、彼にも理解できないような難解な問題が提示されます（図 11.26）。彼は困惑します。

もっとも記憶に残る試験用インタフェースの例は、『スター・トレック』(2009 年)で、若きスポックがヴァルカンの学校で学んでいる場面に登場します。彼は床よりも低い位置にある半球体の底に立ち、まわりをたくさんの数式や映像や図形に囲まれています（図 11.27）。たとえば「球体の体積を導く公式はどのようなものか？」といった問題が音声で投げかけられ、彼は答えていきます。彼が正しく答えていくにつれて、関連する図形は視界から消え、別の問題が問いかけられます。スポックが間違う場面は見当たりません。なので、間違ったときにどのようにふるまうかは知るすべがありません。

カメラが後方にひかれると、たくさんの同じような半球体の空間が映し出されます。それぞれ学生が 1 人入っています。この場面から、ヴァルカン人の試験は 1 人で行うものだということがわかります。そして、彼らはそれぞれの速さ

---
3 トゥプラナ・ハス (T'Plana Hath)、ヴァルカン人の女性哲学者の言葉。

図 11.26a,b 『スター・トレック IV 故郷への長い道』（1986 年）。

で試験を進めるものなのだろうということも想像に難くありません。

どちらの場合も、インタフェースは学習者に問題の集中砲火を浴びせます。そして、素早く答えられるかどうかを試験するのです。

どちらのシステムも、知性を知識の量と同じものとみなしています。知識は知性のなかの重要な要素ですが、インターネット時代においてその重要性は比較的低くなってきています。同じくらい大切なこと、状況によってはより大切なことは知識を応用する能力です。つまり、複雑な現実世界の問題を扱うときに、どの情報が有効で、どの情報が有効でないかを見分け、計画を立てて問題を解決していく力が大切なのです。好意的に見るならば、ここで見た試験用インタフェースはスポックの受けた教育の一面でしかなく、他の教養を学ぶための別のシステムもあるのでしょう。映画製作者がもっとも映像として使える学習システムを選ぶのは理にかなったことです。この試験用の空間はそのスピードや、刺激的なビジュアルで映画として求められる基準を満たしています。そして、視聴者に、若い頃に難しい試験を受けたとき、どんな気持ちだったのかを思い起こさせます。

もうひとつ、『スター・トレック』シリーズに登場する試験用インタフェースを見ていきましょう。コバヤシマルテストとよばれるインタフェースです。コバ

図 11.27a–c 『スター・トレック』（2009 年）。

学び

ヤシマルに参加するため宇宙艦隊の士官候補生は仮想の艦のブリッジに集まります。候補生はそれぞれに役割を当てられています。試験を受ける候補生は艦長の役割を担います。スクリーンと情報インタフェースを通じて、好戦的で強大な敵と向かい合う状況に対面します。同時に通常の宇宙船に乗る乗組員を船から逃がさなければいけません。候補生は問題を解こうとしますが、敵を倒すことはできないようにプログラムされています。むしろ人間性や創造力やストレス耐性が試されているのです。

次に『スター・トレックⅡ カーンの逆襲』に登場する試験を見ていきましょう。士官候補生サーヴィックは船長の役割を当てられています（図11.28）。これは『スター・トレック』（2009年）でも登場します。そこではジェームズ・T・カークが試験内容を改ざんしているため、彼は簡単に敵を倒すことができます。『スター・トレック』では何度か語られてきた出来事ですが、過去には見ることがありませんでした（図11.29）。

どちらの映画でも、この試験は複雑な課題を非常に現実的な表現で再現したシミュレーションインタフェースとして描かれています。士官候補生は状況を分析し、どう行動するかの計画を決めて実行します。ただ1つ、試験監督席が艦長の視界から外れたところにある点だけがこの高度なシミュレーションと現実との違いです。劇中の会話から、まれに士官候補生はこの試験を何度も受ける場合があることが読み取れます。そうやって彼らは経験から学び、ふりかえりを行い、どのように状況を扱うべきかを考え直すのです。このステップはとくに感情面について有効です。

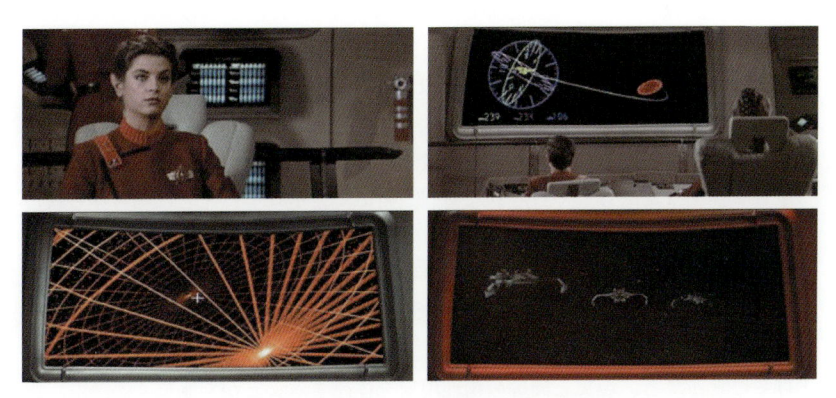

図 11.28a–d 『スター・トレックⅡ カーンの逆襲』（1982年）。

図 11.29a–d 『スター・トレック』(2009 年)。

| レッスン | 学習のための安全な空間を提供する

　失敗の恐怖や経験は学習者を萎縮させます。彼らに新しい技術や手法を試すための自信を与えましょう。安全に学ぶことのできる空間を提供してください。結果が失敗だとしても取り返しのつかないものでないようにしておけば、自分のとった行動をふりかえる機会をもてます。そして、課題にもう一度取り組み、成長につなげることができます。

ケーススタディ：ホロデッキ

　脳に直接ダウンロードするもの以外は、SF 映画におけるあらゆる学習インタフェースが『スター・トレック』シリーズのホロデッキに登場します。リファレンスによると『まんが宇宙大作戦』(「Star Trek: The Animated Series」) に登場する「レク・ルーム」が最初のものですが、『新スター・トレック』に登場することで、ホロデッキは多くの人に一般的なものなりました。

　ホロデッキは素晴らしく野心的な空想技術です。ホロデッキとはあらゆる状況の立体投影を映し出せる部屋のことです。ホロデッキには、物体も生物も投影することができます。ホロデッキは環境や物体を完璧に可視化できます。ホロデッキに登場する人物や生物は自立的に行動することができ、驚くほどの自意識をもっていると感じさせることもあります。また、細かく統制された力場をつくり上げることができ、現実と同等の物理現象を体感することができます。

部屋の外の壁には、タッチインタフェースが備えつけられていて、ホロデッキが利用中かどうかを確認でき、利用する時間帯とプログラムを選ぶことができます。部屋のなかでは、主に音声を使ってホロデッキを操作します。ユーザーは音声で、コンピュータに命令を伝えます。たとえば「コンピュータ、プログラム停止」や「コンピュータ、フリーズ」などです。シンプルな音声制御なので、参加者が支障をきたすことはないでしょう。ユーザーは部屋の扉近くにあるタッチインタフェースを使って細かい操作や設定をすることもできます。

ホロデッキのなかでは、有名な人物に会うことや、歴史的な場所に立つことができます。スポーツを楽しむことができますし、馬に乗っていくつもの風景を駆けめぐることもできます。ユーザーの外見も変更可能です。ただし、小さな変更だけです。たとえば肌の色や服を変えたりはできます。乗組員はホロデッキを予約し、まさに多様な用途に使います。エンターテインメント、ゲーム、訓練、問題の解決、エクササイズ、性的行為。ホロデッキ小説を書くことすらあります。

学習の観点に絞ったとしても、ホロデッキはさまざまな形で使われています。

技能訓練

ホロデッキが技能訓練のために使われた最初の例は、ヤー大尉が来賓に向けて合気道の実演を行ったときです（図 11.30）。彼女は合気道の師範をよびだし、いくつかの型を演じます。師範は彼女の上達度合いを評価し、それにあわせて上達が見込めるよう手加減しています。実演が終わると、彼女は音声制御を使い投影された環境を消去します。

レッスン 専門家による指導と助言

学習者は一人では一定のレベルまでしかたどりつけません。もし彼らがすべての課題をこなしてしまったと感じたら、さらにもう一歩ふみこんで知見を増やそうとは思わないでしょう。学習者を知識の最前線に進ませるためには、必要に応じて、専門家による指導と助言をシステムとして提供しなければなりません（9 章の「エージェントと自律性」を参照）。これは、理にかなった目標設定があればシンプルなものです。たとえば、生徒がコンピュータに「僕はアルファ宇宙域で一番のパイロットになりたい」と伝えたならば、コンピュータはその目標を達成するための学習コースを提案できるべきなのです。

システムによる指導と補助は前提知識に対して挑戦するものです。仮に、章のはじめにとりあげた『スター・トレック　ヴォイジャー』

図 11.30 『新スター・トレック』「愛なき惑星」(第 1 シーズン 第 4 話 1987 年)。

「火山惑星からの帰還」で、少女ナオミが「なんてことなの！ フロッターが殺されてしまったわ！」と叫んだら、ガイド役はこう質問するべきだったでしょう。「本当？ もう一度見てみよう。何が見える？」そして、蒸発する水を示し、彼女を正しい方向に導くべきなのです（この例については後述）。多くの場合、こういったガイドは、学習者を混乱させずに感情を抑えて議論できるように、学習コンテンツの中心からは外れたところにおかれるべきでしょう。

その他の技術訓練には特殊な現場の再現が含まれます。『新スター・トレック』「戦闘種族カーデシア星人・前編」のエピソードでは、惑星カーデシアの洞窟の完全な再現を使って、難しい避難作戦の準備をします（図 11.31）。模擬的な環境で事前準備することによって、地理的および戦術的な情報を頭に叩き込むことができます。とくに難しい場面では一時中断して再開し秒単位でタイミングを合わせることができます。

プレゼンテーション

ホロデッキの無限の映像再現力は、物体のプレゼンテーションを学習者にとって最適な形で行うことを可能にします。それがどんなジャンルや対象であってもシナリオに合わせることができるでしょう。音声、映像、触覚、といった感覚をすべて使うことができます。

図 11.31 『新スター・トレック』「戦闘種族カーデシア星人・前編」(第 6 シーズン 第 10 話 1992 年)。

本章のはじめにとりあげた『スター・トレック ヴォイジャー』のエピソード「火山惑星からの帰還」では、少女ナオミはホロデッキを学習のためのストーリーブックと同じように使っています。ナオミは可愛らしいキャラクターが自然の物質を表現しているカラフルな世界に入って行きます。フロッターは水を表し、トレヴィスは木を表します。キャラクターたちの問題を解決することで彼女は自然の仕組みについて学んでいきます。彼女は投影される物語に夢中になります。

リファレンス

ホロデッキが魅力的なリファレンスとして使えないという理由はないのですが、そういった例を見かけることはありません。登場人物がコンピュータに知識に関する質問をすることがありますが、たとえば『銀河ヒッチハイク・ガイド』に登場するような、学習者がメインのホロデッキを止めてちょっとした調査ができるホロデッキプログラムは見当たりません。代わりに、ホロデッキはシミュレーションや経験を通して学ぶことを支援しています。

それでも、ナオミはコンピュータを通じてリファレンスにアクセスします。それを使って蒸発してしまった友達のフロッターの問題を解いていくのです。

リファレンスの具体的な内容は見ることができませんが、彼女がなんらかの資料にアクセスして、問題を解くことで学んだことは明らかです。

図 11.32a–c 『スター・トレック ヴォイジャー』「火山惑星からの帰還」(第 5 シーズン 第 5 話 1999 年)。

ともに考えるための機械

　このエピソード「火山惑星からの帰還」で見られるストーリーブックの表現は、ともに考えるための方法といえるでしょう。キャラクターたちが問題を出します。たとえば「どこから火はくると思う？」といった問題です。それにナオミはすこし考えた後に仮説を答えます。

　もちろん、ホロデッキでの考えを表現して、評価するためのツールとして使う方法は他にもあります。『新スター・トレック』の「謎の頭脳改革」というエピソードでは、バークレー中尉は未知の力で脳の能力を強大化させます。眠れないので、彼は夜をホロデッキでアインシュタインと議論して過ごします。彼らは数式を黒板に書き、議論と修正を繰り返します（図 11.33）。

　仮説を検証することはさまざまな選択肢を比較・検討することです。『新スター・トレック』の「メンサー星人の罠」というエピソードでは、ジョーディ・ラ＝フォージはホロデッキをこの用途で使っています。生命をおびやかすような危機に直面し、彼はエンタープライズ号のエンジンの最初の開発者をホロデッキで投影し、さまざまな可能性を議論していきます。彼らは協力してアイデアを吟味し、最適解を見つけ出します（図 11.34）。

　シミュレーションで、ラ＝フォージは学校で習った「トライ・アンド・エラー」の戦略をとります。たとえば、彼は「推進レベルをあと 4 パーセント下げて、軌道をエネルギーが流出する環境にあわせて調整するとどうなるか？」といった質問をします。これは彼の探索スタイルなのでしょうが、もしシンプルに、ある範囲内からもっとも適切に合致するものを探すようにすれば、コンピュータとのやりとりはもっと簡潔になるでしょう。

図 11.33a,b 『新スター・トレック』「謎の頭脳改革」(第 4 シーズン 第 19 話 1990 年)。

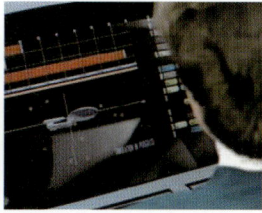

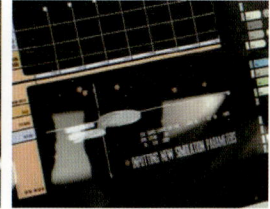

図 11.34a–c 『新スター・トレック』「メンサー星人の罠」(第 3 シーズン 第 6 話 1999 年)。

レッスン 質問の前に最適な解を提示する

「トライ・アンド・エラー」で仮説を検証していくのは時間の無駄です。コンピュータの計算能力が十分にあるならば、できるかぎりコンピュータに先んじて計算させて結果を出すようにしましょう。能動的にユーザーを最適な解に導くようにしましょう。

この例からはもう 1 つ学べる点があります。認識は記憶よりも簡単だという点です。ラ゠フォージは実験の間中、水平の目盛りに表されている変数を観察しなければいけません。ですが、もっとも高い値に達したのはいつでしょうか？ もっとも低い値に達したのはいつでしょうか？ 彼は覚えておかなければいけません。もし値が時系列順に折れ線グラフに表され、現在の値が目立つような仕様であったら、彼は値がどのような変化をするかを記憶して状況を理解しなくても済むはずでした。

このインタフェースを改善するためのもう1つの方法は、ラ＝フォージがそれぞれの仮説を視覚的に比較できるようにすることです。その値は、もう一方のシミュレーションでは、同じ時点においてどうなっていたでしょうか？ 良かったのか悪かったのか？ 複数のシミュレーションをしたとして、最終的な結果はどうだったでしょうか？ どのようにこのシミュレーションを4回前のものと比較すればよいでしょうか？ リアルタイムにシミュレーション同士の比較をできるように、それぞれの結果を表示されたままにしておけば、記憶する負担を軽くすることができるでしょう。そして、最適な解に達したときに、それを容易に認識できるはずです。

ホロデッキを使えば、抽象的な仮説をより複雑な方法で表現することもできるでしょう。たとえば、多次元グラフを使って数式を表現するようなことも可能でしょう。ですが、そういった例がホロデッキで行われている場面は見受けられません。

> **レッスン** 記憶力よりも認識力に頼る
>
> 何かを覚えることはユーザーの短期記憶に負荷をかけます。いくつかの具体的な選択肢から選ぶことよりも間違いを起こしやすくなります。可能であれば、ユーザーが実際に見て検討できるように表示しておきましょう。そうすれば際立った結果を識別することが簡単にでき、それを基に行動を起こすことができるでしょう。

ホロデッキ特有の気づき

ホロデッキのユニークな特徴から、学習システムという点でも他では見当たらないような気づきを得ることができます。

「火山惑星からの帰還」のエピソードの最後で、フロッターは、ナオミの母であるサマンサが最後に会ったときから時が経ち、大人になっていることに感銘を表します。この場面は、ホロデッキのキャラクターが学習者の一人ひとりを覚えていて、時を経てどのように変わったかを認識できることを示しています。

> **レッスン** 学習者に進歩を認識させる
>
> 学習は単にいくつかの課題を順々にこなしていくことではありません。ときに、ふりかえりを行うことも有効です。身につけたものを、それぞれを引っぱり出して全体を理解するのです。さらに、どれだけ進歩したかを認識することで学習者は達成感を得られます。そのためには、システムは一人ひとりの学習者を認識して覚えておく必要があ

ります。なにげなく対応されていますが、それぞれのプロググラムは一人ひとりのユーザーを覚えていて、再開するときは彼らが最後に進んだ地点からはじめられるようになっています。

『スター・トレック ヴォイジャー』のエピソード「夢みるホログラム」では、乗務員はホロデッキを使ってドクターがホログラムとして記録した小説を読みます。物語内で、読み手はさまざまなシナリオの中心的な登場人物を演じます。それぞれのシナリオは過酷な環境におかれた登場人物への共感を引き出すように書かれています。登場人物はドクター自身の経験をふまえて書かれているので、物語は彼のものの見方を知るためのインタフェースとなっているのです。

レッスン 違ったものの見方を学習者に提供する

もし、システムが個別のユーザーを認識するのであれば、お互いの経験から学べるようにするべきです。それには、集約的な方法（たとえば「君の友達のほとんどは左の道をたどった。どう思う？」）や、他者の視点からよく知っている状況を直接見るなどの方法があります。

他のホロデッキの使い方としては、心身の治療と日常生活の再現があります。現実世界のお試し版をつくり上げることでそれらを行うのです。『新スター・トレック』「倒錯のホログラム・デッキ」のエピソードでは、バークレー中尉はホロデッキを使って、プライベートなストーリーに熱中しています。乗組員を誇張して思い描き、そこで彼はロマンスや支配的なファンタジーに酔いしれていました。そのプログラムを発見したとき、乗組員たちは動揺します。カウンセラー・トロイはそのプログラムが削除されないように守り、心身の治療用として使うようバークレーを後押しします。そして、その試みは成功します。

レッスン 感情的な学びを支援する

人間は感情的な生き物です。そして、人生における多くの学びは、私たちの感情を理解し、どう扱うかを知るということです。多くの技能や知識が個人に限定されるものではなく、外に向いたものですが、未来の学びのための技術はより内省的で個人的な内容に対しても成り立つものでなければなりません。直接的な指導やロールプレイング、期待通りにならない状況に何度も挑戦することなどを通じて学ぶことができるのです。

見つけられなかったもの

ホロデッキは学習インタフェースとして最高の環境だといえますが、学習者にとって役に立つであろう、いくつかのツールや機能は見かけることができませんでした。

チャンス　物理的な足場を用意する

難しい肉体的な技能をユーザーが練習するときには、ホロデッキに足場として利用できるような柔らかいフォース・フィールドを用意することができるでしょう。たとえば、トレーナーのような人物を投影して、一緒にアクロバティックに動き、助けてもらうこともできるでしょうが、同様の効果を得るために人物に限定する必要はないのです。4回半のひねりを入れて1回転半の宙返りを練習する人は、実際の人間がジャンプの間に姿勢を正してくれるようなことは期待しないでしょう。しかし、ホロデッキなら可能なのです。物理的なフィードバックを一定の規則をもって与えることで飛んでいる人間を補助することができます。さらに時間の進みを遅くして、飛んでいる人が自らの姿勢に集中できるようにすることすら可能でしょう。

チャンス　感覚を鋭くする

現実世界の指導者はふりかえりのときにものごとの細部をしばしば指摘します。ホロデッキであれば、立体的に拡張した現実空間に、ヘッドアップ・ディスプレイのように関連するデータ指標や情報を重ねて表示することによって簡単にそれを実現することができるでしょう。たとえば、ナオミがフロッターの事件について考えているとき（図11.1）、彼女は水の変化サイクルについての図を参照したいと思うかもしれません。図では水の成分はホロデッキの場面にあわせて表示されているでしょう。たとえば熱源、水、水蒸気などです（拡張現実については8章を参照）。

チャンス　グループで学べるようにする

ホロデッキには過去のユーザーの記録が残っているのですが、社会学習を促すようなツールはどこにあるのでしょう？　別々のホロデッキや離れた船をまたいで、ユーザーたちが協働するような場面は見当たりません。もしそれができれば、生徒たちは一緒に学ぶことがで

き、お互いに助け合うことができるでしょう。プログラムのなかでユーザー同士が楽しく競争する様子も見当たりません。たとえば、山登りをするプログラムで、時間や安全への配慮から順位表を出すような例もありませんでした。また、学習者が他者に囲まれています。たとえば家族や友人、教師やカウンセラーのような直接には学習に関与しない人たちながらも、進捗を気にかけている人物がいるものです。サマンサはどうやってナオミの達成度と次の課題を確認できるのでしょうか？

学び：ホロデッキを目指して

　現実世界の人々は絶え間なく学んでいます。そして技術の進歩により、学習者の理解を助け、精神的にも肉体的にも新しいスキルを学び、評価できるようなインタフェースが表れてきました。

　しかし、学びのための技術は映画としてのSF作品にはミスマッチであるようにも見えます。もちろん、登場人物は学びます。しかし、彼らはどちらかというと物語のなかのイベントを通じてや、教師と生徒という関係において学ぶことが多く見受けられます。純粋に技術を使ったツールは映画においては見栄えがしないものかもしれません。

　結果的に、SF映画における学習インタフェースはそれほど多くはありませんでした。自習や試験勉強や一緒に学ぶためのコンピュータの場面は多くの場合、無視されていました。そういったものは物語として割愛され、脳に直接知識をダウンロードすることで、実際に学習する場面を省いたり、技や精神の訓練や、現実的にはそれほど大きな役割ではないツールが物語としては大きく取り上げられたりしていました（試験、プレゼンテーション、リファレンス）。おそらく、現実世界の学習インタフェースが映画としてより見栄えのするものになったら、SF流のやりかたで作品のなかに取り入れられていくでしょう。そして、私たちはそれらのものから学ぶことができるでしょう。

CHAPTER 12

医療

補助医療インタフェース	289
自律型医療システム	313
生と死	316
医療インタフェースは危機的状況に焦点を当てる	323

CHAPTER 12

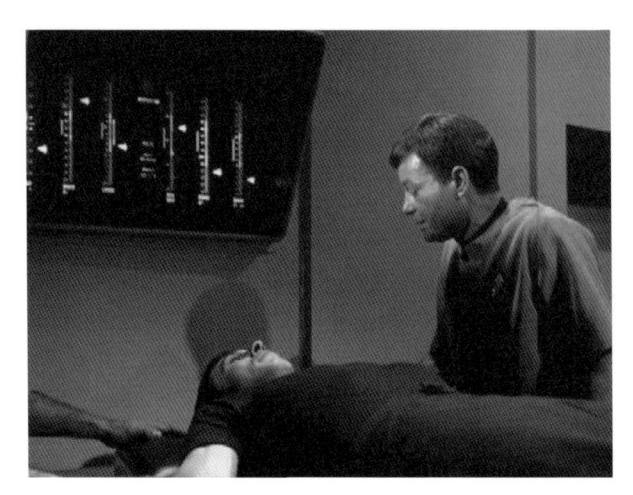

図 12.1 『宇宙大作戦』「魔の宇宙病」(第 1 シーズン 第 5 話 1996 年)。

　ドクター・マッコイは病室にある垂直のバイオベッドに寄りかかるようミスター・スポックに指示します。チャペル看護婦は、頭の部分を押し下げてベッドを水平にします。すると直ちに、ベッドの上のパネルが点灯し、患者の生体情報が表示され正常値と比較しています (図 12.1)。ドクター・マッコイはパネルをチラッと見た後、首をかしげながら「君の心拍数は 242 で血圧は全然ないといっていいくらいだね。君の身体には、緑の血が流れているとしか思えないよ。」といいます。

　ミスター・スポックは平然と起き上がって答えます。「その測定値は、私にとってまったく正常なものです。ドクターありがとう。私の身体があなた方とは異なっていることが、私の自慢ですよ。」 検査が終わったので、看護婦はミスター・スポックが降りやすいようにバイオベッドを垂直になるまで回転させます。

　医学は、骨格、消化器、筋肉、リンパ、内分泌、神経、循環器、生殖器、泌尿器、および精神状態などの生物学的な仕組みが複雑に絡み合い、結びつき、重なり合った複雑な領域です。これらのいずれかに不具合があっても被害は甚大です。医療従事者は、自分が選んだ専門性と必要な知識を完全に習得するために、何年もメディカルスクールに通わなければなりません。ハリウッドにも視聴者にも、その種の経験を積むことはできません。これが、SF 映画のなかの医療インタフェースにおける主な制約です。

SF 映画では、どのようなときに医療に関するストーリーを語ることが有効なのでしょうか？ それは視聴者の医療リテラシーに依存します。目指すのは、退屈さと不明瞭さに注意しながら、物語のバランスを正しく取ることです。ほとんどの人にとっては何らかの補足が必要なレベルですが、ハーバード大学の心理学者スティーブン・ピンカー氏によると、人間はみな生命についての基礎的な生物学的理解をもっています。つまり、「すべての生をもつものは、自身に力を与え、自身の成長を促し、そして子孫に継承される目に見えない本質をもっている。死とは、もはやこの目に見えない本質を手離すことである。」ということです。現代の SF 映画の視聴者はおそらく、これよりもう少し医学の専門知識をもって映画館に行くか、テレビのスイッチを入れるでしょう。しかし一般的にハリウッドは、慎重すぎるくらい慎重になる傾向があります。ハリウッド映画は医学的な問題を、単に緊張を演出し最後の結末を補う何らかのインタフェースを備えた「悲惨な状況」として表現しがちです。

この章は、主に 2 つのタイプの医療用インタフェースの話を中心に構成しています。1 つは医療行為を行う人々を助けるもので、もう 1 つは自律的な医療システムについてです。これらの話のあとに、誕生の支援と死を伝える技術について解説します。

補助医療インタフェース

私たちが調査で見出した医療技術のほとんどは、人間の医療行為に役立つものか、または次に示すような予防医学です。

ちょっとした予防

西洋医学は予防よりも治療に焦点を当てていますが、予防は最初の段階で人々の痛みやストレスなどの問題を回避するのに役立ちます。その一例を『宇宙空母ギャラクティカ』のテレビドラマで見ることができます。第 3 シーズンでは、パイロットは食糧を調達する間、放射線レベルの高い領域を通って飛行船を操縦しなければなりません。彼らは、被曝線量を測定できるバッジを手首に着用しています。バッジは、放射線にさらされている間ゆっくりと黒く変色します（図12.2）。バッジが完全に黒くなったとき、パイロットが許容できる放射線被曝線量の限界に達したことを意味します。

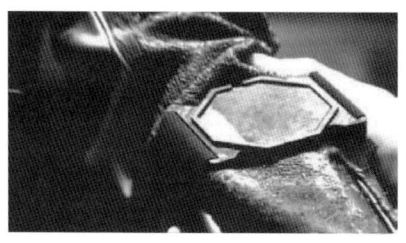

図 12.2a,b 『宇宙空母ギャラクティカ』（第 3 シーズン 第 10 話 2007 年）。

チャンス　予防医学のインタフェースをデザインする

　　予防医学のインタフェースは、必要に応じて逐次情報を通知するだけでなく、その結果を比較・判断して、ユーザーに医学的な問題につながるような状況や行動を警告し、危険から遠ざけてくれます。現在、ヘルスケアの世界には予防医学に関する黎明期の技術プロジェクトが数多く存在しますが、SF 映画はそれらには無関心のようです。

診断

　医療専門家が最初に取りかかるのは、彼らが直面している問題を理解することです。患者を診断するためのインタフェースは、モニタリングとスキャニング、そして検査のための技術に細分化できます。それぞれをどう区別すればよいでしょうか。本章では、「モニタリング」とは、心拍数などの特定の生理学的データなどをリアルタイムで測定し見せることです。「スキャニング」は、たとえば磁気共鳴映像法（MRI：Magnetic Resonance Imaging）や X 線といった一般的な生理学的データの広い領域の可視化を意味します。「検査」は、ある抗体の存在をチェックするといったようなある種の個別の生理学的データを測定することです。これらの検査は、患者の診断と治療を通して繰り返し行われることがあります。

モニタリング

　調査で見られる医療インタフェースのほとんどは、患者の健康状態をモニタリングすることに含まれます。これらのインタフェースは、登場人物の体内の状態を物語として視覚化するのに役立ちます。これはプロデューサーが、血まみれになったり損傷した主人公の姿を見せたくないような場合に有効です。

医療

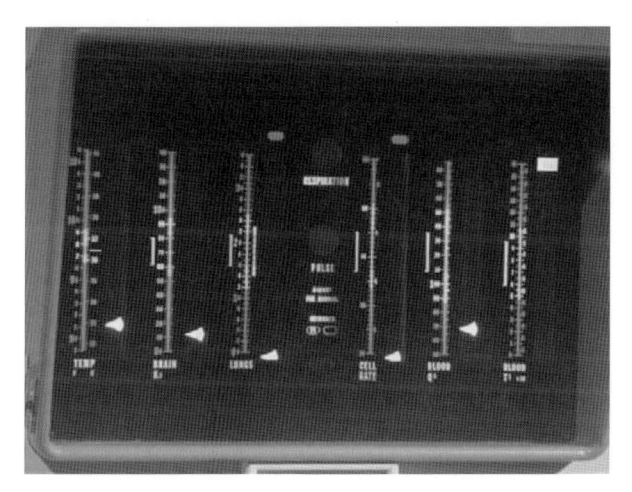

図12.3 『宇宙大作戦』「宇宙の帝王」（第1シーズン 第15話 1967年）。

　何がモニターされるのでしょうか。現代医学では、患者のモニタリングに当たって一般的に次の生体指標が用いられます。それは脈拍、血圧、呼吸、血中酸素濃度および体温です。これらの指標は、その時点の患者の健康状態について多くのことを医師と看護師に教えてくれます。

　調査では、モニタリングのインタフェースは基本的な生体反応を波形として表現し、ほとんどの場合は左から右へとスクロールするかたちで示します。普遍的な特徴が2つあります。1つは、単一の波形が表示されているときは、ほとんど心拍数を意味します。もう1つは、事態が切迫した場合はインタフェースの表示が赤に変わり、医師（そして視聴者）の注意を喚起するためにアラーム音が鳴ります。これら2つの点以外は、多くの点でインタフェースの違いがあります。

　『スター・トレック』シリーズでは、患者の生体反応は病室内の各バイオベッドの上の壁に組み込まれた画面上に表示されています。この画面には、測定値が安定しているか、または危険な範囲にあるかどうかを示すための白い三角形のマーカーがある目盛り付きのゲージが6つ配置されています。測定値は、体温、血中Q3レベル、「細胞レート」（それが何を意味するにせよ）のようなもので表示されています。

　正常値を意味する「通常状態」が、中央点のまわりの狭い緑色の範囲に表示されており、その上と下の両側に向かって黄色、赤色へと変化していきます（図12.3）。

この表示は、患者のその時点の状態を表示するのに役立ちますが、傾向を示すものではありません。おまけにそのデザインは、他の多くの課題を提起しています。たとえば、ラベルの標記とデータ領域があまりにも似過ぎています。また、心拍数と呼吸が尺度なしで示されています。さらに、数字が小さすぎて距離が離れると読み取りにくいことや表記が少ないといったことがあります。

　このインタフェースの最大の特徴の1つは、ある病室のバイオベッドにいる患者が1人のときには、患者の心拍数が音とともに表現されることです。これは視聴者からすればわかりやすいですが、手術のような切迫した状況では医師や看護師にとって役に立つ環境情報になります。聴覚インジケーターがあることで、基本的な指標の状態を把握しながらも、他のタスクに目や手を集中させることができます。病室内に複数の患者がいるときは、聴覚インジケーターは聞こえなくなります。このことは、システム設計において優れた教訓をもたらしてくれます。

レッスン　タスクが1つの場合の最適化

　多くのシステムは、0か1、もしくは複数のタスクを同時に処理するように構築されています。システムがタスクを1つももたない場合には、そのインタフェースはモニタリングや選択を可能にするツールへ移すことができます。システムが複数のタスクをもつ場合、そのインタフェースはある時点でどのタスクが選択され作動しているかを、ユーザーに示さなければなりません。背景色や音などの周囲の信号をある特定のタスクに関連づけることは難しいでしょう。

　しかしながら、タスクがただ1つの場合には、システムはそれに適応すべきです。選択肢が1つだけしかない場合はわざわざ他を選択する必要はないはずです。選択を確認するために言語を変更するような単純なタスクでさえこれのみを遂行します。さらに、操作対象を選択するツールは必要なくなり、周囲の情報も曖昧さがなくなります。デザイナーは、システムのデザインを調整して、1つのタスクだけをもっている特定の場合に適応させるようにすべきなのです。

　心拍数が聴こえるということがどのように医師や看護師を支援するかはすでに述べました。しかし、この音が病室にいる患者にどのような影響を与えるのかについては、何の指摘もないということも言及しておかなければなりません。それは彼らにストレスを引き起こすか、さもなければ病的な状態に対する不安でいっ

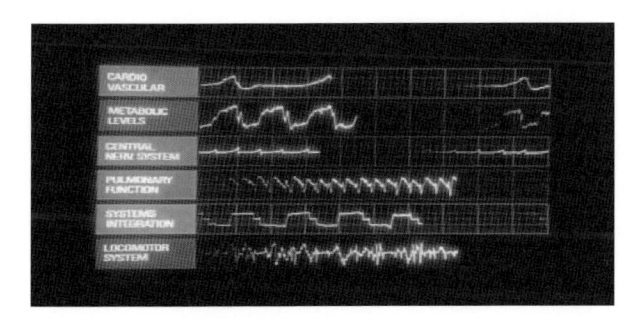

図 12.4 『2001 年宇宙の旅』(1968 年)。

ぱいになってしまわないでしょうか。周囲の情報が拡張現実システムなどで医療従事者のみに提供されているのでない限り、デザインが関わるすべての利害関係者のことを考慮するように気を配るべきでしょう。

時間的な経過を伴うデータには波形を用いる

今日ではおなじみの心電図の波形、または EKG（Electrocardiogram、ドイツ語で心電図のこと）が、ウィレム・アイントホーフェンにより 1903 年ごろに発明されて以来、医学界に知れわたっています。しかし、画像ではなく紙に直接ペンで書く道具が開発された 1932 年以降に広く使われ始めました。1940 年代以降、人々は心電図の画面を見てきましたが、それらは 1968 年の『2001 年宇宙の旅』までは SF 映画では描かれていません。この映画は、HAL-9000 コンピュータが冬眠している乗組員をモニタリングしているがごとく、コンピュータ画面上に生体信号を表示しています（図 12.4）。波形は、その当時の世界ではありふれたものでしたが、それらが洗練されたアラートとともに画面上に動的に表示されたという事実は、患者のモニタリングをコンピュータ化するという概念をもたらしました。

『2001 年宇宙の旅』やそれ以降のほとんどの SF 映画は、視聴者が生体信号の表示を見逃されないようにグラフィックを誇張し、大きな文字で表示しています。そして知識のある医師が、一目で解釈できるようになっています。

レッスン 時間の経過を伴う生体信号には波形を使う

視聴者は、波形を生体信号であると即座にみなします。その一瞬の認識に加えて、波形は変数の範囲内で経時的に起こっている単純な変化を読み取るのに適しているため、医師は素早く傾向を理解し、問題

を特定することができます。これらの2つの理由を覆すに足る十分なデザインでない限り、デザイナーは生体信号を波形として表示することにこだわるべきです。

『2001年宇宙の旅』以降、その視覚的な形態が大きく異なる多くの医療モニターをSF映画で見てきました（図12.5）。

一部のSF映画では、非常に複雑な医療用モニタリング・インタフェースがあります。一視聴者として私たちは、登場人物がこのような複雑なシステムをうまく操っていることに感銘を受けますが、これらのシステムが現実の世界では必ずしも有用でないのも事実です。『スター・トレック』に登場する複数の重なり合う層は、重要なデータを強調するというよりも逆に曖昧にしているように見えます（図12.6）。この例では、映画はデザインそのものの背景と差が出るような明るい層を表示するか、文字を使用して何が起こっているのかを視聴者に知らせなければなりません。

レッスン 有用であることは印象的に見えることより重要である

私たちがSF映画で見る医療用モニタリング・インタフェースには、動きや複雑さで素早く私たちに印象づけることが目的となっているものが多くあり、それらは明瞭さによる有用性や可読性の原則を無

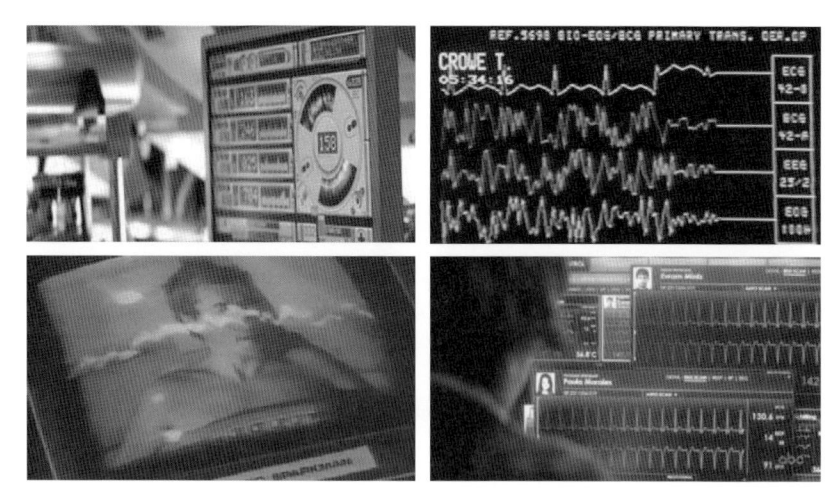

図12.5a–d 『アイランド』（2005年）、『エイリアン2』（1986年）、『スペース1999』（1975年）、『Defying Gravity』（2009年）。

医療

図 12.6 『スター・トレック』(2009 年)。

視しています。現実世界のシステムにとって、この種の華やかさはノイズとなって、ユーザーの注意をそいでしまうでしょう。デザイナーは、文脈を明確に伝えるためにほどよい情報を示すべきであり、問題に対して医師が容易に注意を向けられるように、視覚的なデザインを制御すべきです。

テレビドラマの『スペース 1999』は、その時代の最新の医療用モニタリングの概念を導入しました。宇宙ステーション内の全居住者は、皆「X5 コンピュータ・ユニット」によって絶えず監視されています。医療警報が発動されたとき、システムは画面上のテキストと音声警報の両方により、自動的にラッセル医師や病室に居る医療スタッフに連絡をとります。そのシステムは音声認識の入力と音声合成出力という、当時では非常に斬新な 2 つのコンセプトを提供しました。

このモニタリングおよび警報システムを示しているエピソードにおいて、専門家ドミニクはあっという間に死んでしまいました。X5 には、救急隊をよび出すための緊急警報を発する余裕がありませんでした。しかし、システムが適切に動作すれば、いざというときは安全であろうことは容易に想像できます。

さらに、実際の診断では役に立ちませんでしたが、X5 は自身のもつデータによって「診断」を下すことができました。パイロット版では、ラッセル医師は、彼女がモニタリングしているある特定の患者について、X5 に対して音声で意見を求めています。そのとき彼女は、「コムロック」というポータブル通信装置のボタンを押し、「コンピュータ、最新のレポートを分析して。」といいます。X5 は「ステージ 5 の変異が完了し、すべての脳活動が停止しました。細胞の寿命は生命維持装置によって維持されているに過ぎません。結論。宇宙飛行士エリック・スパークスマンは死亡しました。」と返答します (図 12.7)。

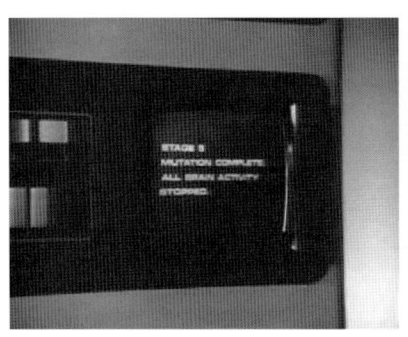

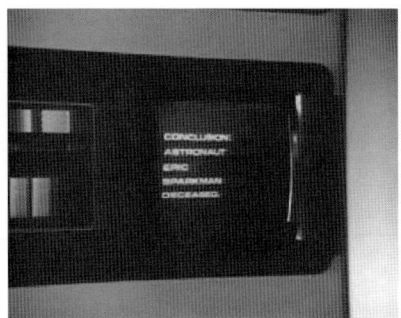

図 12.7a,b 『スペース 1999』「人類の危機！ 宇宙基地大爆発」（1975 年）。

仮死状態

仮死は SF 映画においてはとてもよく目にするもので、傍観者が仮死の状態を監視する特別のインタフェースがしばしば見られます。『スター・ウォーズ エピソード 5/ 帝国の逆襲』では、ハン・ソロは賞金稼ぎボバ・フェットに輸送のために「カルボナイト」に閉じ込められています。ソロはまず、小部屋に入れられます。そして、彼の健康状態を監視するために小さな操作盤のついた固い安置台に寝かされます。次の場面では、いくつかのボタン操作で彼は蘇生します（図12.8）。

仮死状態を監視するインタフェースでこれより新しいものは、『マイノリティ・リポート』のリアルタイム 3 次元臓器生成や、『パンドラム』の落ち着いた

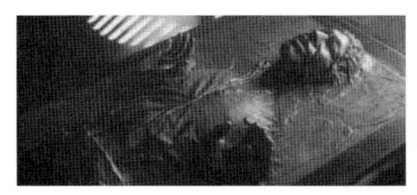

図 12.8a,b 『スター・ウォーズ エピソード 5/ 帝国の逆襲』（1980 年）。

図 12.9a,b 『マイノリティ・リポート』（2002 年）、『パンドラム』（2009 年）。

単色画のように、現代的な方式を採用しています（図12.9）。

スキャニング

医師は、患者の身体内部の像を作成するために身体をスキャンすることがあります。これらの多くはX線に似ています。そのほとんどは静止画像ですが、なかには、リアルタイムに変化する画像を見せるものもあります。ほとんどの場合、患者は横になりスキャニング装置で覆われます（図12.10）。

『デューン／砂の惑星』のなかで見られるスキャン・インタフェースは特筆すべきもので、リアルタイムに全身の内部画像を表示しますが、その画面は患者の身体に比べてかなり小さいものです。身体のさまざまな部分を検査するためには、医師は画面を左右に移動させ、身体にあわせて調整しなければなりません（図12.11）。

> **レッスン** **システムの操作には物理的な動作を考慮すべき**
>
> ユーザーには、物理的な世界でモノを操作してきた長年の実体験があります。システムを操作するための物理的な操作方法をデザインすることで、必要とする訓練期間の短縮や使用中の認知的負荷を軽減することができます。こうして、物理的な動作は自然と意図した通りの結果になります。これによってユーザーは、目の前のより困難な問題

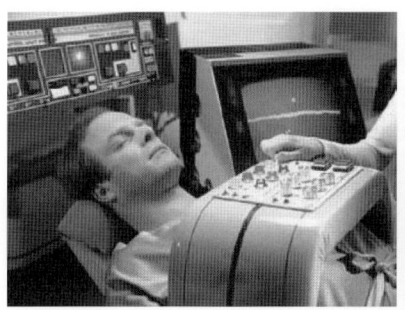

図12.10a–c 『スペース1999』（1975年）、『スター・トレック ヴォイジャー』（1995年）、『エイリアン』（1979年）。

図 12.11 『デューン／砂の惑星』(1984 年)。

に集中することができます。この効果は、操作と動作を直接関係づけるときに顕著に表れます。たとえばＸ線では、カメラを動かすと一緒に表示画面が左右に移動します（物理的操作の詳細については 2 章を参照）。

3 次元可視化

モニタリングの可視化方法におけるもっとも大きな変化は、1990 年代におけるコンピュータ・グラフィックスの進歩と同時に起こりました。それは、骨格や神経や器官のような体内構造の表示とアニメーションを可能にしました。これらの可視化は、骨折や腫瘍、内出血のような問題をすぐわかるように可視化してくれるので、医師にとっては非常にありがたいものです。

しかしながら、2 次元のモニタリング・グラフィックスや波形を置き換えるものとして、3 次元可視化はより進化する必要があります。これは、EKG（心電図）のように値が正確で肉眼で見えない重大な情報を示すことから、とても意味があります。たとえば、フルカラーで美しく鮮明な体内 X 線画像があったとして、患者の血圧やそれが直前の 2 分間でどのような傾向を示していたか知りたいときには、どの器官を見たらよいのでしょうか。

医師に役立つばかりか、このような身体を透過する可視化は非常に映画的です。これが近年頻繁に用いられる理由の 1 つです。

『新スター・トレック』がその好例です。「神経医療エキスパート　ドクター・ラッセル」というエピソードで、ドクター・クラッシャーは、ウォーフに対する実験的な脊髄手術についてドクター・ラッセルに相談します。彼女らは、議論の

図 12.12 『新スター・トレック』「神経医療エキスパート ドクター・ラッセル」(第 5 シーズン 第 16 話 1992 年)

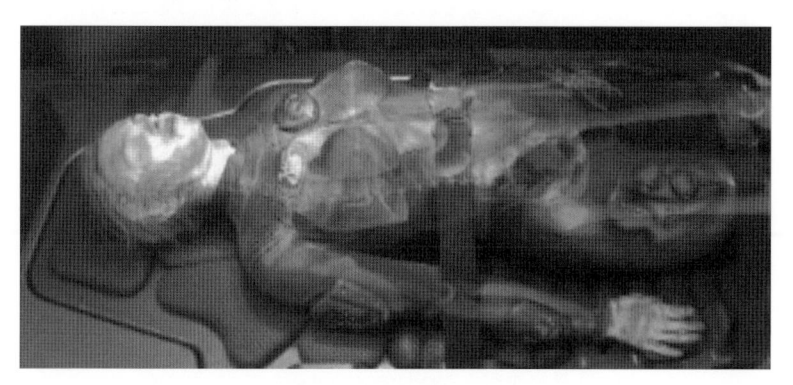

図 12.13 『ロスト・イン・スペース』(1998 年)。

際にウォーフの背骨の立体表示を使用します(図 12.12)。

『ロスト・イン・スペース』では、ジュディの仮死チューブは蘇生に失敗します。彼女は医療用ベッドの上にゆっくりと寝かされ、立体投影装置で覆われると、彼女の内臓はリアルタイムに半透過されます。問題箇所を周囲の者に見せるために、ピンク色に発光する半透過の立方体が心臓のまわりを回転します(図 12.13)。個々の画面は生命維持データを表示しています。ドクター・スミスは、ベッドのインタフェースを使用して、いわゆる SF 映画の救急カートで彼女を蘇生しようとします。

図 12.14a,b　エドガー・ミュラーによるチョークアート

　映画のなかで見られるように、ジュディの立体投影の映写は美しく、私たちは皮膚を通して彼女の体内を見ることができます。これは素晴らしいことです。なぜならこれは、皮膚を切り開くことなく身体的に異常のある箇所を把握する方法だからです。しかしそれは、一目でうまくいかないことがわかります。ベッドの反対側に居るモリーンやペニー、あるいはドクター・スミスからどのように見えているか、考えてみてください。彼女の心臓の投影が、彼女の胸の内側にあるように見えることを思い出してください。もしこれがある特定の一人の観察者の視点から見て正しい位置に見えるようにしているのであればうまくいくでしょう。しかし観察者がベッドの周囲を歩いてしまうと、歩道に描かれたチョークの絵を違った方向から見るときのように、視野がズレておかしな画像に見えてしまうでしょう（図 12.14）。

　それではこのアイデアはうまくいかないのでしょうか。もし私たちが、これを弁証論的にとらえるならば、必ずしもそうとは限りません。システムが、患者を見ているすべての人に対して個別の表示を行える場合に限り、用いることができるでしょう。それは、立体投影のように見える（映画製作者が意図していることをその場面中のすべての手掛かりが示している）けれども、実際には、観察者一人ひとりに拡張現実の映像を提供するということであれば可能です。映像を重ねて表示して見せるために、誰も特別なレンズなどは着用していないのです。それらは、手術台の上部にあるプロジェクターから、観察者の網膜上に直接投影されているのでしょうか（そしてカメラを使用しているはずです）。どのような場合も、最初は失敗に見えるものを深く考えることで、現実世界における有用性を気づかせてくれるものです。

　テレビドラマの『ファイヤーフライ　宇宙大戦争』にも、『ロスト・イン・スペース』で見られるものと同じような表現を使った場面があります。そこでは、

医療

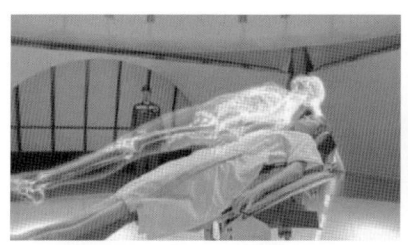

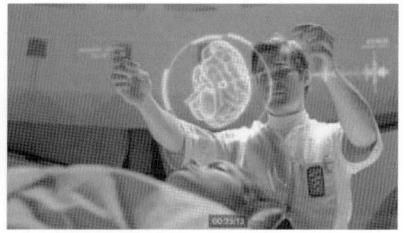

図 12.15a,b 『ファイヤーフライ 宇宙大戦争』「希望への挑戦」（エピソード 9 2002年）。

　船医サイモン・タムが先端医療施設で、立体映像装置を使用して妹の脳に対して非切開型の検査を行います。このツールを使用して彼は、妹の脳をリアルタイムにスキャンして得た半透過の立体投影像を凝視しながら、ジェスチャー操作で、状態がよく見えるように向きを調整します。脳活動のアニメーションや他の生態データが、簡易参照情報として立体投影像の横に表示されます（図 12.15）。

　これらの事例のなかには注目に値すべき点があります。まず医師は問題を探すために立体投影像と対話します。次に、ジェスチャーで立体投影の映像を自在に操ります。サイモンは直接的なジェスチャーにより、妹の脳の像をつかみ、表面を剥ぎ取り、それを診断するために投影映像を切り替えます。

　こうした3次元可視化はSF映画向きですが、これは問題を見つけるためのものです。実際には、スキャンするための必要不可欠なツールが欠けています。『ロスト・イン・スペース』のインタフェースは、自動的に問題（彼女の心臓が動いていないこと）を発見し、ドクター・スミスに知らせます。システムの信頼性が高ければ有用ですが、見つけにくい問題を発見する手品のようなものではありません。『ファイヤーフライ 宇宙大戦争』のインタフェースもこれに近いものです。ここでは、船医サイモンが身体部分から脳を分離し、表面の問題箇所を診断するためにそれを回転させます。立体投影像は、瘢痕（はんこん）や壊死（えし）のような予想できる症状にさりげなく注意を向けさせるような進んだものになるでしょう。さらには、視界の制御も可能となるでしょう。たとえば、磁気共鳴装置やX線写真用の比較のための異なるスペクトル・フィルターや、任意の部位の切断面を観察するために横断面を操作し、また非常に接近して細部を観察できるような拡大操作などが可能となります（「拡大」の外科的な例については、p.313の『インストーラー』を参照）。

　現実世界のデザイナーが、単にこれらのSF映画に見られるインタフェースを参考にした場合は、好ましい結果とはならないかもしれません。しかし幸運に

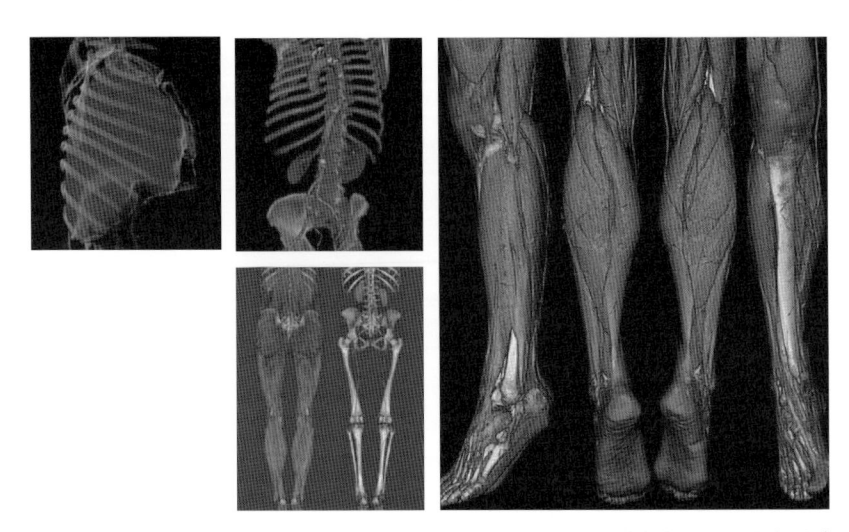

図12.16a–d　スタンフォード大学のX線画像の3次元解析と画像解析を行う研究所が作成した医療画像。

も、現実はハリウッドより先行しています。たとえば、スタンフォード大学医学部のX線画像の3次元解析と画像解析を行う研究所では、対象としている問題の周囲にある隠れた器官や組織を3次元で描画する、放射線医学の研究を行っています（図12.16）。それらは膨大な処理能力が要求されるにもかかわらず、今日ではワークステーションやノートPCであっても、検査終了後数分以内にインタラクティブに可視化することができます。

検査

調査で見つかった医療検査インタフェースはあまり多くはなく、疑問の解消に役立つものは2つの例だけでした。1つ目は『スター・トレック』に登場する「医療用トリコーダー」という携帯用分析装置です。無線通信と多目的センサーを備えた手のひらサイズで、ドクター・マッコイが遠隔で使用します。2つ目は『ガタカ』に登場する、携帯式DNA鑑定装置です。これは、血液や皮膚、あるいは毛髪のごくわずかなサンプルを採取し、その所有者の身元情報を提供します（図12.17）。

現実世界では、医療処置の一部としての検査は不確実で特殊です。（「これはポリープかもしれないが、胆石かもしれない。」あるいは「そのテストでは何も明らかになりませんでした。別の方法を試しましょう。」など。）すなわち、特定の

図 12.17a,b 『ガタカ』(1997 年)。

検査のためにつくられた専用の装置を使って測定し、症状を確定することになります。

　不確実性や反復はあまり映画向きではなく、また刺激的でもありませんし、物語の本筋から脱線し混乱させることにもなります。例外は医学ミステリーで、その不確実性は本筋のなかに存在します。SF 映画、とりわけテレビドラマは自由きままに取り上げます。『宇宙大作戦』の"ボーンズ"ことマッコイ、『スター・トレック ヴォイジャー』の"ドクター"、そして『ファイヤーフライ 宇宙大戦争』の船医タムは皆、各自の宇宙船内でそれまでにない課題に直面します。特別なエピソードとして、これらの登場人物や彼らが直面する不可解な医療上の問題が焦点となります。しかし、これらのドラマさえ特殊であるといえます。

　検査には特定のセンサーを備えた装置がしばしば必要とされますが、物語風に説明するのに手間取り、組み上げるにはさらに別の小道具が必要となります。『スター・トレック』シリーズに登場する医療用トリコーダーが良い例です。これは万能ともいえる装置ですが、実際の検査において私たちを助けてはくれません。さらに、ストーリーが検査される側にあまりに特化してしまうと、視聴者は興味を失います。視聴者は医学の専門知識を十分もっていないからです。多くの場合、SF 映画にとって検査結果よりも重要なのは、診断そのものです。これを裏づけるように、多くの SF 映画では検査を行う医療システムからは、数値データではなく診断結果が出力されます。したがってこれらは、以下に示す診断用インタフェースに分類した方が良いでしょう。ただし、『ガタカ』の DNA 鑑定装置には問題があります。というのは、それらが説明可能な測定値ではなく、身元を誤りなく割り出すからです。

チャンス　医療検査の将来をデザインする

　実際に精緻で完璧な診断装置を手に入れるまで、私たちは臨床医が使用する検査インタフェースを改善したいと考えるでしょう。SF 映画は通常、これについて厳然と飛び込んでいこうとはしないので、デ

ザイナーには次のような多くの課題が残されます。
- 数ある利用可能な検査のなかで、状況に相応しいものを選択する
- 検査を正確に行う
- 結果を理解する
- 患者に結果を伝える
- 処置を始めるか次の検査に進むかに関わらず、次のステップを決める

診断

　評価は診断を助けてくれます。つまり、患者の問題についての仮説を導き出すために、測定値や観察された症状を用いることは有効です。しかし、診断ツールは現実世界でも SF 映画においても問題があります。これが、調査で私たちが把握できた例がごく少数であったことの主な原因といえるかもしれません。

　現実世界の診断が難しいのには多くの理由があります。最初の段階で、どんなサインを探すべきかの判断は医師の知識と経験によって左右され、彼らの「専門家バイアス」に依存することになります。一連の起こりうる問題は非常に膨大です。診断を確認するテストは確定的ではないかもしれないし、不明確かもしれません。たとえ非切開手術の方法といえども、複雑な状況を引き起こすかもしれないし、高額なものになるかもしれません。最終的には、もっとも信頼できるデータが与えられたとしても、容易には原因を特定できないかもしれないのです。

　診断の技術は、SF 映画に問題があることを気づかせてくれます。単に、登場人物がエイリアンや異質な環境に対処しているだけではないのです。物語が SF 医療ドラマである場合、解決すべき不可解な難問に立ち向かうというのが、もっとも一般的な構成といえます。真の原因から巧妙に視聴者の注意をそらす場面において、その傾向は見られます。主人公はそれを視聴者に振り返って考えさせ、「もちろん、ずっと私たちの目の前にあったよ」と思わせるような、劇的な瞬間にうまくまとめます。

　このような物語風の構成において、もし重要な場面で初めて明らかになる診断結果をコンピュータが簡単に出してしまうようであれば、それ以上継続する理由はなくなるでしょう。診断の技術はそのような物語の進行の妨げにさえなります。診断は必要とするもののそれが医療ドラマではない場合は、それはそれで問題があります。その複雑さを正確に描写する場面が、そもそも物語には登場しないかもしれないからです。幸運にも SF 映画には、ハイテクな非切開型のセンサーや著者の想像する演算能力がすべて揃っています。著者は、「医療面のマク

医療

図 12.18a,b 『宇宙大作戦』の撮影用小道具（1966 年）。

ガフィン」（映画などで筋の展開に効果を発揮するひと工夫のこと）により、素早く、自信をもって、その構想を進められるように診断を合理化することができます。

『スター・トレック』のテレビシリーズでは、医療用トリコーダーによる簡易で迅速な診断を導入しています。船医の"ボーンズ"・マッコイは、携帯型のスキャナーを患者にかざしながら携帯型の画面を見ます（図 12.18）。シリーズでは彼が見ていたものは正確には示されませんが、彼は画面を一目見て患者の悪い箇所をいい当てたでしょう。その症状がはっきりせず、その患者がエイリアンの類いだったとしてもです。マッコイは、上で解説した病室のモニター画面によく似た表示を見たのかもしれませんが（図 12.3 参照）、装置自身がそのスキャン結果からそれとなく診断をほのめかしていたという方があり得る話です。

『スター・トレック』の他のシリーズでは、医療用トリコーダーの外観が進化し小型化されました（図 12.19）。

このような医療診断ツールの携帯性や迅速性を利用した SF 映画は、他にほとんどありません。医療用トリコーダーはまともに診断を支援するための推論技術というよりはむしろ、物語上の小道具といったものでしたが、もち運び可能で瞬時に診断できるツールという概念は、今日の医療技術研究者に刺激を与えるものです。そしてそれは偶然ではありません。SF 映画が現実世界に影響を与えている 1 つの典型的な例ですが、『スター・トレック』シリーズの生みの親ジーン・ロッデンベリーは、医療用トリコーダーのような装置を開発する人は誰でもすでによく知られたこの名称を使用できるように、デシル・プロダクションやパラマ

CHAPTER 12

図12.19 『スター・トレック ヴォイジャー』（1995年）。

ウントとの商標権契約にサインしたと伝えられています。要するに、彼はそのビジョンに応えることができる人であれば誰にでも、ほぼ50年間、権利を与えているのです。

チャンス　医療診断の将来をデザインする

調査によると、診断ツールとしてのハードウェアは数多くあります。しかし一方で、診断を支援するソフトウェアはほとんど見当たりません。現実世界にはMEDgleやWebMDのような診断ツールがあり、患者と開業医の両方を対象にしていますが、これらはまだSF映画の例として関心をもたれるまでには至っていません。

診断を支援するために使用される重要なツールの1つは患者の治療歴ですが、私たちの調査ではこれはほとんど見られません。ほんの一例が『スター・トレック ヴォイジャー』に現われます。「魂を探した男」というエピソードのなかに、医師が保安主任トゥヴォックに対応しなければいけない場面があり、そこで一瞬、見ることができます（図12.20）。

処置

ある疾患について診断した後、医師は、患者を治療するか、あるいは最低でも苦痛をやわらげるための処置の手順を決めます。処置のインタフェースは、一般

図 12.20a,b 『スター・トレック ヴォイジャー』「ジマーマン博士の屈辱」(第 6 シーズン 第 24 話 2000 年)。

的には実際の装置や明瞭な行為を含んでいるので、それらインタフェースをSF映画のなかで描くのは比較的容易です。調査によって、私たちは、処置に関して3つの主なカテゴリーを確認しました。それは、薬剤を注入する装置、空想的な外科手術用のインタフェース、死者を蘇生させるためのシステムです。

注射

　鎮静剤、ワクチン、解毒剤、鎮痛剤といった注射は、SF映画において重要です。なぜなら登場人物にとって、もしくは物語を進めるうえで重要な意味をもつからです。

　おそらく、もっとも有名な注射器具は『宇宙大作戦』のハイポスプレーです(図 12.21)。この器具は、皮膚を刺す針なしで、体内に薬を直接注入できるものです。しかしこのような注射器は、『宇宙大作戦』で初めて採用されたものではありません。1947 年に同じような装置が、『ザ・シャドー』というラジオ劇のエピソードのなかで登場しました。また、1960 年にはアーロン・アイスマッチがそのような装置の特許を取り、1964 年に米国政府からゴールドメダルを授与されました。『宇宙大作戦』が始まる 2 年前のことです。しかし、『宇宙大作戦』のハイポスプレーは現実世界によりよいものを示しました。それは手のなかに入るほど小さく衣服の上からも使用可能で、まったく痛みがありません。1969 年刊行の『The Making of Star Trek』とよばれる書籍で、ジーン・ロッデンベリーは、注射器が皮膚を刺すのを見せることに対するNBCの放送禁止を回避する手段として、ハイポスプレーが発明されたと説明しています。後の『スター・トレック』シリーズではその考えをさらに発展させ、医者がその場で薬の種類と

CHAPTER 12

図 12.21 『宇宙大作戦』「光るめだま」（第 1 シーズン 第 1 話 1966 年）。

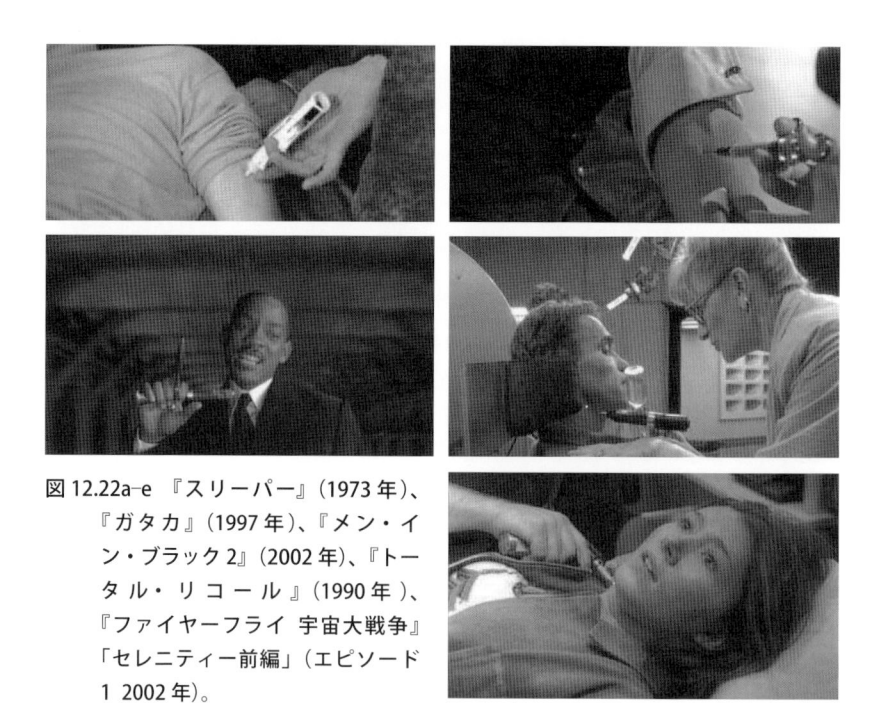

図 12.22a–e 『スリーパー』（1973 年）、『ガタカ』（1997 年）、『メン・イン・ブラック 2』（2002 年）、『トータル・リコール』（1990 年）、『ファイヤーフライ 宇宙大戦争』「セレニティー前編」（エピソード 1 2002 年）。

量を決め、投薬することを可能にしています。

『宇宙大作戦』でそれが創作されたものではないにもかかわらず、ハイポスプレーは多くのファンの間で認知され、SF映画における医療の必需品になりました。ハイポスプレーという用語は他の作品にも広まっていき、わずか数年後の、1967年の連続テレビシリーズ『スパイ大作戦』にも登場しました。さらには現実世界へも波及し、科学論文の中では「ジェット・インジェクター（噴出注射器）」という言葉で表現されています。

SF映画には他にも注射器が登場します。しかし、どれもそうした問題を解決してくれません。他のデザインは、材料やもち方、内部の薬が目に見えるかどうかの3つの点で細部が異なります（図12.22）。

外科手術

外科的な処置は多くのジャンルでよく知られた定番です。意識のない患者を囲む明るい光やピーという音を出す機械、額に玉のような汗をかいて「10cc急げ！」と叫ぶ手術着を着た外科医。そして、対照的に生死の淵をさまよっている命。SF映画といえども例外ではありません。調査によると、外科のインタフェースは一般的によく使われていて、非常にバラエティーに富んでいます。それらは、単純な覆い板から洗練されたロボット工学、ジェスチャー操作、遠隔操作、そして立体投影技術に至るまで、時代を越えて発展してきました。

『宇宙大作戦』のエピソードである「惑星オリオンの侵略」で、ドクター・マッコイは、ミスター・スポックの父親サレクが手術を受ける際、サレクとミスター・スポックとの間で輸血を行います。サレクの胴体は、チャペル看護婦も含めて周囲のあらゆるものから彼を保護する外科手術用の覆いがあり、ドクター・マッコイだけがアクセスできる状態におかれます（図12.23）。NBCには当時、ゴールデンアワーでテレビ放送する内容に関して、かなりの制約がありました。したがって、これはおそらく文化的に控え目なデザインであったのかもしれません。それともこのデザインは、ユーザー中心的な理由から生み出されたものだったのでしょうか。

おそらくその覆いは、伝染を防ぐ目的か、あるいは手術のなかで医者を支援する役割を果たすものなのでしょう。ロボットアームに抜糸させたり血液を吸引させたりするのでしょうか。カメラが内蔵されており、医者が遠隔から観察できるのでしょうか。さらに医療ミスを録画記録し、のちの研究に役立てたりするのでしょうか。しかしながら物語の場面では、これらの内のどれに関しても手掛かりは見当たりません。それは私たちの想像に委ねられています。

図 12.23 『宇宙大作戦』「惑星オリオンの侵略」(第 2 シーズン 第 10 話 1967 年)。

図 12.24 『2300 年未来への旅』(1976 年)。

　『2300 年未来への旅』では別の例を見ることができます。New You 美容整形外科クリニックの場面は、若々しい外見を追い求める社会の身勝手な妄想を技術が助長させているという社会批判であると見てとれます。クリニックでは、どんな顧客もふらっと立ち寄って、ボタン式のインタフェースを操作することで、新しい顔の特徴を選択することができます (図 12.24)。

　その後、顧客はガラスの小部屋の真ん中で、威嚇するような蜘蛛の形をした機械的なシャンデリアの下にある丸く光るテーブルの上に横になります (図 12.25a)。シャンデリアのアームは、レーザーや治療液をスプレーするノズルを備えています。システムは、切開する箇所を自動的に計算し、効率的に実行します。ある場面では、医師が外科手術装置を無作為にセットしているようですが、実は主唱者モーガン 5 を殺そうと目論んで、安全制御を無効にします (図

図 12.25a,b 『2300 年未来への旅』（1976 年）。

12.25b）。

　そのインタフェースは、どんな精密なことも手動でできてしまうシステムであり、とても不適当に見えます。大雑把なボタン、レバー、そして画面は精巧な制御を行うインタフェースにしては現実味がありません。

　この種の自律型手術は、『アイランド』でも見ることができます。ここでは臓器を採取するためにクローンが生産されています。あるクローンが心臓を採取するために手術される場面があります。インタフェースは印象深く、ほどよく複雑です。外科手術を執刀する担当医は操作盤の反対側に居て、患者の X 線映像を見ながらライトペンで指示を与えます。外科手術そのものはロボットアームによって行われます（図 12.26）。

　同様のペン・インタフェースが、『マイノリティ・リポート』でも見られます。そのなかで主人公ジョン・アンダートンは網膜認証システムを回避するために、自分の眼球を交換しなければなりません。モグリの医師エディは、眼球を精巧かつリアルタイムで可視化する機能を備えたデスクトップコンピュータを使用します。エディは画面上をペンでタッチしながらパラメーターを指定し、指先上に装着された光るコントローラーを使用して、ジェスチャー操作により実際の手術計画を練ります（図 12.27）。その後、アンダートンの顔に被せられた複雑な装置

図 12.26a–c 『アイランド』(2005 年)。

によって手術が行われます。

『スター・ウォーズ エピソード 5/ 帝国の逆襲』と『スターシップ・トゥルーパーズ』では、負傷した兵士は流体で満たされた円筒形の容器のなかで安静にしているあいだに、回復していきます。後者では、ロボットアームは、ジョニー・リコの脚の傷を治療するために、前後に動きながら新しい組織を形成します。部屋の透明な壁は、介助者や回復を願う見舞者のためのインタフェースのようですが、その操作を制御するインタフェースは、いずれの映画でも見られません。

図 12.27a,b 『マイノリティ・リポート』(2002)。

医療

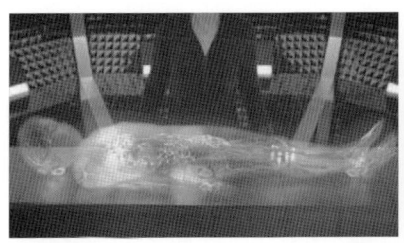

図 12.28a–c 『インストーラー』（2007年）。

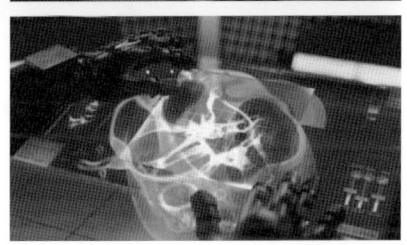

『インストーラー』でブリューゲン教授は、手術台の上に投影された患者の半透明の立体映像に向かい、立ったままで外科手術を行います（図 12.28a）。こうして彼女もまた、小さなロボットアームが行う遠隔手術を見ることになるのです。

チャンス 立体遠隔手術を実現する

批判を恐れずいえば、著者は立体遠隔手術をこの領域で働くデザイナーが十分考慮すべき、非常に上手に描かれた将来的なインタフェースだと見ています。立体投影の代わりとしての 3 次元眼鏡のように、近いうちにいくつかの技術要素がデザイン的な魅力を保ちつつ実現されるであろうことは想像に難くありません。

自律型医療システム

『スター・トレック ヴォイジャー』のなかの立体投影された医師のように、またロボットや人工知能のように、SF 映画のなかで医療の役割を担う技術がますます頻繁に見られるようになるでしょう。これらは、情緒性が省かれ、多くの医療情報に即座にアクセスできるものの、一般的には人間の医師と同じサービスを提供してくれます。

それらは自律的なエージェントのように、会話とタッチ操作以外のインタフェースだけがデザインされています。

『スター・ウォーズ エピソード 5/ 帝国の逆襲』に登場するルークの医師はロ

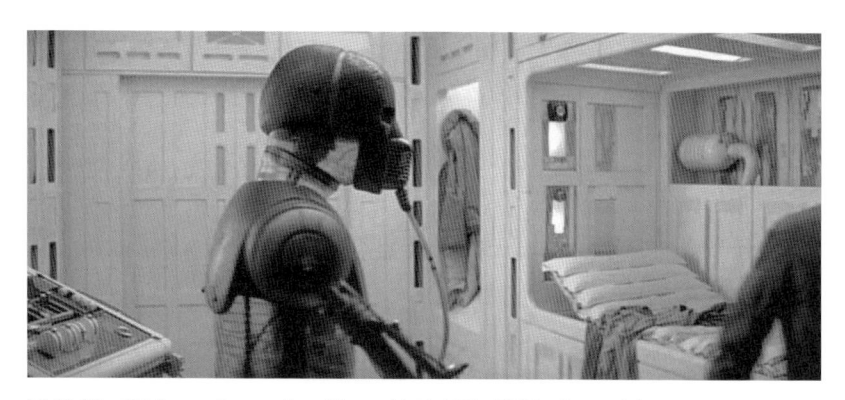

図 12.29 『スター・ウォーズ エピソード 5/ 帝国の逆襲』(1980 年)。

ボットです（図 12.29）。いかめしく軍国主義的な顔つきですが、その外観はより人間的であるといえます。そのロボットは俊敏なアームを備えており、外科医と介護者の両方の役割を担っています。ロボットの胴体より下には台座以外に何かあるのかは、明らかではありません。また、たとえルークが話しかけても返事はしません。

このロボットと『スター・ウォーズ エピソード 3/ シスの復讐』のパドメに従うロボットを比べてみます（後述の「出産」の支援を参照）。この助産師ロボットは、明らかに介護用にデザインされた医療用ロボットですが、とりわけその外観は著しく異なる種類のものです。それは、目や広い胸、腹部といった人間の特徴からヒントを得て、形や端部をとても丸くしています。その柔軟でカラフルな色彩と艶消しされた生地の肌は、快適さや安全を物語っています。顔は単純で、非人間的な特徴と人間的な構造のバランスがうまくとれています。それは、人間の顔を模した 2 つの大きな目と、不自然で非対称に配置された 2 つの小さな目という、大きさの異なる 4 つの宝石のような目をもっています。にもかかわらず、そのデザインは機能的な面との距離を保ちながら、温和な柔らかさを醸し出しています。

レッスン 人間味を感じさせるようにする

デザイナーはデザインに人間味をもたせるテクニックを知っています。しかし、『スター・ウォーズ』に登場するロボットたちは、医療技術の外観のデザインが患者に異なる感情や印象を与えることを、私たちに思い出させてくれます。暖かい看護と冷静な機能性は両立でき

ますが、デザイナーは患者にとって何がもっとも重要なのかを注意深く考えるべきです。

ケーススタディー："ドクター"

究極の医療技術は『スター・トレック ヴォイジャー』で登場する立体投影された"ドクター"かもしれません（図12.30）。シリーズの冒頭に船医が殺害されてしまった際、宇宙船の緊急医療システムが作動しました。それが人間のように行動する立体投影の医師です。もともとは緊急事態だけのために設計されたものですが、宇宙船のなかで唯一の医師ということになりました。人間の外観を与えられてはいましたが、乗組員たちは奇妙に感じ、彼に名前を付けませんでした。"ドクター"はその役割を任されただけでした。この"ドクター"のプログラムは自律的で、そのオリジナルのプログラムを越えて学習し成長するようにつくられています。それは、完全に人間と同じ会話能力をもっています。また、ホロデッキを活用することで完璧な物理的存在感をもち、人々に触れることも、設備をもちあげることもできます。患者の扱いではたまに苛立たせることもありますが、彼はまさしく人間的であり、患者にとっては親しみやすく快適です。

しかし、彼は人間ではありません。少し非人間的な能力をもっています。宇宙船のコンピュータに接続されているので、医療の先例や処方、乗組員の病歴などについて豊富な知識をもっています。彼の皮膚といえるフォース・フィールドの

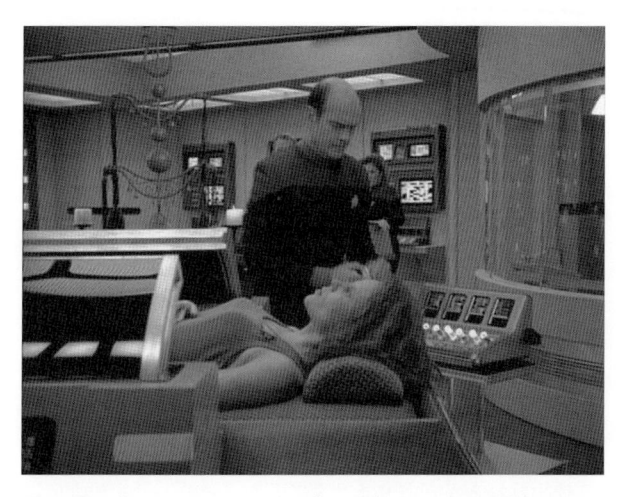

図12.30　『スター・トレック ヴォイジャー』（1995年）。

出力を切ることで実体がなくなり、患者は彼（フォース・フィールド）を横切って移動することができます。またそれはプログラムであることから、圧縮データ信号として銀河を横断して他の場所に送られ、記憶と経験を備えて再びそこに現れることができます。もし『スター・トレック ヴォイジャー』だけのものでなければ、人々は惑星連邦を包括する医療パラダイムとして、直ちに採用したでしょう。

チャンス 医師の姿をタスクにあわせて変更する

『スター・トレック ヴォイジャー』で、"ドクター"が単に患者のために慣例的に人間の姿を与えられているのだとすれば、異なる目的のためには他の姿があり得るのでしょうか。たとえば、誕生を介助する場合は助産師なのでしょうか。もしそれがレプリケーターを利用するのであれば、乳母になることもあり得るのでしょうか。患者の馴染みのホームドクターとして現われることで、信頼感を高めることができるのでしょうか。あるいは、今まででもっとも偉大な医師であればどうでしょう。フローレンス・ナイチンゲールやマザー・テレサはいかがでしょうか。現実世界のデザイナーが遠隔医療のインタフェースに取り組む場合には、そのような疑問が湧いてきます。

レッスン 人は人を求めている

人間は社会性のある動物です。私たちは他の人と良い関係になれるようにつくられています。『スター・トレック ヴォイジャー』のドクターは壮大な医療データベースであり、患者のカルテへも即座にアクセスでき、無限の順応性の下、次々と外観を組み合わせることもできます。完全に人間のように見せながらこれらの非人間的な能力を有することで、何か快適なものがある、ということを私たちに思い出させてくれます。

生と死

医療の基礎的な部分を支援するインタフェースもいくつかあります。それらは、出産や蘇生、および死の予言などを支援します。

「出産」の支援

調査では出産に関する技術はほとんどありませんでした。（実際、SF映画には

ほんのわずかしかないかもしれません。インターネットの映画データベースで、SF映画ジャンルの要約を「出産」というキーワードで検索したところ、ほんの50タイトルだけしか見つからず、それらはほとんど不明瞭でした。）SF映画における誕生の場面のほとんどは人間ドラマに注目していて、それを取り巻く医療インタフェースにはあまり触れていません。私たちが見た唯一の事例は、『スター・ウォーズ エピソード3/シスの復讐』であり、そこではパドメがルークとレイアを出産します。

この場面では、モニタリング情報の立体表示が見られます。これらはパドメ（母親）からは見えず、単にレイアの情報だけが表示されているように見えます。双子の情報を示しているようには見えません。また、他の医師と見られる人物はこの場にはいません。したがって、これらの立体表示の存在および機能を説明するのは難しいといえます。出産に関わる他の唯一の技術は、助産師ロボットです。

チャンス 母親が赤ちゃんの情報をリアルタイムで受け取る

たとえ多くの母親が自然分娩を選ぶにしても、彼女たちは苦難のなかでも出産の進行状況や新生児の健康状態を知るための技術に興味をもつでしょう。産道を通る胎児をリアルタイムに可視化することは、母親自身が負わなければならない肉体的な努力に集中し続けることを助けることになるのでしょうか？ 重要な段階が合併症なしで通過できたという確証は、母親を安心させるでしょうか？ 心臓の鼓動が聞こえることは、医師が出産を助ける緊張感のなかで周囲の状況を把握するのを助けるでしょうか？ いくつかの家事やタクシーのシステムは、医療施設へ到着する前に始まってしまう緊急出産に関して、母親

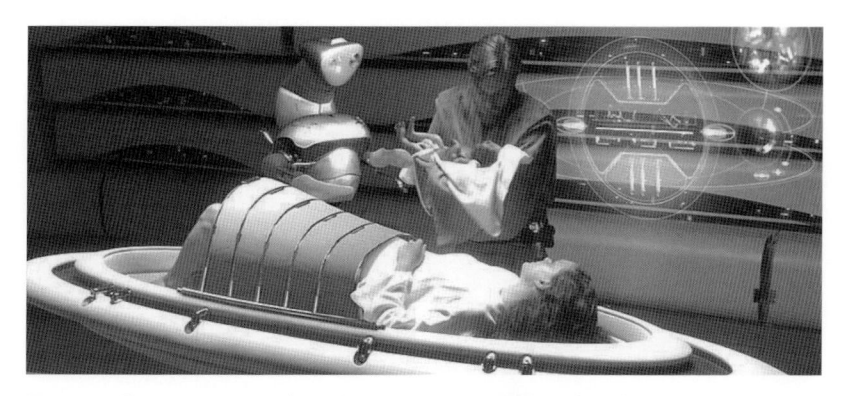

図12.31 『スター・ウォーズ エピソード3/シスの復讐』（2005年）。

を支援するでしょうか？ SF 映画では、出産前の技術が欠如しているようにも見えます。立体投影表示が一般的になるなかで、母親は自分の体内で育つ子どものイメージを見たり触ったりしたいと思うでしょうか？

蘇生

SF 映画で私たちは、死あるいは死の瀬戸際からの蘇生を見かけることがあります。それは蘇生が劇的であると同時に、現在の技術では不可能であるがゆえに、感動的に見えるからです。これらの技術やインタフェースには、特別の傾向はありません。もちろんそれらはすべて非常に考えさせられるものです。

『地球の静止する日』では、人間型エイリアンのクラトゥが殺されたとき、彼のロボットであるゴートは彼の遺体を宇宙船に運び、特別な診察台の上に彼を安置します。ゴートはいくつかの明かりを手で塞いで、壁のスイッチを入れます（図 12.32a）。クラトゥの頭が保持され、診察台が明るい光でいっぱいになり、彼はあたかもちょっと眠っていただけだったかのように目を覚まします。そのインタフェースは、発光する診察台と、クラトゥの頭に向かって突き出た透明な棒状のものだけです（図 12.32b）。診断も投薬もありません。宇宙船が非常に小さいので、この装置は汎用的な処置台であり、死者を蘇生させることだけが目的ではないということがわかります。

イギリスのテレビドラマ『秘密情報部トーチウッド』では、「復活グローブ」とよばれる蘇生手袋をはめたエイリアンは、数秒間だけ一時的に死者を蘇生することができます。たぶんそれは殺人者を特定するために必要な質問をするには十分な時間ということなのでしょう。グローブは手に着用され、死者の頭の上に置かれます（図 12.33）。蘇生した人は混乱します（彼らはまだ死んでいることを

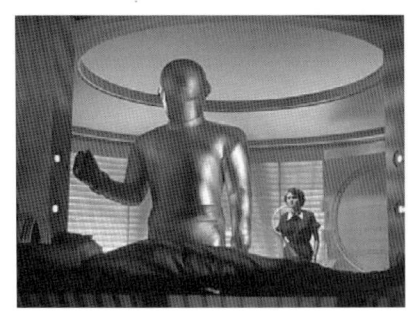

図 12.32a,b 『地球の静止する日』（1951 年）。

医療

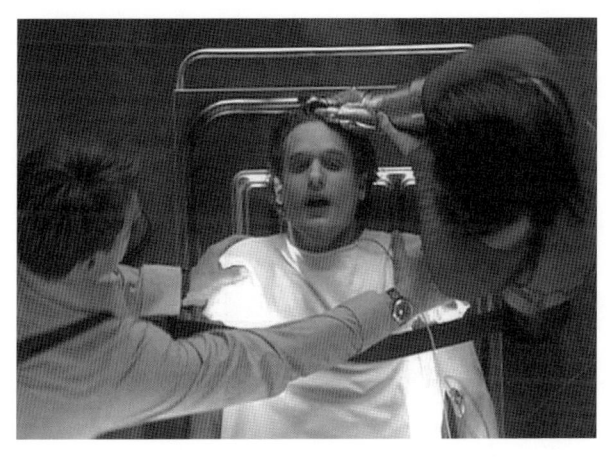

図12.33 『秘密情報部トーチウッド』（2009年）。

理解していないのです）。そして彼らが蘇生しているその短い時間のほとんどが、何が起こっているかの説明に費やされます。そのような場面が、『秘密情報部トーチウッド』にはしばしば登場します。グローブの説明がないので、エイリアン以外はそれをうまく使用する方法を知りません。にもかかわらずそれは、直接的で物理的なインタラクションであり、シンプルで人間工学的なデザインをはっきりと示しています。

さらに極端な一例が『フィフス・エレメント』です（図12.34）。ここでは、唯一残っているものはリールーの手だけです。彼女の体の残り部分は、彼女のDNAから再生される処置室に置かれています。このシステムは完全に自動化され、つくりだされるものが危険な場合には中止する機能をもっています。

死の兆候

もし、ある登場人物が貪欲なバクブラッター・ビーストに食い尽くされていたら、SF映画の製作者は、死が生じたことを視聴者に知らせるためのいかなる演出も用意する必要はありません。私たちが『スター・トレック』（2009年）で見るように、ときにそれはとても大きなテキスト表示だったりします（図12.35）。

しかし、より静かでより尊厳のある死は、「ジム、彼は死んだ」のように告げるドクター・マッコイのような役柄を必要とし、または身近な発信方法を求めます。消えゆく光はもっとも単純で一般的な表現です。これは、命はものの内なる

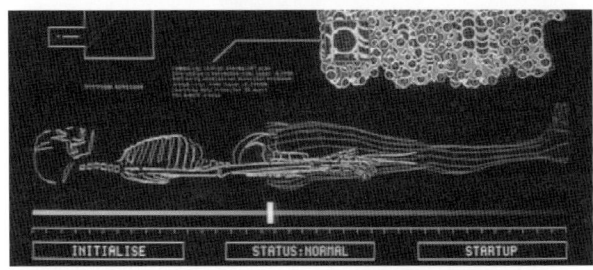

図 12.34a–c 『フィフス・エレメント』(1997 年)。

光であるという SF 映画では頻繁に見られる関連づけです。生命が終わるとき、光は消えていきます。

「消えゆく光」のインタフェースは『マトリックス』のなかで、トリニティーがネオの身体から取り出した死にかけている機械式の虫に使われています。抜き取られて、雨のなかで地面の上に放り出された後、その赤い光はゆっくり消えていきます (図 12.36)。視聴者は、何が起こったのかについて何の説明も必要としません。

『メン・イン・ブラック』には、この概念に微妙なひずみがありました。というのは、機械人間に変装した小さなエイリアンが、光が消えると同時に死ぬからです。たとえ生命維持装置の失敗だったとしても、私たちは小さな生き物が死を

図 12.35 「スター・トレック」(2009 年)。

図 12.36a–c 『マトリックス』(1999 年)。

迎える前の少しの間、光が衰えていくことを期待するでしょう。しかし光が、彼の死と同時に消えるので、彼の体がその何倍もあるロボットに動力を供給しているのか、あるいは単に死に対する尊厳から暗くするという、社会性や文脈予測のインタフェースについて表現しているのかのいずれかでしょう（図 12.37）。

　登場人物の死が視聴者に示される一般的な方法は、医療ドラマから取り入れられたものです。モニター画面の波形が水平になったり、または顔を曇らせた付添人が止めるまでアラームが鳴り続けたり、といったものです。モニターの画面表示が、死がどのように示されるかを決定します。したがって、波形が現われてい

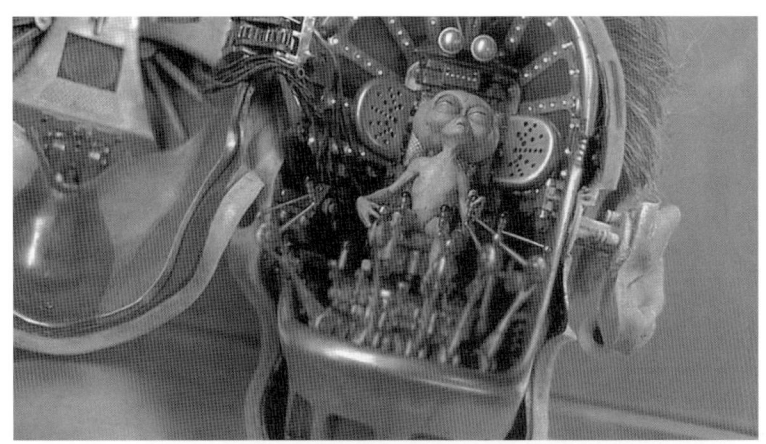

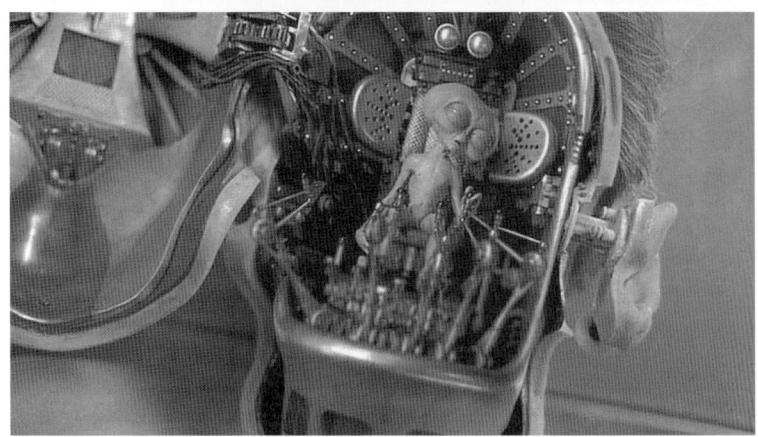

図 12.37a,b　『メン・イン・ブラック』（1997 年）。

る場合、私たちは水平なラインが最悪の事態を告げることを予期することができるのです（図12.38）。

> **レッスン** 静寂による死の尊重
>
> 現実世界の医療技術は、しばしば患者や介護する者や愛する者の感情に対して、無神経になることがあります。回復の見込みがなくなった者に対して、アラームが鳴り続けることは果たして何になるのでしょうか。医療技術はそのような冷酷な状況を考慮し、残された者に苦しみを与える情報を抑制することができるでしょうか。

医療インタフェースは危機的状況に焦点を当てる

技術は、私たちのまわりで指数関数的な割合で発展しています。それに比べれば、私たちの生物としての進化速度は実質的に凍結されているようなものです。いずれ銀河のまわりをたとえ光速を越える速度で飛んだとしても、私たちの身体は今となんら変わらないでしょう。そして、依然として頭痛にもなるのでしょう。SF映画のなかの医療は、私たちがよく知っている身体を通じて、未来の物語を理解させてくれます。

おそらく調査では、医療技術のいくつかの局面がすっぽり抜けているでしょ

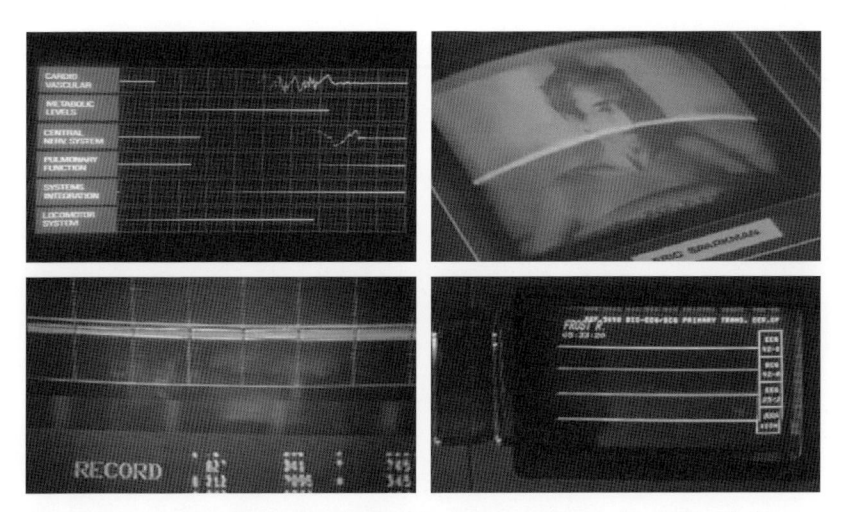

図12.38a-d 『2001年宇宙の旅』（1968年）、『スペース1999』（1975年）、『ブレインストーム』（1983年）、『エイリアン2』（1986年）。

う。SF映画の製作者は、変化の早い空想的な題材により興味があるのでしょう。それが第一に、彼らをSF映画に惹きつけるものなのでしょう。

　しかしSF映画は、物事をあまりに飛躍させることはできません。それは現代のパラダイムを拡張しているに過ぎないからです。医療用インタフェースとともに、良いデザイン思考によって現実世界にイノベーションを引き起こすようなインタフェース、そして新しくて実現可能な、問題解決に向けた技術を司るインタフェースを導こうとするとき、私たちはSF映画の試みから恩恵を受けることになります。このようにして、SF映画の医療は、地球上での生活をより良くする非常に現実的な可能性へと導いてくれます。

CHAPTER 13

性的行為

出会い	326
一人遊び	330
カップリング	336
SF と現実は違う	344

CHAPTER 13

図 13.1 『ヒューマノイドの創造物』（1962 年）。

エスメは兄のクレイグスに対して、召使いであり恋人でもある青い皮膚のロボットのパックスについて説明します。「パックスは私が幸せでいられるように、献身的に尽くしてくれるの。だから私は幸せなの。」クレイグスは嫌悪感を滲ませながら答えます。「お前が愛しているのはその……その、機械なのか？」エスメは身を乗り出して、力説します。「私はパックスが好きなの。」（図 13.1）。

性的行為は人間の経験の主要な部分を占めるので、SF 作品に性が関わってくるのは驚くべきことではありません。私たちの調査では、性に関連したインタフェースは主に 3 つのカテゴリーに分けられました。人々と技術、または性的行為をする人と技術が、どのように関連しているのかという観点で分類できます。

- **出会い**：性的行為をするために人々の出会いを支援する技術
- **一人遊び**：他の人間を一切巻き込まず、技術を使って性的行為をする
- **カップリング**：技術で性体験を豊かにしたり、技術を介して性的行為をする

出会い

恋愛や性交渉のために人々を出会わせるのが、出会いに関する技術です。相手に希望する条件を指定させたり、またはセックスに興味をもっている同士を会わせたりします。私たちの調査では、4 つだけ例を見つけました。

映画『2300 年未来への旅』で、ジェシカ 6 はサーキットに横たわります。サーキットは、性交渉の相手を探している人々をパートナーが見つかるまで部屋

性的行為

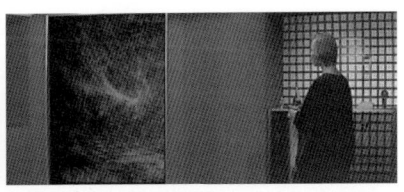

図 13.2a–c 『2300 年未来への旅』(1976 年)。

から部屋に物質転送するシステムです(図 13.2)。言いかえると、ラジオ番組を探すように相手を探すことと『スター・トレック』の転送装置を合わせたような働きをするのです。ローガン 5 が誰かと一夜を過ごしたいと思って、リモコンのような装置を握ってサーキットに向けます。数秒間チャネルを「チューニング」すると、候補者が小部屋のなかで実体化します。最初の候補者は男性でしたが、それはローガンが求めていた相手ではありません。ローガンはこの候補者を「デチューン」します。そして他のチャネルに合わせると、ジェシカが現れました。好みの外見だったので、ローガンはジェシカに手を伸ばして小部屋から出します。

この初期の技術は、インタフェースとして評価することが困難です。なぜなら、サーキットを作動させて候補者を選ぶために装置が使われていますが、その装置の詳細を見ることができないからです。見える範囲では、ローガンは、リモコンのようなものの上部にあるダイヤルを回しています。彼はゆっくりといくつかの値を設定しているのでしょうか。その設定とは何でしょうか。また、候補者側の人たちはラジオ局のようにそれぞれ違った周波数で自分の身体を放送していて、ローガンはそのチャネルをざっと見渡しているだけなのでしょうか。

候補者側の人たちは、同時に複数の場所にいることができませんでした。そのため、もしかしたらこの仕組みは、チャットルーレット(Chatroulette.com)みたいになっているのかもしれません。チャットルーレットというのは、ランダムに 1 対 1 でつながることができるビデオチャットサイトです。しかし、チャットルーレットとは違って、ジェシカが身体の転送を終了するためのインタフェースがないことがわかります。ジェシカ側の視点では、どのような体験になっているのだろうかという疑問が湧きます。

図 13.3a,b 『ときめきサイエンス』(1985 年)。

図 13.4a,b 『トータル・リコール』(1990 年)。

　さらに、ローガンが最初にチューニングしたときに出てきた候補者は、ローガンが興味をもてない相手でした。つまり、このシステムには好みを設定する機能がないか、設定した好みがあまり明確でないか、ローガンが普段と著しく違った気分だったためにそのときの好みを反映できなかったのです。また、理想的なフィルタリングの仕組みでは、ジェシカがローガンのアパートで実体化するのは妨げられたはずです。なぜなら、ローガンは「サンドマン」とよばれる法律執行人であって、ジェシカはサンドマンにまったく関心がないからです。

　映画『ときめきサイエンス』(「Weird Science」)に登場する2人の少年、ゲイリーとワイアットは、理想の女性の特徴を指定するために、彼らが女性に望む精神的・身体的な好みを表すような雑誌の切り抜きをスキャナに挿入します(図13.3a)。『ときめきサイエンス』は、成人雑誌「プレイボーイ」のモデルの脚やアインシュタインの英知を、どのようにシステムが再現するのかということを理解させるような映画ではありません。それよりもむしろ逆に、その場面では気軽に楽しくモンタージュをします。その過程にはたくさんの処理手順がありますが、それについては、視聴者に想像の余地を残しています。ゲイリーとワイアットはキーボードを使って、理想の女性の胸の大きさなどを調整します(図13.3b)。

　『トータル・リコール』で、ジョンは人工的につくられる休暇の記憶のなかで

性的行為

図 13.5 『ファイヤーフライ 宇宙大戦争』「契約と名誉」(第 5 話 2002 年)。

の、自分の恋愛対象のタイプを指定します。髪の色、体型、性的な積極性に関する 3 つの多項選択式の質問に答えます。最近のオンラインの出会い系サイトのユーザーは、理想的な恋愛対象を指定するには、これらの項目だけでは情報不足であるとわかっています。しかし、おそらく他の項目については、ジョンが記憶を植え付けられた休暇のなかでの行動を通じて、推測されます (図 13.4)。

テレビシリーズの『ファイヤーフライ 宇宙大戦争』のイナーラはコンパニオンで、芸事に長けた高級娼婦です。客に対して、性的行為を含むサービスを提供します。イナーラは客を選ぶために事前に場所についての通知を送ります。すると、客になりたい人がその場所から、客として選んでもらえるようにアピールするビデオをイナーラに送ります。イナーラのタッチスクリーンのインタフェースでは、そのビデオによる申込みを見返したり、拒否したいと思ったら却下できたり、志願者と直接ビデオチャットしたりできます (図 13.5)。このシステムには、コンパニオン同士のネットワークによる協調的なフィルタリングの機能があって、危険な客は排除されます。

なぜ出会い系の例は、これほど少しのものしか見つけられなかったのでしょうか。『ファイヤーフライ 宇宙大戦争』以外の作品は、現実世界で出会い系サイトが一般的になる前に登場しました。ひとたび多くの視聴者がこのようなさまざまなシステムを直に経験してしまったら、このような技術はもはや未来的には見えません。さらに、とてもたくさんの情報を入力しなければ良い出会いにならないことをもう視聴者はわかっていますが、情報をたくさん入力する過程はあまり映画的ではありません。

チャンス 現代的に出会わせましょう

より最近の技術の発展のなかには、未開拓の潜在能力をたっぷり秘

めた出会い系の技術があるように思います。たとえば、ソーシャルメディアのストリームや公のデータセットから、好みを丁寧に抽出できるのではないでしょうか。システムは、今までの不健康なパートナー探しの習慣を止めさせられるのではないでしょうか。友達の経験や評価から見積もって、システムが前もって合いそうな相手を選別しておくことができるのではないでしょうか。ユビキタスセンサーや繊細なアクチュエーターを使ったら、自分に合う人との出会いは、どれほど魔法のようで繊細なものになりうるのでしょうか。もし万能コンピュータが2人の人間がお互いにうまくいくと知っていたら、環境に溶け込むか、拡張現実の技術を使って彼に彼女の存在を気づかせるのではないでしょうか。混みあったバーを横切るときに彼女の笑い声を増幅させるとか、彼女が彼の方を見たときに、彼の頭の上に細い光が刺さるようにして。出会わせる技術は、愛のように、「目に見えないもの」になるでしょうか。

一人遊び

次に、人々が技術を使って性欲を解消することについて扱います。このような技術は、物理的で機械的な装置のようなものから、本物の人間と性行為をするのとほとんど見分けがつかないものまであります。

装置

この調査では性行為に関する装置は、たったの2つの例しかありませんでした。どちらもディストピアとして描かれています。最初の例は『THX-1138』で、圧政的な政府は、住民たちが性欲を解消するための基本的な要求に対応したり制御したりするための技術を提供してきました。

登場人物 THX-1138 は激務の後に帰宅して、長椅子に座ります（図13.6）。チャネルを合わせると、打楽器の音色にあわせて肉感的に踊る女性の立体映像が流れます。機械が天井から下りてきて、THX-1138 の男性器にはまります。そして彼が射精するまできっかり30秒の間、機械的に上下します。小さな赤い光が緑色に変わると、機械は天井に戻っていきます。THX-1138 は他の娯楽を探して、チャネルを次々と変え始めます。

コメディの『スリーパー』には、電話ボックスのおよそ2倍の大きさの「オルガストロマシン」とよばれる機械が登場します。そのなかでルナと客が性行為をすることを決める場面では、未来における、取引き的で意味のない性行為が描

性的行為

図 13.6a–c 『THX-1138』(1971 年)。

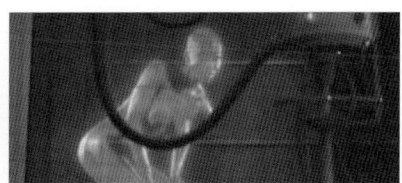

図 13.7a,b 『スリーパー』(1973 年)。

かれています。オルガストロマシンを動作させるには、ドアを開け、なかに入ってドアを閉めます。機械の最上部の赤いランプが光って、あえぎ声が聞こえ、6秒後には緑色のランプで行為が終わったことを示します（図 13.7）。ルナたちは、オルガストロマシンから出てくると、何もなかったかのように会話を続けます。ドアの開閉が、唯一必要とされるインタフェースに見えます。

> **レッスン** 小さなインタフェースは経験の価値を小さく見せます
>
> 『THX-1138』と『スリーパー』に出てくる性的行為用の機械はどちらも、装置稼動中には小さな赤いランプがついていて、終わると静かに緑色のランプに切り替わります。『スリーパー』ではコメディ的な効果に使われていて、『THX-1138』ではディストピアを描写するのに一役買っています。しかし、これらのインタフェースからのメッセージは、それぞれ同じものです。もっとも深く夢中になる経験であるはずの性的行為は、たいしたことのない使い捨ての経験になってしまいました。これらの貧相なインタフェースは、もし素晴らしい映像

や見事な音楽で表現されていたとしても、豊かな経験とミスマッチであるという印象は拭えないでしょう。現実世界のプロダクトやサービスのデザイナーは、これと同じようなミスマッチを避けるよう気をつけるべきです。インタフェースは使えるようにするだけでなく、経験全体に関する情報を伝えるものでもあります。機能的で冷たい感じが適切な場合もありますが、もしも豊かで魅力あるものを表現しようとしているのなら、そのインタフェースはそういう風に具象化したほうが良いです。

現実世界には、今まで示してきたSF作品よりはるかに多くの似たような性的インタフェースの例があります。フレッシュライトやフレッシュジャックのようなローテクの手淫具から、リアルタッチやファッキングマシーンなどのより洗練された装置まで、性的満足のために使われる実在の製品はバラエティに富んでいます。しかし、性的な技術が作品中に描かれている場合でさえ、SFにはそういった製品は出てきません。

セックスロボット

セックスロボットは、人間と性交渉できるアンドロイドです。この調査で見つかった性的な技術の例のなかでは、群を抜いてポピュラーなものです（図13.8）。

これには多くの理由があります。セックスロボットは描くのが簡単です。特殊効果用の予算もかかりませんし、性的な魅力を視聴者にそれほど説明する必要がありません。さらに、より機械的な装置と比べると、はるかに視聴者の気分を害しません。

このことはまた、この調査における性関連の技術のもっとも大きなグループは、視覚的なインタフェースを通じてではなく、声やジェスチャー、ある程度の人工知能に裏づけられた接触といった、社会的なインタフェースを通じて利用できるようにしていることも示しています。唯一の例外は、『セレニティー』でミスター・ユニバースと結婚した恋人ロボットです。彼女を操作するためのリモコンが少しだけ画面に映っています（図13.8h）。

テレビシリーズ『バフィー/恋する十字架』で、バフィーに振られたヴァンパイアのスパイクは、バフィーに対する性欲と支配欲に満ちた妄想にふけるために特別につくられたセックスロボットをもっています（図13.8f）。ある場面で、前戯中にバフィーロボが「スパイク、我慢できない。あなたのことが好き。」と

性的行為

図 13.8a–h 『ビキニマシン』(1965 年)、『ウエストワールド』(1973 年)、『オースティン・パワーズ』(1997 年)、『A.I.』(2001 年)、『ステップフォードの妻たち』(1975 年)、『バフィー / 恋する十字架』「仲裁」(シーズン 5 第 18 話 2001 年)、『宇宙空母ギャラクティカ』「33 分の恐怖」(シーズン 1 第 1 話 2004 年)、『セレニティー』(2005 年)。

いいます。スパイクはその告白で調子づいて、「君は僕のものだ、バフィー。」と返します。バフィーロボは一瞬止まって「プログラムを再起動しますか？」と尋ねてきます。スパイクは不安を顔に浮かべ、「しっ！ 君はプログラムじゃない。その言葉を使わないでくれ。バフィーでいてくれ。」といいます。

レッスン　シミュレーションであると気づかせないようにしましょう

本物を利用できない場合、技術は都合の良い代役になりえます。しかし、シミュレーションにおいて重要なことは、人の不信感を忘れさせるような「本当らしさ」です。間違ったタイミングで技術的な真実が露見すると、実物は手に入らないということの方に注意を引きつけてしまうかもしれません。そうするとそこでの感情は偽物となり、雰囲気を台無しにしてしまうでしょう。とくに、通常は仮想現実である性的な技術を用いる場合、デザイナーは社会的な活動の自然な流れに配慮すべきであり、不適当なタイミングで技術的なことを暴露するのは避けるべきです。

仮想的なパートナー

　セックスロボットは物理的なものでしたが、仮想的なパートナーもありえます。

　『スター・トレック　ヴォイジャー』シリーズの「消えた村の謎」での例があげられます。ヴァルカン人には7年ごとに「ポンファー」とよばれる発情期が訪れます。ヴォーラックという名前のヴァルカン人乗組員のポンファーによる性的欲求を満たすために、ドクターはホロデッキの仮想空間での治療を試みます。数光年以内の会えるような範囲には、相手となるヴァルカン人の女性がいなかったからです。同じシリーズの「セブンになったドクター」にも似たような筋書きの場面があります。ヴァルカン人のトゥヴォックは、ホロデッキで銀河の向こう側にいる妻と性交渉をすることによりポンファーの衝動を満たして、火遊びの恋に走らないようにしました（図 13.9）。『スター・トレック　ディープ・スペース・ナイン』シリーズで、フェレンギ人の商人クワークは、しばしば性的な目的で同様のホロデッキを借ります。このような仮想的なパートナーは、ユーザーにとって感覚的な違いはなく、セックスロボットと同じく快楽のために存在します。

　『マトリックス』で登場人物のマウスは、主人公のネオに対して「赤いドレスの女を気に入ったのなら2人きりにしてやるよ」と性的な意味を含ませながらいいます。赤いドレスの女は、仮想世界の訓練プログラムに出てくるキャラク

性的行為

図 13.9 『スター・トレック ヴォイジャー』「セブンになったドクター」（第 7 シーズン 第 7 話 2000 年）。

図 13.10 『マトリックス』（1999 年）。

ターです（図 13.10）。この提案をネオが受け入れたのかどうかは、映画のなかでは描かれていないのでわかりません。しかし、仮想現実は現実世界と見分けがつかないので、そのような逢い引きはセックスロボットやホロデッキのなかとほとんど同じように、きちんとできるのだろうと考えられます。

チャンス 思い描くのではなく、そのものになりきる

『スター・トレック』のホロデッキや、『マトリックス』のコンストラクトとよばれている仮想現実のように、SF 世界の性交渉が仮想のものとして表現されるとき、人間または人間の形をしたものが現実の人間の代替となります。人として表現することで、システムに無限の

適応性を与えることができ、性体験と表現の幅が広がります。だれが、白鳥や半人半獣のケンタウロスやロボットを性交渉の相手として選ぶのでしょうか。相手として、毛がふさふさしたアバターを選ぶ人はいるのでしょうか。

カップリング

　カップリング技術は、人間同士が性的行為に及ぶことをある方法で支援します。カップリング技術をさらに2つのサブカテゴリーに分けました。1つめは、雰囲気づくりを助けるささやかなきっかけを提供するなどして技術を使って性的行為を拡張します。2つめは、技術を介した性的行為です。人々は、そういった機能をもつ技術を使って性的行為に及びます。

技術で拡張する

　性的行為を拡張する技術は純粋に行動を大胆にさせます。興味深いことに、これはポルノグラフィからの調査のひとつの例です。
　『セックス・ワールド』は、SF映画『ウエストワールド』のポルノパロディです。ラルフが誘惑されているベッドルームで、ラルフと彼のパートナー（セックスロボット）の会話をセクシーな音楽が邪魔して、ラルフは驚きます（図13.11）。ラルフはパートナーに「音楽はどこから鳴っているんだ？　君が鳴らしているのか？」と尋ねます。パートナーは「どうしたの？　私はここよ。抱い

図13.11　『セックス・ワールド』（1978年）。

て。」と答えます。

　音楽がどこからともなく聞こえてきて注意を引きつけるので、ラルフは当惑しています。ラルフは誰かに見られているように感じるとともに、次の行動への合図を出されているような気にもなっています。このことは、おそらく彼の自意識にとってあまりよくありません。

レッスン　さりげない合図を出しましょう

　自動化された光や音の変化で場の雰囲気を変えるとき、光や音そのものが注意を引かないように、変化をゆるやかにしてください。急な変化は体験や目的からユーザーの気を逸らし、目先の行為に集中できなくなってしまいます。

チャンス　すべてを拡張する

　洗練されたアクチュエータを介してコンピュータで制御できる、性的に興奮した気分にさりげなく移行させるような刺激がたくさんあります。少し例を挙げると、音楽、温度、色、光、匂いなどです。これらの制御はどれくらい繊細で、効果的でしょうか。これらの刺激のうちいくつを、またどの程度制御できるでしょうか。遠い未来には、誰かを誘おうとしたときの雰囲気づくりのために天候や景色を自分自身で調整できるような空間をもてるようになるでしょうか。

サイボーグ

　サイボーグは、肉体そのものを機械的に拡張した人間です。サイボーグとの性的なやりとりの例は、この調査でたった1つだけ見つかりました。

　コメディー映画『スペース・トラッカー』(「Space Truckers」) で、シンディーは、サイボーグの悪漢マカヌード船長から人工装具による愛撫を受けて、興奮すると同時に恐怖を感じます。人工装具をつけるために、マカヌードは芝刈

図 13.12a,b　『スペース・トラッカー』(1996 年)。

り機のスターターのように力を入れてコードを引きます。すると、シンディーとマカヌードの顔（図 13.12）を照らすように彼の股から冷たい光が出て、掃除機のようにうなる大きい音が聞こえます。マカヌードにとって不幸なことに、装置は故障してしまい彼はそれを修理するために手間取ります。SF 映画のなかの多くの性的インタフェースのように、この装置は不適当で非人間的であるものとして描かれています。

技術を介する

　技術を介する場合、性交渉の許可を与えるためのメディアとして技術を使用し、2 人の人間同士のパートナーたちは、ときにはどんなスキンシップをも排除して体の関係をもっています。このサブカテゴリーでは、スキンシップを妨げるものだけでなく、もっとも興味深く先見の明がある例を示しました。

　『デモリションマン』のヘッドギアについては、p.167 に脳インタフェースとして書きました。穏やかなテレパシーヘッドギアは、ハイテクなコンドームとして発明され、恋人たちに非接触で肉感的なイメージを供給します（図 7.36 参照）。これは、合意のうえでの技術を介したセックスの例です。次に挙げる『アウター・リミッツ』や『バーチャル・ウォーズ』の例では、もっと高圧的に使われています。

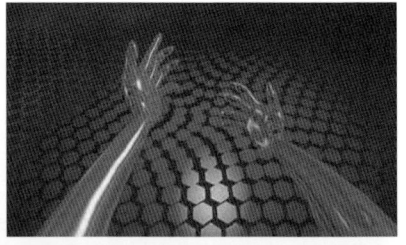

図 13.13a–c 『バーチャル・ウォーズ』（1992 年）。

『バーチャル・ウォーズ』では、ジョーブがマーニーを薬物によるトリップのようなバーチャルセックスへと誘う場面が特徴的です。ジョーブは、人間くらいの大きさのジャイロスコープから吊るされている仮想現実スーツに、マーニーを固定します。ジョーブも似たような装置に自分自身を固定します。

仮想世界でマーニーは、はじめは仮想化された身体が絡み合い結合する（図13.13）という、奇妙で新しいセックスのやり方を喜びます。しかし、ジョーブは精神障害者で、薬物によるトリップのようで肉感的な状態から、感覚の衝動に歯止めが効かない危険な状態に場面は転換します。

レッスン　ユーザーにセーフワードを与える

セーフワード（危険回避のための合図の言葉）の実践は、ボンデージや調教、SMのプレイでは、すでに確立された方法です。これは没入型の性的な技術にも同様に当てはまります。性的欲望のぎりぎりの線を探求することは楽しいでしょうが、安全でなかったり、怖かったり、合意のうえでない一線を越えたりする場合には、プレイをやめて、気持ちを制御する方法を用意しておくことが必要です。これはシステムのつくり方によって、さまざまな形式をとることができます。音声認識システムでは、セーフワードは実際にはあまり使わない単語かフレーズを使います。

セーフワードは、即座に認識できて、簡単に思い出せるもので、その場面にいるユーザーが偶然いってしまうことがないようなものが理想的です。慣れないセーフワードは興奮しているときには思い出しづらいので、標準的なセーフワードが明らかになっています。2011年にサラ・スメリーが行った調査では、彼女の読者たちが選ぶセーフワードのトップは、バナナ、パイナップル、レッド（赤信号を思い起こさせる）でした[1]。

このレッスンは、性的行為とは関係のないインタフェースへも、同じように当てはめられます。初期状態に戻るための、いつも使える、アクセシビリティの高い操作があれば、ユーザーは気持ちよく初期状態に戻れます。気持ちよく戻れるので、恐れずにいろいろ操作してみるようになります。Webサイトには以前から、安心感を提供するためのホームボタンがあります。同じ目的を果たすために、アップル社のiPhoneには、正面に1つだけハードウェアのボタンがついて

---

[1]「2011年のセックスに関する調査：セーフワード」（サラ・スメリー，2011）http://thescope.ca/sex/2011-sex-survey-safewords

図 13.14 『アウター・リミッツ』「スキン・ディープ」(シーズン 6 第 3 話 2000 年)。
います。

テレビドラマの『アウター・リミッツ』(「The Outer Limits」)では、今まで挙げた例とはまた違った恥知らずな技術の使い方が見られます。「スキン・ディープ」というエピソードで、容姿が醜いコンピュータプログラマーのシッドは、ハンサムで立体的な変装道具を身につけます(図 13.14)。シッドと彼のルームメイトは、彼らの本当の外見には見向きもしないような人たちを口説くために、盗んだ正体を利用します。

図 13.15a,b 『バーバレラ』(1968 年)。

図13.16a–c 『フラッシュ・ゴードン』（1980年）。

　デュラン・デュラン博士の「度を過ぎた機械」は、p.130の音のインタフェースとして最初に紹介しました。しかし、その機械の主な目的は、性的拷問だと思われます。デュラン・デュラン博士は、機械のなかの裸のバーバレラを動けなくします（図13.15a）。そして、彼がそのオルガンのようなキーボードを弾くと、目に見えない機構が苦しいほどの絶頂に達するまで、バーバレラを刺激します（図13.15b）。

　『フラッシュ・ゴードン』の性的技術は、調査したなかでもっとも古いジェスチャーインタフェースの1つであることに加えて、数少ない着用できる装置でもあります。ミン皇帝は、まずデイルの心を奪うために指輪を使います。デイルが指輪による催眠術の影響を受けている間、ミンは離れたところからジェスチャーでデイルを刺激し、結婚相手としてふさわしいかどうか、性的な反応をテストします。

　このインタフェースは、とても直感的に表現されています。遠近感により、ミンが離れたところにいるデイルのシルエットに手をかざすと、まるで小人を愛撫する巨人であるかのように錯覚します（図13.16）。

レッスン　**現実世界の物を選択するときは視覚トリックを使う**

　　　人は、手を物理的な操作に使うのが得意です。デザイナーはジェスチャーインタフェースに、人々の器用さを活用することができます。周囲の環境にある物に対して、ある物を指定するために指を差すような動きをする器用さです。たとえば人ごみが映っている画面のなかの人物を軽くタップして選択するだけでテキストメッセージの受信者を指定することを想像してください。そのようなインタラクションは、

具体的でわかりやすくて、練習しなくてもできるジェスチャーでしょう。

システムはユーザーの視界に介入して、その上にユーザーの手の位置を写像する必要があるでしょう。また、着用可能な拡張現実感が、ちょうどそのジェスチャーをするのに理想的な位置にあるように見せます。

ミンのインタフェースは、映画のようにはうまく機能しないでしょう。もし見せかけの視界が、撮影しているカメラにとって正しく見えていたとしたら、それはミンにとっては正しく見えていません。

ミンの視界から見ると、彼の手は横に逸れていて、デイルを愛撫していないでしょう。さらに、見せかけの視界は、両目で見ると機能しません。近くにある物で、自分自身で試してみてください。注目していない部分が二重に見えて、縁を触ることは不可能だとはっきりわかります。さらに物に近づくと、どちらの目からも、よりずれて見えます。

このことは、1章で述べられているような弁証学が登場する機会になります。おそらく、ミンの遠隔おさわりシステムは、見せかけの視界が不要なくらい先進的です。もしもシステムが十分に賢ければ、デイルを識別するミンの目を見て、デイルの姿にミンのジェスチャーをマッピングします。ミンが手をどこで握ったのかとか、それがどれくらい正確にデイルの姿と合っていたのかといったことは関係ありません。インタフェースの概念において、ミンが視線の向く方向に指輪を向けるということは、彼の視線やジェスチャーを追う技術をわかりやすく表現している方法にすぎないのです。

レッスン ジェスチャー入力を満足させる

空中で正確な形を描くこと、とくにそれを持続させるのは、難しいことです。まったく異なるジェスチャーを定義することによって、正確に入力することへのストレスからユーザーを解放してください。そうすることによりシステムは、ユーザーの意図を正しく汲みながら、より不正確な入力でも許容できるようになります。

技術を介した性的行為の最後の2つの例には、他の人間の性交渉をあらかじめ記録しておいて、それをユーザーに体験させるシステムが出てきます。

『ブレインストーム』では、知覚を記録・再生するシステムの開発および商業

図 13.17a–c 『ブレインストーム』（1983 年）。

化を扱っています。ヘッドマウント型の部品は「ハット」とよばれています。研究所の助手の 1 人がハットを被って愛人との性交渉を記録したテープを、研究所の所長が自宅にもち帰って絶え間なく再生します。知覚に過剰な負荷がかかって、薬を過剰摂取したような状態になってしまいます（図 13.17）。

『ストレンジ・デイズ/1999 年 12 月 31 日』のレニーは、五感の記録を売り歩く未熟な行商人です。売っている記録には、しばしば性的行為に関するものも含まれています。『ブレインストーム』と同じように、人々は性的な体験を記録したり再生したりするのに、ある装置を着用する必要があります。この装置は「スクイッド」とよばれています。『ブレインストーム』に出てくる装置と同じような機能を備えていますが、『ストレンジ・デイズ』の方が 10 年以上後につくられているため、技術が発達しはるかに小型になっています（図 13.18）。

図 13.18a–c 『ストレンジ・デイズ/1999 年 12 月 31 日』（1995 年）。

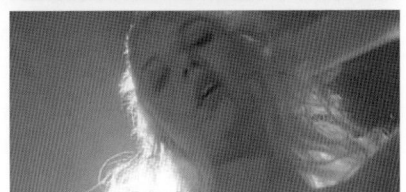

どちらの場合も、そのインタフェースはシンプルです。記録と再生はヘッドマウント型の装置で実行されて、そのための特別なインタフェースはありません。再生は、テープ方式のフィルムや、CD-ROM風の標準的な記録メディアの操作によって制御されます。これら2つの例では、いつでも再生できる非同期的な性的体験が実現されています。また、男女の役割を交換できたり、多人数での性的行為の可能性を暗示しています。

SFと現実は違う

性に関連した技術のすべてを調査で探しているときに見えてきたポイントでもっとも興味深かったのは、インタフェースが欠けているということです。いくつかの遠隔操作や、良い相手と出会うために入力する必要がある情報、数種のヘルメット、多少の機械はあります。しかし、セックスロボットの圧倒的な表現を見ればわかるように、性的な技術の中身は、いつも他の人間です。性欲は、そもそも動物の生殖が成功しやすくするように進化したので、これは理にかなっています。当然のことながら、人間の性欲というものは相手となる人との関係に対して最適化されています。インタフェースのデザイナーは、しっかりとこのことを覚えておく必要があります。性に関連したインタフェース技術は性欲を満たすという目的に対してのみ使用できる、ただの不便な手段でしかありません。だからこそ、インタフェースは可能な限り使用に適したもので、統合されていて、独立したものであるべきです。そうすればユーザーは手元のより重要なことに集中できるようになります。

また、性的行為というテーマには、本書の他のトピックでは見られない難しいところがあります。この調査における他のトピックでは、現実世界のデザインとSFの間の互いに影響し合う作用について、性的な技術や性的なインタフェースとは、ほぼ正反対の効果が見られます。SF映画のなかでは、性的な要素は物語から視聴者の注意を逸らす傾向がありますが、実際の生活のなかでの性的な技術は、性的なこと自体の方が物語の中心（または少なくとも中心となる活動）です。このことは、映画やテレビのなかで、性的行為がよく軽薄で刺激的なやり方で扱われている理由を説明しています。作家やディレクターは、物語を脱線しないこと、しかしそれでもなお、予想外でおもしろく、また驚くような何かで、視聴者を興奮させることを期待しています。他方で、現実世界の性的な技術の開発者は正直に、自分自身や他人のために、性的な体験を増大させたり変えたりしようとしています。ですので、彼らの探求は、より興味深くて現実的なのです。

CHAPTER 14

SF の先へ

SF を活用する	346
SF を越えて	347
そして来るべき SF の世界へ	350

CHAPTER 14

　この本を書き終えることは、長くて楽しい旅でした。本書では、もっともよく知られて、愛されて、影響力のある映画とテレビドラマを取り上げるようにしました。もっとも初期の無声映画から、コンピュータで生成された最新の非常に現実的な大作までを調査して、インタフェースがかっこよすぎて話の筋が頭に入らなくなるような、私たちを夢中にさせる「インタフェースポルノ」となるような場面のある作品を取り上げました。

　SF作品のインタフェースを、たくさんのさまざまな視点で見てきました。物理的な制御や、多様な入出力といった使いやすさの側面、擬人化のような心理学的な側面、脳インタフェースのような最先端の技術、そして学びや通信のインタフェースのような、広範囲にわたる有用性を考察しました。

　私たちは100を越えるレッスンを得ました。それらは、詳細を明確にするものから、上位レベルの原則や将来の仕事のためのヒントにまで渡りました。

　ただし、そこからすべてを取り出せたわけではありません。紙面の都合でいくつかの話題は割愛せざるをえませんでした。少しだけ例を挙げると、化学のインタフェース、武器、宇宙服、宇宙船に関する調査についてです。取り上げられなかった映画やテレビドラマもありました。私たちの専門分野外であったり、単に時間がなくて調べることができませんでした。

　しかし、いまや私たちはここまで来ました。超空間から出て星を見渡しましょう。そして、それらの意味するものを考えましょう。

SFを活用する

　SFからたくさんのレッスンを集めてきましたが、1章の最初のレッスンがおそらく1番重要です。そうです、SFは楽しいものです（私たちがSF映画を愛しているということは間違いありません）。しかし、さらに私たちは、インタフェースやインタラクション、体験をデザインする方法を改善するためにSFを活用することができます。

　私たちは、SFから得た教訓が実用に際して限界があるということに気づいています。SFだけでは、インタフェースデザインの教科書としては不完全です。SFはいろいろなことを伝えてくれますが、何でも教えてくれるほど親切ではありません。SFがつくり出したインタフェースは、副産物に過ぎないということを心に留めておくべきです。SFは人を楽しませることに焦点を当てています。そして、見る人を楽しませようとすることが、SF由来のインタフェースに影響しています。SFでは、想像上のインタフェースが現実に使えるかどうかまで考慮されていることは非常にまれです。

それらをふまえて、インタフェースが視聴者にとって有効であるならば、現実のユーザーにとっても何か役に立つことがあるのではないかと、繰り返し見てきました。現実に役に立つ点が何であるかを見つけ、私たち自身の仕事のインスピレーションとして使うことも、想像上のインタフェースの見方のひとつです。

> **レッスン** 視聴者にとって効果的ならユーザーに役立つ部分がある

SFのインタフェースは、視聴者にとって理路整然として筋が通っている現実をつくる助けになります。そういった点で、視聴者はユーザーの一部であるといえるでしょう。そして、想像上のインタフェースは、視聴者が物語を追うことができるかどうか、という点で試されています。現実のユーザーも、そのインタフェースの使い方に固有の物語をたどります。それは作品と同様に首尾一貫している必要があります。この類似性により、私たちは映画で観たものから学ぶことができます。ユーザー体験としては別々のものを意図しているにも関わらず、そこから学ぶことができるのです。やっかいな点は、物語でのみ有効で現実世界では役に立たないものを切り分けることです。ですが、これこそデザイナーとしての経験を使うところです。

SFを越えて

インタフェースデザイン研究の題材としては、伝統から外れたものを選んだことで、私たちは現実世界の仕事のヒントになる「よそ者」を分析するプロセスを見つけました。SFだけがそういった分野ではありませんが、SFを調べることでこの調査ができあがりました。読者はきっと、この本の1章で紹介したプロセスを参考にして、他のジャンルやメディアに応用することができるでしょう。この調査で用いたテクニックや分析アプローチ（弁証学的なものも含む）は他の想像上のインタフェースを研究する際にも有効であると確信しています。私たちは、明確にインタフェースとわかるものが登場するSFを題材にしました。しかし、取り扱えていないものがたくさんあることは明らかです。

たとえば、スーパーヒーローものやスパイものの多くにはガジェットが登場します。『ミッション：インポッシブル・ゴーストプロトコル』ではジェスチャー操作を取り入れたヘッドマウント・ディスプレイを視聴者の案内のために使っています（図14.1a）。スチームパンクのジャンルでも想像上の技術は登場します。『シャーロックホームズ』（図14.1）のように、一つひとつはそれぞれの時代性

CHAPTER 14

図 14.1a–b 『ミッション：インポッシブル・ゴーストプロトコル』(2011 年)、『シャーロックホームズ』(2009 年)、『スペースボール』(1987 年)。

を取り入れてはいますが、想像上の技術であるといえます。SF コメディ、たとえば『スペースボール』のような作品では、笑わせるために技術を使ったユーモアの層が加えられています（図 14.1c）。想像上の技術を使った作品であれば、なんであれ、調査の対象として相応しいインタフェースが登場することでしょう。

他の分野でも想像上の技術が登場するものがあります。たとえばビデオゲームです。また、勇敢な方には、SF 小説という底なし沼があるとお伝えしておきましょう。

調査対象については、娯楽作品に縛られる必要はありません。企業による映像作品やデザイン調査で登場する空想的なフィクションを調べていくこともできるでしょう。たとえば、ゼネラル・モーターズ社が 1956 年のモトラマ・トラベリング・オートショーで発表した映像作品は、企業が空想的なフィクションを使ってブランドと今後の展望をアピールした最初の例です。2 章で取り上げた、フリッジデール社の素晴らしくドラマにあふれた企業映像「デザイン・フォー・ドリーミング」もその 1 つだといえるでしょう。この映像作品は、現実のキッチンではなく想像上のキッチンを映したものです。もちろん、そこには取り上げきれていないレッスンもあります。

より最近の例では、1980 年代のアップル社のナレッジ・ナビゲーターのコンセプト映像があげられます。それは、アップル社の CEO ジョン・スカリーの命を受けて、20 年後の未来の技術を描いたもので、アップル社の R&D からでたアイデアをもとにしていました（図 14.2a）。その映像では、音声認識や音声応答、ハイパーメディア、オンラインメディア、そしてオンラインコラボレーショ

SFの先へ

図14.2a,b　アップル社のナレッジ・ナビゲーター（1987）、サン社のスターファイアー。

ンやテレビ会議、エージェントシステムなどのインタフェースや技術を取り上げていました。このプロジェクトにより、技術をもつ企業はビジョンをつくるようになっていきました。たとえば、サン社は7年後に「スターファイア」をつくりました（図14.2b）。

　実際のところ、現実世界のデザインのほとんどは、SFのようにフィクションであるといえます。たとえ、インタフェースが現実のプロダクトやサービスのためにデザインされたとしても、それらは本質的には想像や空想のプロセスを経ています。デザイナーとして、私たちは現実の調査に基づいてペルソナをつくります。しかし、それらはやはりフィクションのなかの登場人物なのです。私たちはペルソナのためのシナリオ（ストーリー）もつくります。そこでつくられたシナリオは、フィクションです。映画やテレビとまったく違うものだとはいえません。そして、私たちはプロトタイプをつくります。プロトタイプもやはりフィクションです。プロトタイプの目的は、現実のユーザーにとって機能する製品をつくりあげることです。脚本家がシナリオを繰り返すように、私たちはプロトタイピングをくりかえします。

　プロトタイプは可能性と、その後に影響を与えるストーリーを伝えます。たとえば、1980年代にフロッグデザイン社によってつくられた、アップル社のハードウェアのための「スノーホワイト」デザイン言語（図14.3）のようなものは好例です。それらのプロトタイプはひとつも市場に出なかったにもかかわらず、プロダクトやサービス開発に大きな影響を与えてきました。これらはデザイン思想であり、デザインプロセスにとって非常に重要な想定なのです。

　現実に目を向けてみると、私たちがつくったもののほとんどは製品化されません。運がよければ、何度か繰り返すうちに開発段階を越えて、市場に出て、顧客

CHAPTER 14

図 14.3a–c　家庭用コンピュータである Apple II の新機種のデザイン。フロッグデザイン社によるデザイン言語「スノーホワイト」の思想を採用したプロトタイプのデザイン。

の手に渡るものもあるでしょう。そのときになってはじめて、フィクションはファクトになるのです。そして、現実と想像が1つになって、新しい素晴らしい何かをつくりあげることでしょう。

そして来るべき SF の世界へ

　新しい SF の物語やビジョン、そしてインタフェースは、いまあなたがこの本を読んでいる間にも、構想されつくりあげられています。そのうちのいくつかは、いままでこの本から得たことと矛盾するかもしれません。もしかしたら、夢見がちな人は、そうなることを望んでいるのかもしれません。しかし、ほとんどはこれまでに見てきたものをもとにつくりあげられることでしょう。そして、新しくつくりあげられた SF の物語が、検討するべき新しい事例となることは疑いようがありません。追いかけるべき新しいトレンドとなり、学ぶべき新しいレッスンとなるでしょう。しかし、私たちが、豊かな発想と分析的な目、そしてどんなことにも疑問を投げかける好奇心をもち続けていれば、私たちは宇宙船の窓から世界をのぞき、新しいレッスンを学び、それを Making It So（実現すること）ができるでしょう。発進のときです。

付録　レッスンとチャンスの一覧

1章　サイエンスフィクションから教訓を学ぶ
　サイエンスフィクションを使おう　16

2章　機械式コントローラー
　ユーザーがすでに知っていることを土台にする　22
　フィードバックループを強化する　23
　正確な制御が必要なときは機械的な操作とする　29
　制御方法は適材適所を考える　30
　必要に応じて操作方法を組み合わせる　32
　首尾一貫したデザインが重要　32

3章　ビジュアルインタフェース
　ビジュアルデザインはインタフェースの基礎　38
　大文字の書体や数字を使いインタフェースを古く見せる　40
　特別な意図がない場合はすべて大文字にすることは避ける　40
　専門家をより熟達した者と見せるために　42
　サンセリフは未来感を表現するために選択される書体？　45
　印刷のタイポグラフィーの原則との統合　47
　SFは発光する　48
　未来の画面はほとんどが青色　50
　危険を表す赤色　52
　グレーはインタフェースを旧年代のように見せる　54
　独創性を発揮するには単色や発光の表現を避ける　57
　色の規則をつながりや分類の特徴として利用する　57
　矩形ではない画面で未来的に見せる　59
　透過するレイヤーで情報を構造化する　63
　透過するレイヤーの背景とコントラストを考慮する　63
　慣れ親しんだ現実世界の操作系統をうまく使う　64

付録　レッスンとチャンスの一覧

　　　チャンス：新たな分類分けや操作系の探究　　67
　　　大きさにメリハリをつけてユーザーの注意を引く　　68
　　　ユーザーの空間的記憶を駆使する3次元データ　　71
　　　慎重にモーションを使い注意を誘導する　　74
　　　意味を構築するためにモーションを使う　　74
　　　創造的な構成で独自の外観を生み出す　　83

4章　立体投影
　　　仮想的なものを区別する　　91
　　　出し抜いた後にジョークを分かち合う　　91
　　　立体投影はペッパーズゴーストのスタイルに従うべき　　92
　　　立体投影のシステムは単に見せるだけでなく意味を示すべき　　95
　　　目と目が合うように立体投影を配置する　　96
　　　チャンス：重要度に応じて立体投影の大きさを調整する　　98

5章　ジェスチャー
　　　素晴らしいデモがひとつあれば多くの欠点は隠せる　　108
　　　ジェスチャーインタフェースはその意図を理解すべき　　109
　　　チャンス：必要とするジェスチャーの組合せをそろえよう　　115
　　　ジェスチャーの範疇から外れるときは注意する　　115
　　　物理的な操作はジェスチャーで、抽象的な操作は言葉で　　118
　　　チャンス：3人称のジェスチャーインタフェースを設計しよう　　121
　　　意味のある物語としての視点を選ぼう　　122

6章　音のインタフェース
　　　1つのイベントごとに1つのシステム音を割り当てる　　126
　　　環境音を使ってシステム環境の状態を伝える　　127
　　　チャンス：空間的でない情報でも空間的な効果音の利用を考える　　128
　　　チャンス：音楽を奏でるインタフェース　　130
　　　もっとも適合するチャネルに情報を収める　　132
　　　複数要素の認証を必須とする　　134
　　　なまりのバリエーションを考慮に入れる　　134
　　　認識率を高めるためにボキャブラリーを減らす　　135
　　　既存のボキャブラリーにないフレーズは無視する　　136

付録　レッスンとチャンスの一覧

　　　動作そのものを表す命令文を選ぶ　　137
　　　インタフェースの反応はわかりやすく　　139
　　　会話のインタフェースは人間社会のルールに沿って　　141

7章　脳インタフェース
　　　脳の処理をする際には身体をリラックスさせる　　153
　　　読み取り中であることがわかる表示とする　　160
　　　仮想世界は現実世界から慎重にそらすべき　　162
　　　生体工学的な技術に対する嫌悪感　　165
　　　チャンス：脳を読み取るインタフェースの可視化　　171

8章　拡張現実
　　　視野周辺部に拡張情報を表示する　　178
　　　焦点距離の差をなくす　　178
　　　作業中の知覚以外への拡張情報を検討する　　179
　　　ユーザーの邪魔にならないように AR の情報を表示する　　182
　　　拡張現実は個人的なもの　　184
　　　拡張現実においてすべてというのは特別なことである　　185
　　　人がコンピュータ処理を監視できるようにする　　187
　　　シンプルな拡張情報は素早く認識できる　　188
　　　チャンス：二者択一に区別できない場合　　188
　　　チャンス：システムの照準器に発射を任せる　　192
　　　チャンス：人が発射をする場合は視線に狙いを合わせる　　192

9章　擬人化
　　　システムに動物の外観を与える　　200
　　　不気味の谷に気をつける　　203
　　　システムが人間ではないことを明確に示す　　204
　　　会話がシステムにキャラクター性を与える　　205
　　　感情表現のある音声による擬人化表現　　208
　　　ふるまいによる擬人化表現　　209
　　　学習システムの態度を適切に考慮する　　212
　　　擬人化インタフェースをうまくつくることは難しい　　214
　　　チャンス：ユーザーにさまざまな観点を提供する　　216

付録　レッスンとチャンスの一覧

　　　システムを人間らしく表現すればするほど期待は高まる　217

10章　通信

　　　記憶中であることの表示　222
　　　起動は簡便さと制御をバランスよく　224
　　　状態変化を伝達するだけでは不十分　225
　　　操作の数は最小限に　227
　　　人間はときに理想的なインタフェース　228
　　　すべてを入力してから送信　229
　　　目的は人と連絡をとること　230
　　　チャンス：属性によって人を見つける　231
　　　緊急を知らせるときは音を使う　232
　　　即座に気づかせるときには他の感覚も刺激する　232
　　　視覚的な信号はユーザーが見つけられるところに設ける　234
　　　受信のためのタップ　236
　　　接続は視覚で、切断は音声で伝える　236
　　　感情の入力を認識する　238
　　　音声通話を視覚的に見せる　240
　　　媒体ではなく人に焦点をあてる　242
　　　会話と身体の動きの両方を翻訳する　244
　　　チャンス：ユーザーの状況を微妙に変える　246

11章　学び

　　　教師をデザインする　255
　　　学習体験を現実に近づける　256
　　　学びをゲームにする　257
　　　習熟度にあわせて危険度を上げる　257
　　　時間軸に沿ってタスクを表現する　261
　　　複数のメディアを使い感覚を刺激する　262
　　　新しいメディアをデザインするときは古いものから置き換えない　265
　　　使いやすさとエラー回避のバランス　267
　　　情報の組織体系に意味をもたせる　268
　　　学習者にコンテンツを最適化する　269
　　　学習のための安全な空間を提供する　276

付録　レッスンとチャンスの一覧

　　専門家による指導と助言　　277
　　質問の前に最適な解を提示する　　281
　　記憶力よりも認識力に頼る　　282
　　学習者に進歩を認識させる　　282
　　違ったものの見方を学習者に提供する　　283
　　感覚的な学びを支援する　　283
　　チャンス：物理的な足場を用意する　　284
　　チャンス：感覚を鋭くする　　284
　　チャンス：グループで学べるようにする　　284

12章　医療

　　チャンス：予防医学のインタフェースをデザインする　　290
　　タスクが1つの場合の最適化　　292
　　時間の経過を伴う生体信号には波形を使う　　293
　　有用であることは印象的に見えることより重要である　　294
　　システムの操作には物理的な動作を考慮すべき　　297
　　チャンス：医療検査の将来をデザインする　　303
　　チャンス：医療診断の将来をデザインする　　306
　　チャンス：立体遠隔手術を実現する　　313
　　人間味を感じさせるようにする　　314
　　チャンス：医師の姿をタスクにあわせて変更する　　316
　　人は人を求めている　　316
　　チャンス：母親が赤ちゃんの情報をリアルタイムで受け取る　　317
　　静寂による死の尊重　　323

13章　性的行為

　　チャンス：現代的に出会わせしましょう　　329
　　小さなインタフェースは経験の価値を小さく見せる　　331
　　シミュレーションであると気づかせないようにしましょう　　334
　　チャンス：思い描くのではなく、そのものになりきる　　335
　　さりげない合図を出しましょう　　337
　　チャンス：すべてを拡張する　　337
　　ユーザーにセーフワードを与える　　339
　　現実世界の物を選択するときは視覚トリックを使う　　341

付録　レッスンとチャンスの一覧

　　　ジェスチャー入力を満足させる　　342

CHAPTER 14　SFの先へ
　　　視聴者にとって効果的ならユーザーに役立つ部分がある　　347

メタレッスン

　個別の調査から得られたレッスンのうち、記述が似たような概念に落ち着くものがあります。レッスンを分類したものをメタレッスンとよび、以下に示します。

回避コマンドを使う
　　　ジェスチャーインタフェースはその意図を理解すべき　　109
　　　インタフェースの反応はわかりやすく　　139

目立たせるために文体規則をくずす
　　　独創性を発揮するには単色や発光の表現を避ける　　57
　　　創造的な構成で独自の外観を生み出す　　83

過去の形式には気をつける
　　　大文字の書体や数字を使いインタフェースを古く見せる　　40
　　　グレーはインタフェースを旧年代のように見せる　　54

通訳には調整が必要
　　　立体投影のシステムは単に見せるだけでなく意味を示すべき　　95
　　　会話と身体の動きの両方を翻訳する　　244

情報をチャネルに合わせる
　　　もっとも適合するチャネルに情報を収める　　132
　　　作業中の知覚以外への拡張情報を検討する　　178
　　　即座に気づかせるときには他の感覚も刺激する　　232
　　　接続は視覚で、切断は音声で伝える　　236

選択されたオブジェクトの数があるモードを暗示する
　　　拡張現実においてすべてというのは特別なことである　　185
　　　タスクが1つの場合の最適化　　292

操作を手に合わせる
　　　物理的な操作はジェスチャーで、抽象的な操作は言語で　　118
　　　システムの操作には物理的な動作を考慮すべき　　297

人は自分たち自身に似ている技術を好む
　　　会話のインタフェースは人間社会のルールに沿って　　141

付録　レッスンとチャンスの一覧

　　　　人間はときに理想的なインタフェース　　228
　　　　感情の入力を認識する　　238
　　　　感覚的な学びを支援する　　283
　　　　人間味を感じさせるようにする　　314
　　　　人は人を求めている　　316
丁寧に注意を向ける
　　　　大きさにメリハリをつけてユーザーの注意を引く　　68
　　　　慎重にモーションを使い注意を誘導する　　74
　　　　緊急を知らせるときは音を使う　　232
　　　　静寂による死の尊重　　323
使いやすさとエラー回避のバランス
　　　　起動は簡便さと制御をバランスよく　　224
　　　　使いやすさとエラー回避のバランス　　267

357

索　引

SF作品
欧数字
2001年宇宙の旅　11, 25, 53, 140, 206, 224, 229, 242, 258, 293, 294, 323
2300年未来への旅　39, 45, 79, 87, 231, 310, 326
A.I.　199
CHUCK/チャック　153
GAMER　69
JM　71, 111, 113, 119, 121, 145, 153, 228, 229, 238, 245
Mr. インクレディブル　45, 78, 114, 177, 223
The Making of Star Trek　307
THX-1138　331
X-メン　13, 133, 189
X-MEN2　45, 133

あ行
アイアンマン　68, 73, 114, 176, 179, 180, 183, 186, 188, 190, 233, 236
アイアンマン2　107, 112, 113, 114, 117
アイランド　46, 312
アイ、ロボット　202
アウター・リミッツ　339, 341
アジャストメント　155

アバター　60, 100, 102, 105, 152, 166, 222
イグジステンズ　164
イーグル・アイ　61
インストーラー　111, 113, 118, 152, 174, 227, 304, 313
ウエストワールド　337
ウォー・ゲーム　40
宇宙空母ギャラクティカ　199, 208, 289
宇宙大作戦　7, 26, 54, 73, 251, 270, 281
エイリアン　39, 44, 65, 105, 132, 181, 182, 201, 205
エイリアン2　226, 230, 237
エターナル・サンシャイン　151, 155

か行
カウボーイビバップ 天国の扉　71
影なき狙撃者　150
ガタカ　44, 302, 304
来るべき世界　60, 264
ギャラクシー・クエスト　44, 132
銀河ヒッチハイク・ガイド　76, 139, 243, 269, 280
禁断の惑星　21, 22, 88, 148, 167, 171, 202, 226
月世界征服　24
月世界旅行　18, 34

さ行

サイバーネット	71
ザ・シャドー	307
ザ・セル	67
サンシャイン	221
シャーロックホームズ	347
ジュラシック・パーク	36, 37, 67, 72
新スター・トレック	26, 27, 80, 134, 147, 149, 154, 168, 171, 235, 279, 281, 284
スキン・ディープ	341
スター・ウォーズ エピソード 1/ ファントム・メナス	56
スター・ウォーズ エピソード 2/ クローンの攻撃	100, 192, 262
スター・ウォーズ エピソード 3/ シスの復讐	94, 96, 217
スター・ウォーズ エピソード 4/ 新たなる希望	87, 177, 223, 255, 261
スター・ウォーズ エピソード 5/ 帝国の逆襲	93, 313, 314
スター・ゲイト SG-1	153
スター・トレック	31, 44, 57, 63, 73, 126, 132, 134, 139, 148, 243, 274, 309, 320
スター・トレック ヴォイジャー	82, 148, 168, 171, 209, 250, 280, 283, 303, 306, 314, 316, 334
スター・トレック エンタープライズ	54, 82
スター・トレック ディープ・スペース・ナイン	164
スター・トレックⅨ 叛乱	31
スター・トレックⅡ カーンの逆襲	276
スター・トレックⅣ 故郷への長い道	273
スター・ファイター	87, 243, 256
スターシップ・トゥルーパーズ	257, 262, 272, 313
ストレンジ・デイズ	161, 344
スパイ大作戦	309
スーパーマン	265
スーパーマン・リターンズ	265
スペース・トラッカー	337
スペース 1999	57, 66, 295
スペースボール	6
スリーパー	331
セックスワールド	336
セレニティー	262, 332

た行

ダーク・スター	207
ターミネーター	202
ターミネーター 2	186, 193
第 9 地区	63, 113, 187, 188
タイムマシーンにお願い	271
タイムマシン	4, 212, 213, 217, 266
地球最後の日	22, 23
地球の静止する日	25, 104, 124, 200, 221, 318
月に囚われた男	196
デザイン・フォー・ドリーミング	348
デモリションマン	167, 339
デューン / 砂の惑星	137, 254, 264, 297
ときめきサイエンス	328
トータル・リコール	259, 329
トランスフォーマー	54, 177
ドールハウス	60, 145, 149, 150, 152, 155, 158

な行

ナビゲイター	139, 158

は行

バーチャル・ウォーズ	147, 339
バック・トゥ・ザ・フューチャー PART2	92, 185, 233
バック・ロジャース	20, 22, 25, 150
バーバレラ	130, 241, 341
バフィー／恋する十字架	334
パンドラム	297
秘密情報部トーチウッド	56, 319
ファイナル・カット	69
ファイナルファンタジー	77
ファイヤーフライ 宇宙大戦争	90, 100, 112, 116, 175, 183, 192, 301, 303, 329
ファンタスティック・プラネット	252
フィフス・エレメント	60, 266, 319
フューチュラマ	5, 139
フラッシュ・ゴードン	75, 343
ブレインストーム	40, 147, 160, 343
ブレードランナー	44, 135, 136, 138
プロジェクト 2000	269

ま行

マイノリティ・リポート	8, 60, 67, 107, 112, 116, 122, 147, 150, 158, 180, 197, 201, 240, 312
マインド・シューター	119, 121
マトリックス	44, 145, 148, 151, 162, 204, 253, 322, 335
マトリックス・リローデッド	41, 56, 102, 105
まんが宇宙大作戦	277
未知との遭遇	129
ミッション：インポッシブル ゴースト・プロトコル	347
ミッション・トゥ・マーズ	60
未来世紀ブラジル	32
未来惑星ザルドス	240
メトロポリス	9, 20, 75, 124, 139, 147, 157, 203, 222
メン・イン・ブラック	44, 154, 324
メン・イン・ブラック 2	148

や行

夢の涯てまでも	151, 155, 158, 200

ら行

リディック	77
リフテッド	65, 92, 101
ルクソー Jr.	209
ロスト・イン・スペース	73, 74, 100, 113, 118, 120, 133, 175, 222, 299, 301
ロボコップ	180, 189

用語
欧数字

3D サンドテーブル	13
3D マップ	37
Adobe Dreamweaver	41
Aesthedes	27, 66
AR	174
ARIIA	61
ASIMO	199
C-3PO	174, 201, 210

索引

CLI	39
DOS プロンプト	19
DTP	46
Google	200
H.G. ウェルズ	4
HAL 9000	139, 244, 207, 293
HUD	178, 180, 182, 187, 195
K.I.T.T.	205, 210
Kinect	8, 30, 122
LCARS	26, 73, 79
R2-D2	174, 197, 201, 208, 210, 223
Siri	138, 231
StarTAC	7
T-800 ターミネータ	202
UID	228
UNIX	36
WIMP	43, 67, 267

あ行

アイコンタクト	95
アクセシビリティ	64
アクゾノーベル	51
アッシュ	200
アバター	246
アフォーダンス	29
アラン・スナイダー	169
医療インタフェース	289
医療用画像処理	99
インタフェース	3
ウィレム・アイントホーフェン	293
宇宙翻訳機	243
エイリアル	44
エスパマシン	135
エンタープライズ号	7
オブロング・インダストリー	108
オムニグラフ	172
音声インタフェース	125, 239
音声コマンド	140

か行

顔認識	163
拡張現実	67, 174
仮想世界	162
機械式コントローラー	18
擬人化	198, 205, 218
キャサリン・ジョーンズ	67
キャプテン・ランキン	20
キャラクター・アーク	250
キラー・ケーン	20
空間聴覚	163
グライスの4つの格言	141
グラフィカルユーザインタフェース	19, 117
グラフィックノベル	5
クリッピー	214
クリフォード・ナス	198
グリーンスクリーン	53
効果音	128
ゴート	25, 200
コバヤシマル・テスト	274
コマンドラインインタフェース	38
コムバッジ	224
コンテクスト・アウェアネス	181

さ行

サイコモーター・プラクティス	254
サラ・スメリー	339
サンセリフ	44

ジェスチャーインタフェース	10, 107, 116	テリー・ギリアム	33
視覚的序列	93	テレ・ビ	20
視線一致の問題	93	テレプレゼンス	166
ジャーヴィス	182, 236	点字ブロック	63
ジャック・フォーリー	125	トップダウン	9
ジュール・ベルヌ	60	トライ・アンド・エラー	267
ジョス・ウィードン	183	トラックパッド	29
ジョルジュ・メリエス	34	トリコーダー	302, 306
ジョン・アンダーコラー	108		
ジョン・フェラーラ	259	**な行**	
自律型医療システム	313	ナイトライダー	205
人工知能	227	ナレッジ・ナビゲーター	214, 348
スキューモーフ	64	入力プロンプト	38
スケッチコメディ	19	脳波インタフェース	119
スターファイア	349		
スノーホワイト	349	**は行**	
スパイダー	200	ハイポスプレー	307
スロットルレバー	29	バイロン・リーブス	198
ゼノトラン マークⅡ	14	ハッカー	42
セーフワード	339	発光	48
セリフ	44	ビジュアルスタイル	75
ソーシャルラーニング	285	ビジュアルデザイン	38
		ヒストグラム	49
た行		ピンボード	13
タイポグラフィー	40	フィードバックループ	23
タグクラウド	10	フォーリー	125, 131
ダグラス・コールドウェル	13	不気味の谷	202
タバナクル	240	復活グローブ	319
チェスキン	51	プッシュ・トゥ・トーク	227, 239
ツウィキ	25	プライバシー	236
ディストピア	20, 33, 75, 331	ブラスター	47
テオポリス博士	25	プリコグ・スクラバー	107
データ少佐	201	フリッツ・ラング	201
		ブルースクリーン	52

プレジ	171	メタファー	37
プレゼンテーションツール	259	モーショングラフィック	73, 75
フローティングウィンドウ	37	モトラマ	24
フロッグデザイン	349	森政弘	202
ヘッドアップ・ディスプレイ	61, 174		
ペッパーズゴースト	86, 100	**や行**	
ヘルベチカ	44	ユビキタス	236
弁証学	11	ユーロスタイル	44
ボトムアップ	9		
ホログラム	47	**ら行**	
ホロデッキ	88, 105, 336	ライトセイバー	47, 255
ポンファー	334	リチャード・ソウル・ワーマン	268
		立体視	87
ま行		立体投影	102
マイクログラム	44	リバースエンジニアリング	12
マイクロソフト・ボブ	214	両目視差	102
マイケル・オクダ	26	レイア姫	91
マーク・コールラン	50	レク・ルーム	277
マーシャル・マクルーハン	142	ロバート・ハインライン	24
学びのインタフェース	255	ロビー・ロボット	201

クレジット

1.1a: Paramount; 1.1b: Motorola; 1.2: Universum Film; 1.4: MGM; 1.5: 20th Century FOX; 1.6: White House Photograph Office (1968), #192584, http://arcweb.archives.gov; 1.7, 1.8: Dynamic Matrix Display, Xenotran LLC (2002).

2.1: Image Entertainment; 2.2: Universum Film; 2.3: Universal; 2.4: MGM; 2.5: Paramount; 2.6: George Pal Productions; 2.7: MPO Productions; 2.8: Paramount; 2.9: Nemo Science Center collection, photograph by Ryan Somma; 2.10, 2.11: Paramount; 2.12: Universal.

3.1, 3.2: Universal; 3.3: 20th Century FOX; 3.4: MGM; 3.5: Warner Brothers; 3.7a: Paramount; 3.7b: Columbia; 3.7c–e: Warner Brothers; 3.9a: MGM; 3.9b: Carolco; 3.9c: 20th Century FOX; 3.9d: Columbia TriStar/Touchstone; 3.9e: Columbia; 3.9f: Touchstone; 3.9g: 20th Century FOX; 3.9h: Pixar/ Disney; 3.9i: Dreamworks; 3.10: Dreamworks; 3.11a: Paramount; 3.11b, c: 20th Century FOX; 3.13a: Dreamworks; 3.13b: Universal; 3.13c: MGM; 3.13d: 20th Century FOX; 3.13e: Dreamworks; 3.13f: Touchstone; 3.13g: Paramount; 3.14a: Columbia; 3.14b: Warner Brothers; 3.14c: Paramount; 3.14d: Touchstone; 3.14e: Paramount; 3.15a: Disney; 3.15b: Warner Brothers; 3.15c: Universal; 3.15d: 20th Century FOX; 3.16: Paramount; 3.17a: Warner Brothers; 3.17b: 20th Century FOX; 3.17c: MGM; 3.17d: Touchstone; 3.18: Paramount; 3.19: Warner Brothers; 3.20: BBC; 3.21: 20th Century FOX; 3.22: ITC; 3.23: Paramount; 3.24a: 20th Century FOX; 3.24b: Columbia; 3.24c, d: 20th Century FOX; 3.24e: BBC; 3.25: London Film Productions; 3.26a: 20th Century FOX; 3.26b: Columbia; 3.26c: Touchstone; 3.26d, e: 20th Century FOX; 3.27: Dreamworks; 3.28: Paramount; 3.29: TriStar; 3.30: Warner Brothers; 3.31a: 20th Century FOX; 3.31b: Pixar/Disney; 3.32: ITC; 3.33: New Line; 3.34: Paramount; 3.35–3.37: Lionsgate; 3.38a: TriStar/Columbia; 3.38b: MGM; 3.38c: Bandai Visual; 3.39: Paramount; 3.40: New Line; 3.41: Touchstone; 3.42: Chris Lee/Square/Sony; 3.43: Universal; 3.44: Pixar/Disney; 3.45: MGM; 3.46–3.49: Paramount.

4.1: MGM; 4.2a: MGM; 4.2b: Universal; 4.3: 20th Century FOX; 4.4a: Carolco; 4.4b: New Line; 4.4c: Warner Brothers; 4.4d: Universal; 4.4e: Gaumont Video; 4.4f: Paramount; 4.4g: Disney; 4.5a, b: 20th Century FOX; 4.5c: TriStar; 4.6a: Columbia TriStar/Touchstone; 4.6b, c: 20th Century FOX; 4.7a: Universal; 4.7b: 20th Century FOX; 4.8: 20th Century FOX; 4.11–4.14: 20th Century FOX; 4.15a: New Line; 4.15b: Warner Brothers; 4.15c: 20th Century FOX; 4.16a: New Line; 4.16b: 20th Century FOX; 4.16c: Gaumont Video; 4.17: 20th Century FOX; 4.18: Pixar/Disney; 4.19a: Warner Brothers; 4.19b: 20th Century FOX.

5.1: 20th Century FOX; 5.2a: 20th Century FOX; 5.2b: Warner Brothers; 5.3: Paramount; 5.4: 20th Century FOX; 5.5: Paramount; 5.6, 5.7: 20th Century FOX; 5.8a: Gaumont Video; 5.8b: 20th Century FOX; 5.8c: New Line; 5.8d: Warner Brothers; 5.8e: Likely Story/This Is That; 5.9: TriStar/Columbia; 5.10: Paramount; 5.11: 20th Century FOX; 5.12: TriStar/Columbia; 5.13a: TriStar; 5.13b: Gaumont Video; 5.14a: Pixar/Disney; 5.14b: Paramount; 5.15: Paramount; 5.16a: 20th Century FOX; 5.16b, c: Paramount; 5.17, 5.18: Likely Story/This Is That; 5.19: TriStar/Columbia.

6.1, 6.2: 20th Century FOX; 6.3: Columbia; 6.4: Paramount; 6.5: New Line; 6.6: Warner Brothers; 6.7: Universal; 6.8: Warner Brothers; 6.9: Universum Film.

7.1: Universal; 7.2: Warner Brothers; 7.3: 20th Century FOX; 7.4a: Universum Film; 7.4b: MGM; 7.4c: TriStar/Columbia; 7.4d: New Line; 7.4e: Disney; 7.4f: Paramount; 7.4g: 20th Century FOX; 7.5a: MGM; 7.5b, c: Columbia; 7.5d: 20th Century FOX; 7.5e: Paramount; 7.7: 20th Century FOX; 7.8: Paramount; 7.9: 20th Century FOX; 7.10a: Warner Brothers; 7.10b: Focus Features/Universal; 7.11: Warner Brothers; 7.12: 20th Century FOX; 7.13: Gaumont Video; 7.14: TriStar/Columbia; 7.15a: NBC; 7.15b: MGM; 7.16, 7.17: Paramount; 7.18: Columbia;

クレジット

7.19: Universal; 7.20: Paramount; 7.21: Focus Features/Universal; 7.22: Universum Film; 7.23: Disney; 7.24: 20th Century FOX; 7.25, 7.26: Warner Brothers; 7.27: MGM; 7.28, 7.29: 20th Century FOX; 7.30: Warner Brothers; 7.31: Paramount; 7.32, 7.33: Alliance Atlantis; 7.34: 20th Century FOX; 7.35: MGM; 7.36: Warner Brothers; 7.37, 7.38: Paramount; 7.39: From Miyawaki, Y., et al. (2008). Visual image reconstruction from human brain activity using a combination of multiscale local image decoders. Neuron 60(5): 915–29; 7.40a: Mattel; 7.40b: Uncle Milton Industries; 7.41: Emotiv.

8.1: 20th Century FOX; 8.2: Gaumont Video; 8.3a: 20th Century FOX; 8.3b: New Line; 8.4: Paramount; 8.5a: Pixar/Disney; 8.5b: Paramount; 8.6: Paramount; 8.7: 20th Century FOX; 8.8: Orion Pictures; 8.9: 20th Century FOX; 8.10a, b: 20th Century FOX; 8.10c: Paramount; 8.11: Paramount; 8.12: 20th Century FOX; 8.13: Universal; 8.14: Paramount; 8.15: Carolco; 8.16: Paramount; 8.17: TriStar; 8.18: Orion Pictures; 8.19: 20th Century FOX; 8.20: Paramount; 8.21a: 20th Century FOX; 8.21b: Orion Pictures; 8.21c: Columbia TriStar/Touchstone; 8.21d: 20th Century FOX; 8.22: 20th Century FOX; 8.23: Carolco.

9.1–9.3: Sony; 9.4a: Honda; 9.4b: iRobot; 9.5a: Universal; 9.5b: Warner Brothers; 9.6a: 20th Century FOX; 9.6b: Universum Film; 9.6c: 20th Century FOX; 9.7a: 20th Century FOX; 9.7b: Paramount; 9.7c: 20th Century FOX; 9.7d, e: MGM; 9.8: Based on Mori, M. (1970). The uncanny valley. Energy 7(4): 33–35; 9.9: Warner Brothers; 9.10: Universal; 9.11: VCI Entertainment; 9.12: Pixar/Disney; 9.13: Paramount; 9.14: Warner Brothers; 9.15: Microsoft; 9.16: Apple.

10.1: Universum Film; 10.2a: Fox Searchlight; 10.2b: New Line; 10.2c: 20th Century FOX; 10.3a: 20th Century FOX; 10.3b: Pixar/Disney; 10.4a, b: MGM; 10.4c: Columbia TriStar/Touchstone; 10.5: Paramount; 10.6: MGM; 10.7a: 20th Century FOX; 10.7b: Gaumont Video; 10.8a: Warner Brothers; 10.8b: MGM; 10.8c: TriStar/Columbia; 10.9: 20th Century FOX; 10.10: MGM; 10.11, 10.12: Universal; 10.13–10.15: Paramount; 10.16: 20th Century FOX; 10.17: Paramount; 10.18: TriStar/Columbia; 10.19a: Universal; 10.19b: ITC; 10.19c, d: 20th Century FOX; 10.20: 20th Century FOX; 10.21: Paramount; 10.22: MGM; 10.23a: Universal; 10.23b: Paramount; 10.23c: Touchstone; 10.24: TriStar/Columbia.

11.1, 11.2: Paramount; 11.3, 11.4: Argos/Village Roadshow; 11.5: Warner Brothers; 11.6: Universal; 11.7: 20th Century FOX; 11.8: Universal; 11.9: Columbia TriStar/Touchstone; 11.10: Carolco; 11.11: Paramount; 11.12, 11.13: 20th Century FOX; 11.14: Columbia TriStar/Touchstone; 11.15: 20th Century FOX; 11.16: Universal; 11.17: London Film Productions; 11.18: Universal; 11.19: Warner Brothers; 11.20: Columbia; 11.21: Touchstone; 11.22: Apple; 11.23: Paramount; 11.24: Columbia TriStar/Touchstone; 11.25–11.34: Paramount.

12.1: Paramount; 12.2: Universal; 12.3: Paramount; 12.4: MGM; 12.5a: Dreamworks; 12.5b: 20th Century FOX; 12.5c: ITC; 12.5d: 20th Century FOX; 12.6: Paramount; 12.7: ITC; 12.8: 20th Century FOX; 12.9a: 20th Century FOX; 12.9b: Starz/Anchor Bay; 12.10a: ITC; 12.10b: Paramount; 12.10c: 20th Century FOX; 12.11: Universal; 12.12: Paramount; 12.13: New Line; 12.14: Courtesy of Edgar Mueller; 12.15: 20th Century FOX; 12.16: Courtesy of the Radiology 3D and Quantitative Imaging Lab at Stanford University School of Medicine; 12.17: Columbia; 12.18–12.21: Paramount; 12.22a: Rollins-Joffe Productions/MGM; 12.22b, c: Columbia; 12.22d: Carolco; 12.22e: 20th Century FOX; 12.23: Paramount; 12.24, 12.25: MGM; 12.26: Dreamworks; 12.27: 20th Century FOX; 12.28: Gaumont Video; 12.29: 20th Century FOX; 12.30: Paramount; 12.31, 12.32: 20th Century FOX; 12.33: BBC; 12.34: Columbia; 12.35: Paramount; 12.36: Warner Brothers; 12.37: Columbia; 12.38a: MGM; 12.38b: ITC; 12.38c: MGM; 12.38d: 20th Century FOX.

13.1: Genie Productions/Dark Sky Films; 13.2: MGM; 13.3: Universal; 13.4: Carolco; 13.5: 20th Century FOX; 13.6: Warner Brothers; 13.7: Rollins-Joffe Productions/MGM; 13.8a, b: MGM; 13.8c: New Line; 13.8d: Warner Brothers; 13.8e: Paramount; 13.8f: 20th Century FOX; 13.8g, h: Universal; 13.9: Paramount; 13.10: Warner Brothers; 13.11: Essex Video/Electric Hollywood; 13.12: Goldcrest Films; 13.13: New Line; 13.14: Alliance Atlantis; 13.15: Paramount; 13.16: Universal; 13.17: MGM; 13.18: 20th Century FOX.

14.1a: Paramount; 14.1b: Warner Brothers; 14.1c: MGM; 14.2a: Apple; 14.2b: Sun; 14.3: Apple.

謝　辞

　編集者ジョアン・サイモニィと、出版者ルー・ローゼンフェルトの辛抱と強力な専門知識のおかげで、最高の状態で本を手に取ることができることに感謝します。

　有益な提案と洞察をもって技術的な校正にあたってくれたジャイルズ・カルバン、ロハン・ディキシット、ミッシェル・カッツ、ロバート・ライマン、そしてダン・サッファーに、感謝の念を示します。加えて、ブライアン・デビッド・ジョンソンは私たちが数年前に会って以来、このプロジェクトを激励し支持してくれた方でした。

　(彼らを含めることができなくて残念なのですが) パネルやインタビューで、彼らの貴重な時間を使って示唆を与えてくれたSF映画と現実世界の両方のデザイナーたち、ダグラス・コールドウェル、マーク・コールラン、マイク・フィンク、ニール・ハックスレー、ディーン・カーメン、ジョー・コスモ、ディヴィッド・レヴァンドフスキー、ジェリー・ミラー、マイケル・ライマン、ルピン・スワナス、そしてリー・ウェインスティンに感謝します。

　私たちの調査結果を確認し、オンラインの参照文献を私たちに与えてくれ、細部にわたる素晴らしい心配りと共同作業を手伝ってくれた多くのSFファンの皆さんにも感謝します。

　ウーキーペディア (http://starwars.wikia.com/) やメモリー・アルファ (http://memory-alpha.org/) のようなウィキの情報が非常に貴重であることが証明されました。

　そしてもちろん、将来についての彼らのビジョンや将来の技術を見せ、共有してくれている何万というSF映画やテレビドラマを製作している人たちに感謝します。

　最後に、私たちは、SXSW、マックワールド、dConstruct、そして他の多くのイベントで私たちの一般講演に来て、変になるくらい楽しくて馬鹿げたこのトピックに対して、考えや実例を共有してくれた人々に感謝したいと思います。皆さんのおかげで、別の見方をしなければ知り得なかったであろう方向性を私たちに示してくれ、私たちの仮定と結論に関して考えさせてくれました。

謝　辞

　私がこの 5 年間、もっぱら SF についてしか話さなくなったうえに、世の中で何が起こっているのかまったくわからないことを知っても笑ったりしない友達、そして家族に感謝します。

ネイサン・シェドロフ（Nathan Shedroff）

　ベンの愛、サポート、そして私のために、ほぼすべての夜を SF 映画鑑賞に費やしてくれた忍耐に感謝します。ぼんやりとしたアイデアについて支援してくれたり、昼食時に話相手をしてくれたクーパーデザイン事務所の人々に感謝します。そして、父と母、友達と家族に感謝します。

クリストファー・ノエセル（Chris Noessel）

原著者紹介

Nathan Shedroff（ネイサン・シェドロフ）

ネイサン・シェドロフは、サンフランシスコで開かれたカリフォルニア芸術大学のデザイン戦略プログラムの草分け的な MBA の議長です。この戦略プログラムは、デザインがビジネスに供するユニークな法則と、有益であると同時に持続可能で有意義で、そして実に革新的なビジネスの将来ビジョンを融合したものです。

彼はエクスペリエンスデザインのパイオニアの 1 人で、インタラクションデザインおよび情報デザインの関連分野で重要な役割を担っています。またシリアルアントレプレナーとしていくつかのメディア企業で働いており、会社が顧客にとって、より良い、より意味のある体験を構築するための戦略的コンサルタントとして働いています。

多くの国際会議で講演し、教え、そして設計とビジネスの問題について広範囲の執筆をしてきました。『Experience Design 1.1』の著者であり、また、会社がどのように製品とサービスをつくりあげていくことができるかを探るため、戦略コンサルタント業を基本とするシリコンバレーのチェスキンのメンバー 2 人とともに、『Making Meaning』を共同執筆しました。

Web サイト、そして今や書籍にもなっている『Dictionary of Sustainable Management』の編集者でもあります。さらに、彼自身の Web サイト (www.nathan.com/ed) 上で、エクスペリエンスデザインに必要な、機知に富んだ豊富な情報を更新し続けています。

パサデナのアートセンター・カレッジ・オブ・デザインで、自動車のデザインに関する工業デザインの学位を取得しました。情報デザインに対する情熱に導かれ、アンダースタンディングビジネス社のリチャード・ソール・ワーマンとともに働くことになりました。後にインタラクティブ・メディアの先駆的な、最初の Web サービス会社の 1 つでもあるヴィヴィッド・スタジオを共同設立しました。新興の Web 産業における同一世代のすべてのデザイナーを訓練することにより、IA の分野を確立し、意味のあるものにすることを支援していました。1994

年と 1999 年にデザイン・アワードのクライスラー・イノベーションに、そして 2001 年には全国デザイン賞にノミネートされました。2006 年には、プレシディオ経営大学院で MBA を取得しました。これは、サスティナブル・ビジネスを専門とするアメリカで唯一公認の MBA プログラムです。

Christopher Noessel（クリストファー・ノエセル）

クリストファー・ノエセルは、先駆的なインタラクションデザインを生み出しているクーパーデザイン事務所での常務取締役を本業としつつ、ヘルスケア、金融システム、一般消費者向け、その他さまざまな製品のサービスや戦略をデザインしています。彼の指揮官としての役割は、瞬間湯沸かし器型のインタラクションデザイナーたちのスキルを生かし、彼らをまとめあげ、顧客の仕事を大きな成功へと導くことです。

彼はインタラクションデザインというよび名ができるはるか昔、20 年間以上もインタラクションデザインを行っています。博物館用にインタラクティブな展示および環境を開発する小さなインタラクションデザイン代理店を共同設立しました。国際的な Web コンサルタント会社 marchFIRST の情報デザインのディレクターとして働き、インタラクションデザイン専門の中核的研究拠点の設立も支援しました。

イタリアにある今や伝説のイバレア・インタラクション・デザイン大学院の初代卒業生の一人です。そこではフレッシュとよばれる総合的生涯学習サービスの設計を行い、2003 年にロンドンの MLearn 会議で発表されました。以来、フリーランサーとしてテロ対策の視覚化やマイクロソフトの次世代技術のプロトタイプ構築を支援しました。クーパーデザイン事務所での彼の役割は、現代医療の常識を越えたサービスを提供する、遠隔医療装置をデザインすることでした。

また、長年オンライン出版物のために執筆活動をしており、シムソン・ガーフィンケルによって編集された教科書『RFID: Applications, Security, and Privacy』の中のインタラクションデザイン・パターンの共同執筆者として活躍しています。彼のあらゆる事柄を疑うセンスは、さまざまなトピックに対して発揮されます。インタラクティブ技術やナラティブ体験、エスノグラフィー調査、インラタクションデザイン、性体験に関する双方向技術、自学自習の仕組み、古い技術と新しい技術をつなぐインタラクション、インタラクションデザインの未来、そして SF とインタフェースデザインとの関係を含む広範囲のことに関して、世界中で講演しています。

訳者紹介

監訳者
安藤幸央（Yukio Ando）
UXリサーチャー、CGプログラマー。スマートフォンから大規模ドームシアターまで、さまざまな映像システム、UIを手がける。パート2を観てみたいSF映画は『フィフス・エレメント』。衝撃を受けたSF映画は『未来世紀ブラジル』。
Twitter：@yukio_andoh

訳　者（五十音順）
赤羽太郎（Taro Akabane）
株式会社コンセント プランナー。さまざまな業種（電機・エネルギー・メディア・NGOなど）に対して主にUXのコンセプトや提供価値の定義などを行うプロジェクトに関わる。一番最近に見たSF映画は『ゼロ・グラビティ』。

飯尾　淳（Jun Iio）
中央大学文学部社会情報学専攻 教授。博士（工学）、技術士（情報工学部門）、HCD-Net認定 人間中心設計専門家。『コーンヘッズ』『マーズアタック』『オースティンパワーズ』などB級映画好き。一番血肉となったのは『アップルゲイツ』。

飯塚 重善（Shigeyoshi Iizuka）
HCD-Net認定 人間中心設計専門家。博士（情報学）。UI、インタラクションデザイン研究に従事。『ショーシャンクの空に』などのヒューマンドラマ系の映画を好むが、一番好きなSF映画を挙げると『バック・トゥ・ザ・フューチャー』。

大橋毅夫（Takeo Ohashi）
株式会社三菱総合研究所 主任研究員。HCD-Net認定 人間中心設計専門家。社会システムにおける人間中心設計のあり方に関する調査研究に励む。少年時代に感銘を受けたSF映画は『ブレードランナー』『バトルランナー』。

訳者紹介

佐藤圭一（Keiichi Sato）
HCD-Net認定人間中心設計専門家。ユーザビリティ評価等に携わる。『新スター・トレック』のデータ少佐をこよなく愛し、『バック・トゥ・ザ・フューチャー PART2』のホバーボードや『ナイトライダー』のK.I.T.T.の実現を熱望。

澤村正樹（Masaki Sawamura）
ソフトウェアエンジニア／インタラクションデザイナー。小さいころからスピルバーグとルーカスの映画が大好きで、勉強机の見えるところに全作品リストを貼って眺めていた。最近の好きなSF映画は『SUPER8』。Twitter：@sawamur

竹内俊治（Toshiharu Takeuchi）
甘い物と音楽とコンピュータグラフィックスをこよなく愛するエンジニア。映画を観ても特殊効果にばかり目がいってしまう残念な男。一番好きなSF映画は、もちろん『TRON』。

永井優子（Yuko Nagai）
身近なことをさまざまな視点から捉えることに興味をもつ。『ハウス』『チャーリーとチョコレート工場』などテン・リトル・インディアンズ的で鮮やかなファンタジーが好き。暮らしてみたい世界観のSF映画は『フィフス・エレメント』。

松原幸行（Hideyuki Matsubara）
キヤノン総合デザインセンターに所属。人間中心設計推進機構（HCD-Net）副理事長。HCD-Net認定 人間中心設計専門家。一番想い入れのあるSF映画は『ブレードランナー』。Twitter：@hmatsubara

山浦美輪（Miwa Yamaura）
UIデザイナー。UIの改善からGUI提案が専門。HCD-Net認定 人間中心設計専門家。「宇宙、それは人類に残された（後略）」のフレーズを耳にしてからのSF映画好き。人とUIが退化する描写に気持ちが高ぶったのは『26世紀青年』。

日本語版デザイン
宇賀田直人（Naoto Ugata）
グラフィックデザイナー。1998年よりフリーランスで、書籍・雑誌のエディトリアルデザインや、Webデザインを中心とした制作で活動。
Twitter：@natugt　　Web：http://violetviolin.com/nu/

SF映画で学ぶインタフェースデザイン
アイデアと想像力を鍛え上げるための141のレッスン

平成26年 7月30日	発　　　行
平成26年10月25日	第3刷発行

監訳者　安　藤　幸　央

訳　者
赤　羽　太　郎　　飯　尾　　　淳
飯　塚　重　善　　大　橋　毅　夫
佐　藤　圭　一　　澤　村　正　樹
竹　内　俊　治　　永　井　優　子
松　原　幸　行　　山　浦　美　輪

発行者　池　田　和　博

発行所　丸善出版株式会社
〒101-0051 東京都千代田区神田神保町二丁目17番
編　集：電　話(03)3512-3266／FAX(03)3512-3272
営　業：電　話(03)3512-3256／FAX(03)3512-3270
http://pub.maruzen.co.jp/

© Yukio Ando, Taro Akabane, Jun Iio, Shigeyoshi Iizuka, Takeo Ohashi,
Keiichi Sato, Masaki Sawamura, Toshiharu Takeuchi, Yuko Nagai,
Hideyuki Matsubara, Miwa Yamaura, 2014

組版印刷・株式会社 日本制作センター／製本・株式会社 松岳社

ISBN 978-4-621-08836-4　C 3355　　　　Printed in Japan

本書の無断複写は著作権法上での例外を除き禁じられています。